AF509166

TRAITÉ

OU
MANUEL VÉTÉRINAIRE
DES PLANTES

QUI peuvent servir de nourriture et de médicamens
aux animaux domestiques, tels que les chevaux,
les vaches, les chèvres, les brebis, les cochons, etc.

Ouvrage d'une utilité première pour les Cultivateurs et pour les Élèves en l'art vétérinaire.

SECONDE ÉDITION.

PREMIÈRE PARTIE.

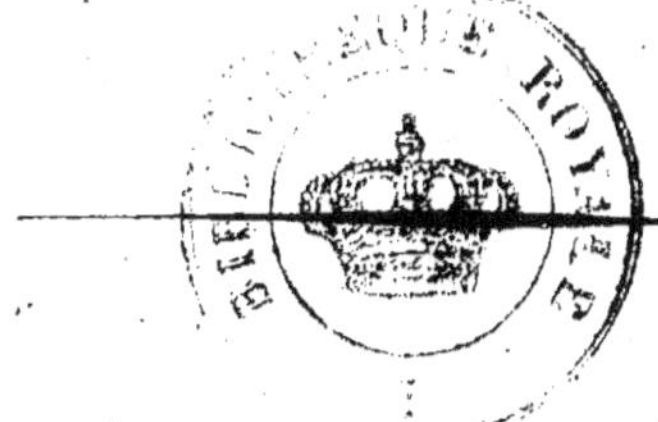

A PARIS,

Chez PERNIER, Libraire, rue de la Harpe, n°. 188,
vis-à-vis celle St.-Severin.

An IX. — 1801.

CET Ouvrage est divisé en trois parties, qui se vendent séparément. La première contient 248 pages in-8°. Prix, 3 francs.

La seconde partie commence par la page 249; elle contient des Observations sur les plantes des prairies naturelles et artificielles, et sur celles qui servent à la pharmacie vétérinaire, suivie de deux Notices; une sur les végétaux qui servent de nourriture aux oiseaux, une autre sur les plantes qui servent d'appât aux poissons; elle est terminée par une Lettre d'un Docteur, qui précède la liste qu'ont donnée Contardi, Duchet et Rocca, sur les plantes qui conviennent aux abeilles, in-8°. Prix, 1 fr. 50 cent.

La troisième partie contient deux Dissertations de Linné, la première intitulée, *Pan Suecus*, et la seconde *Hospita insectorum flora*, in-8°. Prix, 1 fr.

En prenant les trois parties, on ne paye que 5 fr.

PRÉFACE.

LA vie paſtorale eſt la plus innocente,
la plus agréable, & en même temps la
plus utile; c'eſt notre premier état, elle
eſt auſſi ancienne que la terre; c'étoit la
vie de nos anciens patriarches; les rois de
l'antiquité s'en glorifioient; & ils faiſoient
garder les troupeaux par leurs enfans. Les
Romains, ces fiers conquérans de l'uni-
vers, ne dédaignoient pas cet objet; au
retour de leurs conquêtes, ils revenoient
cultiver leurs terres & avoir ſoin de
leurs beſtiaux; la plupart de nos anciens
bergers étoient des gens fort inſtruits;
ils paſſoient toutes les nuits, en gardant
tour-à-tour leurs troupeaux, à obſer-
ver les phénomènes du ciel; ils ſont
les inventeurs de l'aſtronomie, & cette
ſcience a dégénéré parmi eux en aſtrologie
judiciaire, qui n'eſt pas auſſi à négliger qu'on
le fait, car nous voyons encore ſe réaliſer
tous les jours leurs prédictions pour la va-
riation des ſaiſons; comme ce n'eſt pas
ici le lieu de nous en occuper, nous nous
contentons ſeulement de laiſſer entrevoir

les remarques que nous avons faites à ce sujet.

Depuis que le luxe s'est introduit parmi les hommes, on a abandonné le soin des bestiaux à des gens grossiers & rustres, on n'a représenté que sur les théâtres l'innocence de nos anciens bergers, encore se trouve-t-elle corrompue par le mélange dépravé des mœurs du siècle ; on retrouve néanmoins ces anciennes mœurs dans un de nos poètes allemands, le fameux Gessner, ses idyles méritent d'être placés à côté de celles de Virgile ; Columelle, Varron, Virgile, déjà cité, & plusieurs autres auteurs de l'antiquité, prouvent assez par leurs écrits immortels, combien étoient en honneur parmi leurs contemporains, l'agriculture & le gouvernement du bétail. Nous avons eu anciennement en France, Deserrès & le bon homme Liebault ; & de nos jours, ce patriote zélé, le fameux Duhamel, qui ont répandu parmi nous cette connoissance, la seule utile aux hommes ; nous devons à ces hommes immortels la plus grande reconnoissance pour les découvertes qu'ils nous ont laissees sur l'agriculture & les bestiaux. Sur la fin du règne de Louis XV, & sous le commencement de celui de Louis XVI, on avoit établi en France des écoles vétérinaires; elles ont eu, du temps de leur inventeur, le fameux Bourgelat, une espèce d'éclat, qui a bien dégénéré depuis sa mort, & qui, sans les soins & les peines des citoyens Chabert & Bourdin, seroit totalement éclipsé; on en peut dire de même de la plupart des sociétés d'agriculture qui existoient sous l'ancien gouvernement, & que le nouveau veut renouveller de nos jours; ce sont des habitans des villes, c'est-à-dire, des gens sans expérience, des gens à système, des médecins, des chymistes qui les composent; & quels fruits peut-on attendre de pareils spéculateurs? ils répandent par-tout ce jargon scientifique, qui ne peut pas être compris par les habitans des campagnes, nos vrais agriculteurs. Encourageons par des primes, par des honneurs, les citoyens dont les terres seront de meilleur rapport, qui auront le plus multiplié leurs troupeaux, & qui auront par-là augmenté les richesses de l'état : il ne nous faut pas pour cela des spéculateurs du siècle pour juges; le voisin jugera son voisin, il distinguera l'homme laborieux d'avec le paresseux, & il saura mieux apprécier leurs talens.

Depuis près de cinquante ans nous nous occupons avec un zèle infatigable, & qui n'est pas à l'abri de la censure, à mettre à la portée même du plus ignorant, les vraies connoissances utiles, & c'est ce que nous ferons aussi dans cet ouvrage, dont nous allons exposer le plan.

Il existe encore des peuples anciens qui s'occupent du soin des bestiaux; les Arabes ont un soin particulier de leurs chevaux; les Lappons de leurs rennes, c'est là leur principale ressource; en Italie, l'art vétérinaire a toujours été fort en crédit; en Angleterre, tout le monde connoît l'estime qu'on y a pour les chevaux; en Espagne, les bêtes à laine ont été l'objet de l'industrie de ses habitans; de nos jours Linné, ce savant à jamais immortel, a fait connoître aux peuples de la Suède la nourriture qui convient aux animaux domestiques de ces contrées, de même que les différens insectes qui se nourrissent sur les plantes & qui souvent les font périr par le dégât qu'ils y font; en Allemagne, Hartmann & Schreber ont publié beaucoup de découvertes fur la nourriture & les médicamens des beſtiaux; en Suiſſe, le grand Haller n'a pas dédaigné cet objet; la fociété d'agriculture qui s'y étoit formée, eſt celle qui nous a donné les meilleurs mémoires; le célèbre Tſchiffeli fera à jamais en vénération dans ces contrées, par ſes connoiſſances économiques & rurales. Actuellement il paroît à Londres, & par toute l'Angleterre, un ouvrage qui s'y diſtribue tous les mois par ſouſcription, & qui y repréſente, en gravures & en couleurs, les plantes qui peuvent ſervir de nourriture aux animaux domeſtiques. C'eſt d'après toutes ces différentes connoiſſances, & en tâchant de ſuivre les traces d'hommes auſſi célèbres qui nous ont précédé, que nous publions ce *Manuel vétérinaire des Plantes*. Nous nous ſommes ſervis dans ce titre du mot *vétérinaire*, qui ne convient, à proprement parler, qu'aux bêtes de ſomme; mais comme en France on lui a donné un ſens plus étendu, & qu'on l'a appliqué à tous les beſtiaux, nous nous ſommes crus être autoriſés à nous en ſervir dans ce titre.

Cet ouvrage eſt rédigé par ordre alpha-
bétique des noms latins & triviaux des
plantes par Linné, auxquels nous avons
joint les noms français les plus connus;
à la ſuite des noms de chaque plante, nous
déſignons celles qui conviennent aux chevaux, aux vaches, aux chèvres, aux brebis & aux cochons, & celles qu'ils ré-
butent; nous indiquons en même temps
celles qui peuvent convenir comme médicamens dans l'art vétérinaire; & nous
ne nous aſtreignons pas ſeulement aux
plantes propres au bétail, nous parlons
de celles qui conviennent à d'autres animaux, principalement à la famille volatile
qui s'élève dans la baſſe-cour; nous faiſons auſſi mention des principaux inſectes qui détruiſent les plantes; mais
comme nos vues ſont purement économiques, nous faiſons en même temps
connoître les plantes qui conviennent aux
abeilles, ces inſectes ſi utiles à l'huma-
nité; nous annonçons encore les plantes
dont les poiſſons ſont les plus friands, &
qui peuvent leur ſervir d'appât. Cependant comme nous avons acquis pendant
le cours de l'impreſſion de cet ouvrage,

différentes nouvelles connoiffances fur les objets que nous y traitons, nous y avons ajouté un fupplément, & nous avons placé à la fin de ce Manuel une table des noms français ; & pour ne rien laiffer à defirer pour un ouvrage auffi important que celui-ci pour la campagne, nous y avons joint quelques notices fur les plantes propres aux prairies naturelles & aux artificielles, tant fédentaires que momentanées, en attendant que nous publiions un traité *ex profeffo* fur cet objet ; nous y avons auffi ajouté quelques obfervations fur les plantes propres aux abeilles, tant d'après notre expérience, que d'après les mémoires de Contardi, de Duchet & de Rocca ; nous défignons auffi, dans une notice, les principales plantes ou parties de plantes qui peuvent & doivent entrer dans une pharmacie champêtre & vétérinaire ; nous avons confulté, pour cet objet, les ouvrages de *Bourgelat*, & les *Démonftrations Botaniques à l'ufage des écoles vétérinaires, première & deuxième éditions*, qui font les préférables. Enfin, nous finiffons nos recherches en indiquant, dans une article féparé, les appâts qu'on peur tirer du règne végétal pour la pêche. Nous terminons cet ouvrage par les savantes Diſſertations de Linné, qui nous ont donné l'idée de celui-ci. Ces diſſertations ſont intitulées : *Pan Suecus & Hoſpita inſecłorum Flora.*

Ce *Manuel Vétérinaire*, que nous publions, eſt le premier en ce genre qui ait paru ; nous y avons réuni toutes les connoiſſances utiles ſur cet objet, tant d'après notre propre expérience & nos découvertes dans les voyages que nous avons faits, que d'après l'expérience des autres ; quelques-unes ſe trouvent déjà imprimées, nous n'en diſconvenons point, mais elles ſont noyées & diſperſées dans de grandes collections, qu'il n'eſt pas facile à tout le monde de ſe procurer ; d'ailleurs, il s'en trouve beaucoup de nouvelles ; nous deſirons pouvoir être utiles, par la publication de cet ouvrage, à nos compatriotes ; ſi nous n'y réuſſiſſons pas, du moins doit-on nous ſavoir gré de notre zèle infatigable.

MANUEL

MANUEL
VÉTÉRINAIRE
DES PLANTES.

---

1. *Acanthus ilicifolius*. L'Acanthe à feuilles de chêne verd.

Les vaches & les boucs aiment à manger les feuilles tendres de cette plante, ce qui eſt ſurprenant, d'autant qu'elle eſt fort épineuſe.

2. *Aceris variæ ſpecies*. Les différentes eſpèces d'Erable.

Les principaux inſectes qu'on rencontre ſur les Erables ſont au nombre de trois ; le premier eſt celui qu'on nomme le puceron de l'Erable ; le ſecond eſt connu ſous le nom de kermès-oval de l'Erable ; & le troiſième eſt une phalène, qu'on appelle chappe-brune, ou ſautoir. *Voyez*, pour la deſcription de ces inſectes, l'abrégé de l'*Hiſtoire des inſectes des environs de Paris*, par Geoffroy.

3. *Achillea ptarmica*. La Ptarmique.

Les chevaux, les vaches, les boucs, les chèvres & les porcs mangent de cette plante ; mais ſuivant les obſervations de la ſociété d'agriculture de Bretagne, elle fournit néanmoins un fourrage aſſez mauvais, & quand bien même il ne s'en trouveroit

A

point dans les prairies, cela n'en vaudroit que mieux pour les beftiaux.

4. *Achillea magna.* La grande Mille-Feuille.

Quelques auteurs prétendent que fi on mêle cette plante hachée menu avec du fon mouillé , on en préparera une excellente nourriture pour les jeunes poulets d'Inde.

5. *Achillea millefolium.* La Mille-Feuille.

Les chevaux , les vaches, les brebis, les chèvres & les porcs mangent cette plante; cependant le fourrage qu'elle fournit eft affez mauvais. Suivant les anciens mémoires de la fociété d'agriculture de Bretagne, on attribue à cette plante la propriété d'éloigner les mouches des prairies.

Quand on fait prendre aux animaux intérieurement l'infufion de la Mille-Feuille comme vulnéraire, réfolutive & aftringente, la dofe de cette infufion eft dans ce cas de deux poignées pour une livre & demie d'eau.

6. *Achras fapota.* Le Sapotillier à fleurs folitaires & à feuilles ovales.

Les pintades ou poules de Guinée & beaucoup d'autres oifeaux font très-friands des fruits de cet arbre, auffi les chaffeurs du pays ont coutume de les attendre fous ces fortes d'arbres dans les forêts.

7. *Achras falicifolia.* L'Achras à feuilles de Saule.

Les chauves-fouris, les loirs, les guanes &

différentes efpèces d'oifeaux trouvent dans les fruits de ces fortes d'arbres une excellente nourriture, auffi les rencontre-t-on ordinairement deffus, c'eft fans doute la raifon pour laquelle les chaffeurs du pays où croiffent ces arbres, les choififfent de préférence dans les bois pour attendre fous leur ombrage les oifeaux qui ne manquent pas de s'y rendre à chaque inftant, & de devenir par là leur proie. Carreri, en parlant d'une efpèce de Sapotillier dont la feuille eft ronde & verte, qu'il nomme noire, dit que le poiffon meurt, lorfqu'il en mange avant qu'il ne foit mûr.

8. *Aconitum lycoctonum.* L'Aconit Tue-Loup.

La racine de cette plante mife en poudre fait périr les loups, fa décoction tue les poux des beftiaux, les mouches & les coufins; les chèvres & quelquefois les moutons la mangent, les autres beftiaux n'en veulent point.

9. *Aconitum napellus.* L'Aconit Napel.

Il eft mortel pour tous les beftiaux, excepté le cheval; il fait périr les loups, les chats, les rats, & tous les infectes. On dit que les chaffeurs qui fur les Alpes font la guerre aux loups & aux animaux fauvages, trempent leurs dards dans le jus de cette plante, & rendent par là leurs bleffures mortelles. Sa femence eft fort recherchée par les Francolins.

10. *Aconitum variegatum.* L'Aconit bleu, quelquefois panaché.

Sthal eſt le premier de tous les auteurs qui ait rapporté qu'on pourroit faire prendre intérieurement aux chevaux du Napel à fleurs bleues, & que pris à une certaine doſe, il guériſſoit d'une maladie que les Allemands nomment *Der-Wurn*.

11. *Aconitum anthora.* L'Anthore, l'Aconit anthore.

Quand on preſcrit aux chevaux dans l'art vétérinaire la racine d'Aconit anthore, c'eſt à la doſe d'une once; les fleurs de tous les Aconits ne ſont point vénéneuſes, auſſi le miel que les abeilles en tirent, n'a pas des qualités nuiſibles.

12. *Acorus verus.* Acorus médicinal des Indes.

Le rat muſqué ſe nourrit ordinairement de cette plante, au rapport de Sarraſin, ancien médecin de Québec; il ajoute que l'odeur de muſc que cet animal exhale, lui eſt même communiquée par l'Acorus; Cluſius la lui avoit déjà attribuée précédemment. Ce qui ſemble confirmer cette aſſertion, c'eſt que le rat muſqué a plus d'odeur à la fin de l'hiver, temps où il n'a preſque vécu que de cette plante; que pendant l'été ou l'automne, où il ſe nourrit indifféremment d'herbes de différentes eſpèces.

On forme pour les beſtiaux, avec la racine de l'Acorus des maſticatoires dans les cas d'inappétence, de maladies épizootiques, & dans ceux où la lymphe trop épaiſſe engoût les bronches & les véficules pulmonaires ; la dofe de cette racine pour le cheval & pour le bœuf, eft depuis une demi-once jufqu'à quatre onces, & pour les moutons, depuis un gros jufqu'à un once.

On fe fert dans la Chine de cette plante pour chaffer les punaifes du lit, on en met les feuilles fous les matelats.

13. *Acroftichum filiquofum.* L'Acroftiche à filiques.

Comme cette plante fe conferve pendant fort long-temps dans des vaiffeaux pleins d'eau, on en pourroit mettre dans les vafes où l'on élève des poiffons dorés & argentés de la Chine, elle deviendroit pour ces poiffons une nourriture excellente.

14. *Actæa spicata.* La Chriftophoriane en épis.

Les payfans du Mont-d'Or recueillent des racines de Chriftophoriane qu'ils diftribuent chez l'étranger fous le nom d'*Ellébore noir.*

On s'en fert même quelquefois pour remédier à une maladie dangereufe, à laquelle les bœufs font fujets dans ces cantons, & qu'on prétend devoir fon origine à quelques plantes venimeufes, qu'ils peuvent manger dans ces pacages. Il eft affez difficile de déterminer quelle plante ce pourroit être ; mais le *Veratrum,* l'Aconit , la Douve & autres efpèces de renoncules y font fort communes ; on voit tout d'un coup les animaux enfler prodigieufement & faire des mugiffemens terribles ; leurs yeux fe retirent & s'affaiffent, & ils rendent beaucoup d'écume par la bouche. Cette maladie devient fi funefte qu'en moins de vingt-quatre heures l'animal meurt avec des convulfions dans les mufcles du col. Les bouviers apportent différens remèdes à cette dangereufe maladie ; ils font avaler de trois heures en trois heures à l'animal, une foupe faite avec du pain bouilli dans du vin, auquel ils ajoutent du poivre, ils cautérifent en même-temps la peau de l'animal à l'épaule & fur le col, d'autres après avoir fait des fcarifications à ces mêmes parties, paffent fous la peau des filets de la racine de Chriftophoriane, qui attirent & font fortir par ces ouvertures une grande quantité de férofité confidérable, ce qui fauve l'animal.

La Chriftophoriane eft très-âcre ; appliquée extérieurement en poudre, elle fait périr les poux, une feule de ces baies fuffit pour faire mourir une poule. Les chiens auxquels on en fait avaler, meurent dans les convulfions. Les chèvres, les moutons & quelquefois les vaches la mangent ; les chevaux & les cochons n'en veulent point.

15. *Adanfonia bahobal.* Le Bahobal.

Adanfon dit avoir vu un Bahobal parvenu à un état d'amoliffement, habité par un grand nombre de fcarabées & de capricornes ; ces animaux ne paroiffoient pas avoir contribué à la maladie de cet arbre, mais leurs œufs ont bien pu être introduits dans ce bois ramolli, ainfi & de même qu'une infinité d'infectes introduifent les leurs dans le Saule, lorfqu'il eft dans un état de moleffe à peu-près femblable, quoiqu'ils ne l'attaquent pas lorfqu'il eft fain.

On lit dans le voyage d'Adanfon au Sénégal, qu'aux branches des arbres du Bahobal, on remarquoit des nids qui fe trouvoient fufpendus, & qui n'étonnoient pas moins par leur grandeur que les arbres mêmes qui font fort hauts ; ces nids avoient au moins trois pieds de largeur, & reffembloient à de grands paniers ovales, ouverts par en bas & tiffus confufément de branches d'arbres affez groffes. A juger de la grandeur des oifeaux qui font ces nids par les nids mêmes, elle ne devroit pas être beaucoup inférieure à celle de l'autruche ; les habitans du pays ont affuré à Adanfon que ces oifeaux approchoient par la figure de cette efpèce d'aigle qu'ils nomment *utann.*

16. *Adonis æftivalis.* L'Adonide d'été, la Rougeotte.

Cette plante plaît aux abeilles & à d'autres infectes.

17. *Adoxa mofchatellina* La Mofcatelline.

Les chèvres mangent cette plante, les vaches n'en veulent point.

18. *Ægilops ovata.* L'Ægilops oval.

Cette efpèce, de même que toutes celles du même genre, peuvent fervir de nourriture aux beftiaux.

19. *Ægopodium podagraria.* L'Herbe à Gérard.

Le bétail eft fort friand de cette plante. Elle nourrit un infecte qu'on nomme necydale de l'Herbe à Gérard. Voyez pour fa defcription l'*Abrégé de l'Hiftoire des infectes des environs de Paris*, par Geoffroy.

20. *Æfculus hippocaftanum.* Le Marronnier d'Inde.

Cet arbre nourrit deux fortes d'infectes, l'un qu'on nomme phalêne de l'érable, & que par cette raifon on pourroit encore appeller phalêne du Marronnier d'Inde, puifqu'on la trouve indiftinctement fur l'un & l'autre de ces arbres; & le fecond eft connu fous le nom de phalêne du Maronnier d'Inde. Voyez pour la defcription de ce dernier infecte, l'*Hiftoire des Infectes*, par Réaumur.

Bon, ancien préfident de Montpellier, eft parvenu à faire perdre aux Marrons leur amertume, & à les rendre propres à fervir de nourriture ou d'engrais à la volaille. Pour y réuffir, il faifoit une forte leffive de chaux & de cendres ordinaires, en paffant de l'eau fur le mêlange, comme quand on coule la leffive; il faifoit tremper les Marrons dans cette leffive, après avoir ôté leur écorce, il les lavoit enfuite dans de l'eau fraîche & les faifoit cuire pour en former une efpèce de pâte dont la volaille eft très-friande. Duhamel affure avoir vu les vaches manger avec appétit de ces fortes de fruits malgré leur amertume. Réaumur en a vu auffi manger aux poules fans aucune préparation,

ce qui les fait maigrir & les empêche de pondre.
Dans quelques pays on accoutume les moutons à
en manger l'hiver ; on a réuffi auffi, en les leffi-
vant, à en nourrir les chevaux dans une année de
difette. On ne fe fert plus à préfent pour ôter aux
Marrons d'Inde leur amertume, que de la fimple eau
de chaux. Jettez vingt-quatre pintes au moins d'eau
fur la huitième partie d'un boiffeau de chaux vive
mife au fond d'un cuveau, lorfque la chaux eft éteinte,
féparez-en l'eau, faites bouillir les Marrons dans
cette eau, après les avoir piqués en deux ou trois
endroits ; quand les Marrons feront ainfi amortis,
pelez-les & trempez-les enfuite dans de l'eau
fraîche, plufieurs perfonnnes s'en font très-bien
trouvées. On prétend même que l'eau commune
eft feule fuffifante pour ôter aux Marrons leur
amertume.

Les maréchaux veulent que la poudre des Marrons d'Inde convienne pour la pouffe. En Turquie,
on fait moudre le fruit du Maronnier d'Inde pour
en mêler enfuite la farine au fourage deftiné aux
chevaux attaqués de toux ou de coliques, & on
y regarde les Marrons comme un excellent remède
contre ces deux maladies. Les bêtes fauves aiment
beaucoup ce fruit, & lorfqu'il mûrit, elles fe
tiennent communément aux environs de ces arbres,
pour s'en faifir dans l'inftant de fa chûte, fur-tout
pendant les vents forts qui les font tomber aifément.

21. *Æthusa cynapium.* L'Æthuse persillé, la Petite-Ciguë.

Cette plante est un poison mortel pour les oies qui en mangent; cependant tous les bestiaux s'en nourrissent.

22. *Agaricus muscarius.* Le Champignon aux mouches.

Ce Champignon brisé dans l'eau étourdit plutôt les mouches qu'il ne les tue; si on en insère dans les fentes ou bords du lit, on fait mourir les punaises, on parvient par là à les détruire radicalement.

23. *Agarici variæ species.*

On trouve sur les Champignons deux sortes d'insectes; la première espèce est la tique des Champignons, & la deuxième est le dermeste de l'Agaric, ces deux insectes sont décrits par Linné.

24. *Agaricus squammosus.* L'Agaric écailleux.

Les animaux qui mangent deux ou trois de ces Agarics, sont tourmentés, vont du ventre, sans d'ailleurs en être incommodés.

25. *Agaricus quercinus.* L'Agaric de Chêne.

On peut le préparer comme le Bolet couleur de feu, pour arrêter l'hémorragie dans les animaux domestiques.

26. *Agrimonia eupatoria.* L'Aigremoine officinale.

Cette plante est inutile dans les prairies; les vaches, les chevaux, les cochons n'en veulent point ; cependant les chèvres & les moutons la mangent. On prefcrit aux animaux l'aigremoine , comme aftringente , vulnéraire , apéritive , déterfive & defficative , en décoction à la dofe de deux poignées dans deux livres d'eau. On la recommande en fumigation dans les écoulemens morveux.

27. *Agroftemma githago*. L'Agroftemme nielle.

Les chèvres , les vaches , les moutons & les chevaux mangent de cette plante.

28. *Agroftis fpica venti*. L'Agroftis éventé.

Les vaches, les chèvres & les chevaux mangent de cette plante , c'eft un fourrage gras , abondant & délicieux pour les beftiaux.

29. *Agroftis arundinacea*. L'Agroftis en forme de rofeau.

Les chevaux mangent très - bien de cette plante, mais les chèvres périraient plutôt de faim que d'en manger.

30. *Agroftis ftolonifera*. L'Agroftis à drageons.

Les vaches , les moutons & les chevaux en mangent.

31. *Agroftis capillaris*. L'Agroftis chevelu.

Les vaches, les chèvres & les chevaux en mangent.

32. *Aira fpicata*. L'Aire en épis.

La plupart des Aires forment une excellente nourriture pour les brebis, les chevaux & les porcs, principalement celui-ci.

33. *Aira aquatica*. L'Aire aquatique.

Les vaches, les moutons, les chevaux en mangent.

34. *Aira cespitosa*. L'Aire en gazon.

Ce chiendent est un excellent fourrage pour les bestiaux ; on ne peut assez en multiplier la culture ; mais il rend les prés raboteux & inégaux.

35. *Aira flexuosa*. L'Aire réfléchi.

Les vaches, les chèvres, les brebis & les chevaux mangent fort bien de ce chiendent.

36. *Aira montana*. L'Aire des montagnes.

Il est aussi bon que le précédent pour les bestiaux.

37. *Aira canescens*. L'Aire ou foin blancheâtre.

Les vaches & les chevaux en mangent. Il est surtout très-bon pour les moutons lorsqu'il est vert, & principalement pour les agneaux.

38. *Aira caryophyllea*.

L'Aire caryophillé fournit un fourrage assez tendre & délicat, son odeur forte fait fuir les teignes.

39. *Aira cærulea*. Le Canfe, l'Erbier bleu.

Il fournit une excellente litière pour les bestiaux.

40. *Aiuga reptans*. Le Bugle des boutiques.

On l'emploie comme vulnéraire dans l'art vétérinaire comme dans la médecine : quand on prescrit pour les hémorragies son infusion aux animaux, c'est à la dose d'une poignée & demie dans deux livres d'eau, & son suc à la dose d'une livre & demie. Les chèvres & les moutons, quelquefois les vaches mangent de cette plante, mais les chevaux & les cochons n'en veulent point.

41. *Alchemilla vulgaris*. Le Pied de lion commun.

Les chèvres, les moutons, les chevaux & quelquefois les vaches en mangent, ce qui peut le
rendre bon dans les pâturages, mais il eſt inutile
dans les prairies. On l'emploie comme vulnéraire
dans l'art vétérinaire; la doſe de ſon ſuc pour les
animaux eſt de ſix onces, & ſa décoction eſt d'une
demi-livre par jour.

42. *Aliſma Plantago aquatica*. Le grand Plantain
d'eau.

On lui attribue de faire périr ou du moins d'incommoder beaucoup les animaux qui en mangent,
principalement les vaches; cependant on remarque
que les chèvres & les chevaux en mangent quelquefois ſans accident.

43. *Allium ſativum*. L'Ail commun.

On l'emploie ordinairement dans l'art vétérinaire; il provoque les animaux à la colère, il
les rend quelquefois enragés, quand ils ne trouvent
point d'eau. Une gouſſe d'ail coupée menue, mêlée
avec de l'oignon & donnée à manger aux coqs
& poules les anime violemment, juſqu'à ſe battre
à coups de bec, & même ſe bleſſer.

Si on en donne avec l'avoine aux chevaux, ceux
qui en ont mangé ſurpaſſent beaucoup en leur courſe
les autres; ſes bulbes données intérieurement avec

le fel marin font un très-bon ftomachique, tant pour les chevaux que pour les bêtes à cornes; ce mêlange agit de même fufpendu dans la bouche en forme de nouet & allié avec l'oxymel; il devient un des meilleurs préfervatifs qui s'emploient très-efficacement contre les maladies contagieufes du bétail.

On l'emploie ordinairement pour rétablir l'appétit des animaux; on en forme pour lors des maftigadours; on en fait auffi ufage dans les maladies catharales de la tête & de la poitrine; ce remède excite l'expectoration & l'évacuation d'une quantité confidérable de phlegmes épais & vifqueux, qui fouvent font la feule caufe du dégoût. La décoction des bulbes d'ail eft moins active, qu'étant donnée en nature, elle eft pour lors diurétique; on en fait ufage avec fuccès pour prévenir la formation des calculs de la veffie, auxquels les bœufs font fujets, lorfqu'ils font nourris au fec & pour en déterminer l'évacuation.

Le fuc de l'ail donné dans du vin blanc, agit avec beaucoup plus d'efficacité dans la fourbure que celui d'oignons, mais il faut le profcrire s'il y a fièvre ou inflammation.

L'ail réduit en pâte par la trituration & appliqué extérieurement en forme de cataplafme, eft un puiffant maturatif pour les tumeurs froides & indolentes, qui fe forment quelquefois fur les côtes & aux extrêmités. Il n'agit pas moins comme réfolutif fur ces dernières, & il a fouvent fait difparaître des capelets & des mollettes pour la guérifon defquels on ne reconnaît d'autres reffources que l'application du feu.

Cette pâte mêlée avec le fel eft un très-bon réfolutif dans les cas d'entorfe, de foulure, de contufion; fon emploi dans les nerfs ferrures n'a pas été fans fuccès, furtout immédiatement après l'accident.

L'inflammation qu'elle excite toujours la rend d'un ufage dangereux dans les tumeurs chaudes & phlegmoneufes, elle a néanmoins fixé le charbon, dont la délitefcence auroit inévitablement entraîné la mort de l'animal.

Bourgelat dit dans fa matière médicale avoir été à portée d'obferver fouvent les mauvais effets de fes cataplafmes appliqués fur des javarts dans la vue d'en accélérer la maturité; ils agiffent comme de véritables véficatoires; toute la portion de la peau touchée par le cataplafme tomboit à la levée de l'appareil ou peu après, & les délabremens occafionnés dans les articulations par l'inflammation violente qu'ils fentoient ont quelquefois mis les chevaux hors de fervice, ou retardé long-temps la guérifon.

La dofe de l'ail pour le cheval eft depuis une once jufqu'à quatre, & pour le bœuf depuis une once jufqu'à fix. Rien n'eft meilleur que l'ail haché en quantité avec du foie donné aux chiens pour les guérir d'une maladie épizootique qui les affecte dans leur jeuneſſe.

Pline recommande de faire tremper dans le jus d'ail la nourriture des poules attaquées de la pépie.

On prétend qu'une quantité d'ail ſuſpendue aux branches d'arbres, éloigne les oiſeaux ou les empêche de nuire aux fruits.

44. *Allium vineale.* L'Ail des Vignes.

Les allouettes qui en mangent, telles que celles des environs de Léipſick, fourniſſent un mets fort délicat, tandis que les vaches qui en ont été nourries donnent du lait & du beurre d'un goût déteſtable. Les ſouris & les taupes en ſont fort friandes.

45. *Allium urſinum.* L'Ail d'ours.

Il infecte le lait des vaches lorſqu'il eſt abondant dans les pâturages ; c'eſt cependant la thériaque des gens de campagne pour la guériſoñ de leurs beſtiaux.

46. *Allium porrum.* Le Poireau.

Cette plante eſt ſujette dans certaines années à être mangée par un petit ver blanc qui s'engendre dans le cœur, à quoi on ne ſauroit remédier ; le ver du hanneton en détruit auſſi quelquefois ; il faut en faire la recherche & avoir ſoin de remplacer le pied qui manque.

Dans le pays Meſſin on fait uſage du poireau

pour

pour donner de l'appétit aux bêtes à cornes, on en frotte leur gueule & on les introduit même jusques dans leur éfophage, après quoi on les en retire.

47. *Allium cepa.* L'Oignon.

On donne aux animaux comme diurétique le fuc qu'on tire de la pulpe & des feuilles de l'Oignon, à la dofe d'une demi-livre.

48. *Aloë vera.* L'Aloès véritable.

C'eft de cette plante dont on tire les fucs d'Aloès; on en diftingue trois efpèces, l'Aloès fuccotrin, l'hépatique & le caballin; ce dernier eft pour l'ordinaire en ufage pour les maladies des chevaux, cependant Bourgelat préfère l'Aloès hépatique, comme étant plus pur; il eft de la couleur du foie des animaux. Dans l'art vétérinaire on prefcrit dans la plupart des breuvages des chevaux cet Aloès comme purgatif, fondant, vermifuge & fortifiant, depuis la dofe de deux gros jufqu'à une once & demie ou deux; on en mêle ordinairement pour une de leurs maladies qui fe nomme *pélonid*, une demi-once dans du vin avec un quart d'once de foie d'antimoine : la dofe eft d'une once pour les bœufs & les vaches, de fept gros pour les veaux d'un an, & de fix gros pour ceux qui font plus jeunes; de quatre gros pour les moutons, & de deux ou trois gros pour les agneaux, proportionnellement à leur âge & à leur force.

49. *Alopecurus bulbofus.* Le Vulpin bulbeux.

B

Il fournit du fourrage propre aux bestiaux.

50. *Alopecurus pratensis*. Le Vulpin des prés.

C'est un des meilleurs pâturages. Tous les bestiaux le mangent, mais sur-tout les chevaux, les moutons & les chèvres ; lorsqu'on met un marais en prairie, on doit y semer par préférence cette plante qui y réussit très-bien.

51. *Alopecurus agrestis*. Le Vulpin des champs.

De tous les différens chiendens, celui-ci passe pour être le meilleur pour les bestiaux ; il est sujet à l'ergot de même que le précédent.

52. *Alopecurus geniculatus*. Le Vulpin articulé.

C'est un bon pâturage pour les vaches, les chèvres, les moutons, les chevaux & même les chameaux, mais les cochons n'en veulent point.

53. *Alsine media*. La Morgeline, le Mouron des oiseaux.

On trouve sur cette plante une phalêne qui se nomme écaille marbrée. Geoffroy en donne la description dans son *Abrégé de l'Histoire des Insectes des environs de Paris*. On en donne aux oiseaux de volière, tels qu'aux serins, aux chardonnerets, aux linottes, elle les rafraîchit & augmente leur appétit ; les poules & les poulets en sont aussi fort friands ; on en jette aux corneilles qu'on a enfermées. Lorsqu'on donne aux bestiaux de la Morgeline pour les rafraîchir, c'est pour l'ordinaire à la dose de deux poignées en décoction dans une livre & demie d'eau.

54. *Althæa officinalis.* La Guimauve.

On trouve fur cette plante un papillon qui fe nomme *Plein-Chant* : Geoffroy en donne la defcription dans fon *Hiftoire abrégée des Infeĉtes.*

La racine de cette plante entre dans la compofition de prefque tous les breuvages ou opiats béchiques adouciffans; on l'allie auffi aux incififs, aux martiaux, aux antimoniaux, on la fubftitue à la colle de poiffon, trop chère pour l'ufage des animaux, dans tous les cas où cette fubftance feroit indiquée & elle la remplace parfaitement; elle fournit l'*huile de mucilage*, bouillie avec la femence de fenugrec, de lin ou d'huile d'olive dans une certaine quantité d'eau commune; cette huile étendue dans une décoĉtion de racines de Nymphæa ou de têtes de Pavots, forme un lavement très-propre à faire ceffer les épreintes & les tenefmes occafionnés par les étranglemens & les fpafmes inteftinaux; l'onguent d'Althæa fi ufité dans la chirurgie vétérinaire a pour bafe l'huile de mucilage. La racine de cette plante en poudre, donnée comme béchique & adouciffante, fe prefcrit depuis deux gros jufqu'à quatre onces au cheval & au bœuf, & depuis un gros jufqu'à un once aux moutons : on donne aux chiens la décoĉtion de cette même racine, ou l'infufion des fleurs, coupée avec égale quantité de lait.

55. *Alyffum incanum.* L'Alyffon blanchâtre.

Les vaches, les moutons, les chevaux & les cochons mangent de cette plante.

56. *Amaryllis belladona.* L'Amaryllis belledame.

Mademoiselle Merian a repréfenté dans l'hiftoire des infeêtes de Surinam, une chenille qui fe trouve fur la feuille verte de cette plante. *Voyez* dans cette hiftoire la defcription qu'elle en donne, de même que celle de la phalêne qui en provient.

57. *Ammi maius.* L'Ammi commun.

La femence de cette plante eft une des quatre femences chaudes ; on l'emploie dans l'art vétérinaire comme ftomachique & carminatif en fubftance à la dofe de deux gros pour les beftiaux.

58. *Amomum zingiber.* Le Gingembre.

On s'en fert dans l'art vétérinaire comme difcuffif, ftomachique & carminatif chaud ; on ne doit l'employer que quand on n'a pas à redouter trop d'irritation ; la dofe pour les animaux eft depuis trente grains jufqu'à trois gros : on n'a employé que trop fouvent cette racine dans la méthode ancienne de traiter les beftiaux par les échauffans, on l'a vu même produire des effets finiftres fur la poitrine de certains chevaux, à qui on en avoit donné inconfidérément ; l'inertie prefque totale de l'eftomach & des inteftins indique qu'il faut donner de cette racine en breuvage & en lavemens, mais il faut des fymptômes réels de cette inertie, tels que les relâchemens des fibres dans l'anus, des borborygmes ; dans le premier cas, on adminiftrera la racine en poudre dans du vin ; pour le fecond cas, on en donnera feulement la décoction dans de l'eau commune.

On prefcrit comme un remède fpécifique la poudre de cette racine dans du vinaigre contre les maladies contagieufes cachectiques du bétail. Le Gingembre eft un très-bon mafticatoire dans le cas de dégoût ou d'inappétence.

Les maquignons emploient la racine du Gingembre pour faire redreffer la queue des chevaux coupée à l'angloife, lorfqu'ils les mettent en montre ; ils en coupent un morceau avec les dents, l'humectent avec leur falive & l'introduifent dans l'anus, immédiatement avant de fortir l'animal.

59. *Amygdalus perfica.* Le Pêcher.

Plufieurs animaux aiment le Pêcher & s'en nourriffent, les vers de hannetons, les fourmis rouges mangent les racines ; des chenilles vertes rongent des boutons à fleurs, les loirs, les mulots, les rats, les fouris, les oifeaux, les guêpes fe nourriffent des fruits ; les infectes qu'on rencontre ordinairement fur le pêcher & l'amandier font au nombre de quatre : le kermès oblong du pêcher, le kermès rond du même arbre, la phalène mouchetée & la phalène feriée brune. Voyez la defcription dans l'*Abrégé des Infectes*, de Geoffroy.

60. *Amygdalus communis.* L'Amandier commun.

On tire des amandes douces une huile qu'on employe dans les maladies des beſtiaux, comme adouciſſante, peƈtorale, anodine & calmante, à la doſe d'une demi-livre.

Les amandes amères ſont un poiſon pour la plupart des oiſeaux, des chiens & d'autres animaux auxquels elles occaſionnent des convulſions mortelles; l'eau diſtillée de ces fruits a même fait périr des quadrupèdes, & leur odeur en outre eſt un poiſon pour quiconque en reſpire beaucoup à la-fois. Dans la Colleƈtion Académique il eſt fait mention de différens animaux, tant quadrupèdes qu'oiſeaux, morts pour avoir mangé des amandes amères qu'on leur avoit préparées.

61. *Anacardium occidentale.* Le Pommier d'Acajou.

On découvre ſur ces arbres deux eſpèces de chenilles, une blanche & une rouge. Mademoiſelle de Merian en a donné la deſcription dans ſon *Hiſtoire des Inſeƈtes de Surinam.*

Les oiſeaux aiment beaucoup les fruits d'Acajou; les animaux du pays où croiſſent ces arbres, s'en nourriſſent.

62. *Anagallis arvenſis.* Le Mouron des champs.

Les poules & la plupart des oiſeaux de volière aiment beaucoup cette plante; les vaches & les chèvres la mangent également, mais les moutons n'en veulent point; en Perſe, lorſque les chevaux font menacés de la cataracte, on met sous leurs yeux des compresses imbibées de son suc. On lui a donné, sur-tout au Mouron à fleurs rouges, des éloges peu mérités contre la rage des bestiaux ; il passe pour vulnéraire astringent, ou même anti-hydrophobique ; quand on le prescrit aux animaux enragés, c'est en poudre à dose d'une once.

63. *Anchusa officinalis.* La Bugle des boutiques.

Tous les bestiaux mangent de cette plante, quand elle est verte, mais les vaches n'en veulent plus lorsqu'elle est sèche ; dans l'art vétérinaire, on s'en sert comme de la Bourrache, dont la nature est la même ; & quand on en donne aux animaux dans les maladies analogues à celles de l'homme, c'est toujours à la dose de deux poignées pour deux livres d'eau.

64. *Andropogon caricosum.* L'Andropoge cariqueux.

Cette plante qui vient dans les Indes occidentales, y est plus nuisible qu'utile ; elle est sur-tout très-incommode aux chasseurs ; les sangliers fixent leur demeure dans ses feuillages, & s'y mettent à l'abri de ceux qui attentent à leur vie. Comme ces sortes de Chiendent bouchent le passage aux bestiaux qui vont paître, les naturels du pays sont dans l'usage d'y mettre le feu qui prend facilement dans les feuilles sèches ; mais dès qu'une fois il est allumé, il est très-difficile de l'éteindre, ce qui le rend même fort dangereux lorsqu'il fait du vent ; si on ne brûle le Chiendent qu'une fois ou deux, il en revient de pareils ; mais fi on continue à le brûler pendant plufieurs années, il fe détruit entièrement & eft remplacé par d'autres chiendents plus pro-fitables aux beftiaux.

65. *Andropogon fchænanthes*. Le Schenanthe.

Quand on arrache dans l'Inde cette plante, il faut bien fe donner de garde ; on trouve en terre fous chacun de ces chalumeaux de grandes fourmis noires, bien ventrues, qui s'attachent tellement à la peau de ceux qui arrachent les plantes, que le fang en fort, & que la piqûre qui en réfulte eft auffi à craindre que la plus mauvaife de celles occafionnées par les fcorpions. Cette plante eft la nourriture com-mune des chameaux dans l'Arabie.

66. *Androface feptentrionalis*. L'Androfacé du nord.

Gmelin dit que dans la Sibérie on emploie cette plante pour différentes maladies des beftiaux.

67. *Anemone alpina*. L'Anémone des Alpes.

Les maréchaux appliquent les feuilles de cette plante comme déterfive, réfolutive fur les tumeurs froides, indolentes & dures, & fur les vieux abcès des chevaux.

68. *Anemone hepatica*. L'Anémone hépatique.

Les moutons & quelquefois les chèvres en mangent, les autres beftiaux n'en veulent point.

69. *Anemone pulfatilla*. La Coquelourde.

Les chèvres & les moutons mangent cette plante, dont les autres bestiaux ne veulent pas.

70. *Anemone nemorosa*. La Sylvie.

Les chèvres & les moutons mangent cette plante, dont les chevaux & les cochons ne veulent point, les vaches n'y touchent que rarement, elle leur cause le pissement de sang & la dyssenterie.

71. *Anethum graveolens*. L'Anet proprement dit.

On recommande aux bestiaux les graines d'Anet, comme stomachiques, carminatives, apéritives, discussives & diurétiques.

72. *Anethum fœniculum*. Le Fenouil.

Quand on prescrit aux animaux la semence de Fenouil pulvérisée, c'est pour l'ordinaire à la dose d'une once, ou son huile essentielle à celle d'un gros, c'est pour eux un excellent carminatif. On mêloit chez mon père les feuilles hachées de cette plante avec les alimens, qu'on préparoit pour les dindonneaux, c'est pour eux un excellent préservatif contre les maladies auxquelles ils sont sujets.

73. *Angelica archangelica*. L'Angélique, l'Archangélique.

Les naturalistes ont observé sur les fleurs de l'Angélique, de même que sur la plupart des plantes ombellifères deux sortes d'insectes, dont l'un est du genre des scarabées & se nomme *drap mortuaire*, l'autre est un dermeste à étuis transparens ; ces deux insectes se trouvent décrits dans l'*Abrégé de l'Histoire des Insectes des environs de Paris*, par Geoffroy. Voyez cet ouvrage.

Quand on prescrit aux animaux la poudre des racines d'Angélique, c'est pour l'ordinaire à la dose de deux onces, on la leur donne comme alexipharmaque. Les lapins mangent avidemment ses tiges, dépouillées de son écorce avant la floraison.

74. *Anona reticulata.* L'Anone à réseau, le Cachiman cœur de bœuf.

Les chauves-souris & autres animaux de nuit mangeroient tous les fruits de ces arbres, si on n'avoit pas l'attention de les cueillir avant leur maturité.

75. *Anona palustris.* L'Anone des marais, la Pomme de serpent.

Le fruit de cet arbre passe pour un puissant narcotique, il est même souvent nuisible aux animaux.

76. *Anona glabra.* L'Anone ou Guanabane lisse.

Il sert de nourriture aux lézards & plusieurs autres animaux sauvages, entr'autres au grand lézard ou guane; ce lézard ressemble un peu par sa taille au crocodille, mais il a la tête plus courte & la partie la plus éminente de son dos est garnie d'une crête dentelée, qui s'étend depuis le derrière de la tête jusqu'au milieu de la queue; ces sortes de lézards sont de diverses grandeurs, depuis deux jusqu'à quatre pieds de long; leur bouche est garnie de très-petites dents, & leurs mâchoires font armées d'un bec offeux, avec lequel ils mordent d'une grande force.

77. *Anona triloba*. L'Anone à trois lobes, l'Affiminier.

Les animaux du pays où croît cet arbre font leur nourriture de ce fruit.

78. *Anona afiatica*. L'Anone d'Afie.

Les agoutis, les lézards, les cochons marrons fe nourriffent de fon fruit.

79. *Anthemis cotula*. La Camomille puante.

Son odeur éloigne les abeilles, les guêpes & les coufins, tandis qu'elle attire les crapauds; elle eft inutile dans les prés & pâturages; les vaches, les chevaux, les cochons ne la mangent point, les chèvres & les moutons n'y touchent que rarement, cependant on la donne aux beftiaux comme remède contre l'afthme.

80. *Anthemis arvenfis*. L'Anthémide des champs.

Elle peut fervir de pâturage aux bœufs, aux chèvres & aux moutons.

81. *Anthericum ramofum*. La Phalangère rameufe.

Les chèvres & quelquefois les moutons mangent de cette plante.

82. *Anthericum offifragum*. L'Antheric brife-pierre.

On prétend dans la Norwège que cette plante eft fort nuifible aux moutons s'ils en mangent beaucoup ; ils s'engraiffent auffitôt, mais l'année fuivante ils périffent par de petits vers qui fe forment dans leur foie. D'autres difent encore que cette plante amollit tellement les os des bœufs, qu'ils ne peuvent plus fe tenir debout, dès qu'ils en ont mangé abondamment. Mais toutes ces vertus ne font pas bien conftatées, car fi cela étoit vrai, dans le pays où cette plante croît abondamment, en peu de temps, il ne fe trouveroit plus de troupeaux, tandis qu'ils y font très-abondans. Ce qui a pu donner lieu à cette croyance, c'eft fans doute l'odeur très-forte & très-puante de cette plante, qui la fait foupçonner d'être très-nuifible.

83. *Anthoxanthum odoratum*. La Flouve, l'Anthoxanthe odorant.

Cette plante fournit un excellent pâturage, qui donne une odeur fort agréable au foin, & qui plaît infiniment aux beftiaux.

84. *Anthyllis vulneraria*. La Vulnéraire.

On a recommandé cette plante comme un très-bon pâturage pour les vaches, les chèvres & furtout les moutons ; cependant Schreber prétend que le bétail n'y touche que rarement.

85. *Antirrhinum minus*. La petite Linaire.

Cette plante eft inutile dans les prairies, mais dans les pâturages, les vaches, les moutons & quelquefois les cochons en mangent ; les chèvres & les chevaux n'y touchent point.

86. *Antirrhinum linaria.* La Linaire commune.

Dans le Samland on fait infuſer la Linaire dans le lait pour faire périr les mouches; les chèvres, les vaches & les moutons en mangent, mais rarement, les autres beſtiaux y touchent; il plaît aux abeilles & autres inſectes.

87. *Aphyteia hydnora.* L'Aphytée paraſite.

Les renards & différens autres animaux en ſont très-friands.

88. *Apium petroſelinum.* Le Perſil commun.

Les lapins & les lièvres en ſont fort avides; il plaît beaucoup aux beſtiaux, auxquels on pourroit en donner de temps à autres, pour remédier aux inconvéniens des fourrages des prairies baſſes & humides; c'eſt un poiſon pour les petits oiſeaux.

La décoction de ſa racine facilite l'éruption du claveau dans les moutons. On prétend que rien n'eſt meilleur pour la guériſon de cette maladie, que de faire paître les animaux dans un champ ſemé de Perſil. Quand on donne aux beſtiaux des racines de cette plante, c'eſt à la doſe de deux onces en décoction ſur une demi-livre d'eau, & d'une demi-once en poudre.

Toutes les plantes coupées ou récoltées du Perſil, comme du foin, données à manger en forme de fourrage aux lapins, les guérit de l'*adoſe;* lorſque la maladie eſt commençante, cette nourriture la prévient.

89. *Apium graveolens*. Le Perſil odorant, l'Ache des marais.

Cette plante qui croît dans les marais eſt regardée comme très-inutile dans les prairies, cependant les chèvres, les moutons, quelquefois les vaches la mangent, tandis que les chevaux n'en veulent point.

90. *Aquilegia vulgaris*. L'Ancolie commune.

La fleur de cette plante eſt agréable aux abeilles, elle nourrit auſſi pluſieurs inſectes; les chèvres, les brebis en ſont fort friandes. On emploie quelquefois ſa racine pour les maladies des beſtiaux, mais on la pulvériſe & on la leur donne à la doſe d'une once.

91. *Arabis thaliana*. L'Arabite rameuſe.

Les moutons en mangent, les cochons n'en veulent point.

92. *Arbutus unedo*. L'Arbouſier commun.

Les Arbouſiers plaiſent beaucoup aux oiſeaux, il faut un an aux fruits pour mûrir.

93. *Arbutus uva urſi*. La Bouſſerole.

On trouve aux racines de cet arbriſſeau, une eſpèce de cochenille que Linnée appelle la cochenille de la Bouſſerole. On a donné cette plante dans l'art vétérinaire pour le maladie de la gravelle, depuis une demi-once juſqu'à une once & demie.

94. *Arctium lappa*. La Bardane.

On trouve ſur cette plante trois ſortes d'inſectes

1°. la phalène teigne, 2°. la mouche à fcie, 3°. la tipule hériffée. Linné, dans fon *Syftema naturæ*, nous a donné la defcription de ces trois infeftes.

Cette plante eft inutile dans les prairies, cependant les vaches & les chèvres la mangent dans les pâturages, les autres beftiaux n'en veulent point.

On prefcrit dans l'art vétérinaire aux animaux la racine de Bardane pour pouffer l'humeur à l'extérieur dans les cas analogues à ceux de l'homme, on la leur donne pour lors en poudre à la dofe d'une demi-once, ou à celle de quatre gros en décoftion fur deux livres d'eau.

95. *Areca oleracea.* Le Choux palmifte.

Les oifeaux fe nourriffent des fruits de cet arbre; ces fruits les engraiffent beaucoup & rendent leur chair fucculente, les perroquets en font fpécialement friands. On trouve fur les fleurs de l'Aréca de l'Amérique le papillon hélène.

96. *Arenaria peploïdes.* La Sabline péploïde.

L'unique ufage de cette plante, c'eft de fervir de nourriture aux oifeaux.

97. *Arenaria ferpyllifolia.* La Sabline à feuilles de ferpolet.

Cette plante croît dans les pâturages fecs, où elle eft inutile, car les moutons mêmes n'en veulent point.

98. *Ariftolochia ferpentaria.* La Serpentaire de Virginie.

Cette plante eſt diaphorétique, anti-ſeptique; on la donne dans les maladies gangreneuſes malignes, on la preſcrit aux animaux en ſubſtance, depuis la doſe de deux gros juſqu'à celle d'une demi-once au plus, & en infuſion depuis une demi-once juſqu'à quatre onces.

99. *Ariſtolochia rotunda.* L'Ariſtoloche ronde.

On donne la racine de cette plante en extrait & en poudre à la doſe d'une once pour les chevaux, & de quatre gros pour les moutons; ſa propriété eſt d'être apéritive, fondante, réſolutive & déterſive.

100. *Ariſtolochia clematitis.* L'Ariſtoloche clématite, l'Ariſtoloche des vignes.

Cette plante a preſque la même propriété que la précédente, on en preſcrit la poudre à la doſe d'une demi-once.

101. *Arnica montana.* Le Tabac des Voſges.

Il a la propriété de tuer les chiens & autres animaux qui en mangent, cependant les Allemands en donnent quelquefois comme remède, mais en petite doſe contre les maladies contagieuſes des beſtiaux.

102. *Artemiſia abrotanum.* L'Aurone.

On trouve ſur cette plante trois eſpèces d'inſectes, la première eſt la chenille de la phalène, qu'on nomme *lambda*, la ſeconde eſt la chenille de la phalène chouette, & la troiſième eſt la chenille de la phalène iota.

L'Aurone eſt tonique, aſtringent & vermifuge, à
l'extérieur

l'extérieur il eſt réſolutif & anti-gangreneux ; on l'emploie comme tel dans les maladies des beſtiaux.

103. *Artemiſia campeſtris*. L'Armoiſe champêtre.

Elle ſe trouve quelquefois dans les prairies, les pâturages ſablonneux, mais elle y eſt inutile, les moutons même n'en veulent point.

104. *Artemiſia abſinthium*. La grande Abſinthe.

Elle rend le lait des vaches & la chair des moutons amers, on la dit mortelle aux chevaux. On lit dans le voyage d'Antermony, que les chevaux de l'armée ruſſe, après avoir mangé de l'abſinthe en moururent dans le jour. On l'emploie cependant comme remède dans l'art vétérinaire, on en donne l'infuſion & la décoction en lavement dans la pourriture des moutons, des bœufs, & de toutes les maladies qui reconnoiſſent pour cauſe la foibleſſe & l'inertie des ſolides ; cette décoction ſert de véhicule pour la plus grande partie des breuvages ſtomachiques, fébrifuges, toniques & nervins, qu'on emploie pour le cheval & le bœuf ; mais pour les animaux d'une plus petite eſpèce, elle opère ſeule ces différens effets. La doſe de cette plante en poudre pour le cheval & le bœuf eſt depuis une once juſqu'à quatre, & pour les moutons depuis un gros juſqu'à deux. On découvre ſur l'abſinthe deux eſpèces d'inſectes, la première eſt la chenille de la phalène qu'on nomme *iota*, la ſeconde eſt la méticuleuſe,

C

105. *Artemisia vulgaris*. L'Armoise commune.

Les vaches, les chevaux, & quelquefois les chèvres mangent de cette plante, mais les moutons & les cochons n'en veulent point; elle peut être de quelque utilité dans les pâturages, mais elle est inutile dans les prairies; on fait avec l'huile dans laquelle on a fait infuser ses fleurs, un liniment autour des parties naturelles sur des surfaces assez étendues pour exciter les desirs du mâle. On se sert de ses feuilles récentes pour attendrir les viandes, principalement celle d'agneau.

106. *Arum dracunculus*. Le Pied de Veau serpentaire.

On donne aux animaux comme antiputride la poudre du fruit, des feuilles & des racines de Serpentaire.

107. *Arum maculatum*. Le Pied de Veau commun.

Les cochons mangent volontiers au printemps les feuilles de cette plante. Ces mêmes feuilles pilées & appliquées sur les ulcères des chevaux & des brebis, les nettoient en très-peu de temps; quand on prescrit intérieurement aux chevaux la racine d'Arum, c'est avec du miel, à la dose d'une once.

108. *Arum arborescens*. L'Arum en arbre.

Les souris & les crabes sont fort friands de la racine de cette plante, ils la mangent ordinairement.

109. *Arundo bambos*. Le Bambou.

Les bestiaux sont friands de ses feuilles.

110. *Arundo donax.* Le Roseau cultivé.

Sa racine fait, à ce qu'on dit, passer le lait par les urines ; quand on la prescrit aux animaux, c'est à la dose de deux onces sur deux livres d'eau dans un seul breuvage.

111. *Arundo calamagrostis.* La Lèche.

On peut ranger cette espèce de Roseau parmi les bons fourrages pour les bestiaux ; les vaches & les chèvres en mangent.

112. *Arundo phragmites.* Le Plumet.

On range ce Roseau comme fourrage & litière ; les moutons & les cochons n'en veulent point , mais les vaches, les chèvres & les chevaux le mangent , on peut le leur donner à défaut de foin.

113. *Asarum europæum.* Le Cabaret.

Les maréchaux font prendre de la racine de Cabaret aux chevaux pour les guérir du farcin, ils la leur donnent en poudre depuis une demi-once jusqu'à une once mêlée avec du son mouillé. Rien n'est meilleur pour rendre les chevaux alertes & en embonpoint, que de mêler de temps en temps dans leur avoine environ une once de la poudre faite avec la plante entière de Cabaret. L'auteur des Démonstrations Botaniques prescrit aux animaux le Cabaret comme purgatif à la dose d'une poignée de ses feuilles macérées dans une livre de vin blanc.

Le Cabaret eſt émétique pour les chiens, mais il n'eſt qu'apéritif & fondant pour les autres animaux.

La poudre de racines de Cabaret eſt ptarmique, on la ſouffle dans les naſeaux avec ſuccès, lorſqu'il exiſte des ſtupeurs, des embarras dans la tête, qu'on attribue à de l'eau répandue dans le cerveau, ou à l'amas des humeurs ſéreuſes, ſi commun dans les jeunes chevaux, & qui eſt la ſource de la morve, ou de fluxions périodiques. On donne la racine aux lapins contre l'*adoſe* ou pourriture, de même que pour les guérir de ces puſtules qui viennent ſur la peau, maladie chronique connue communément ſous le nom de *claveau froid*.

114. *Aſclepias gigantea*. L'Apocin giganteſque.

Aucun animal ne mange de cette plante, pas même les chèvres, & ſi par haſard il vient à en manger, il meurt bien vîte.

115. *Aſclepias vincetoxicum*. L'Aſclépiade blanche, le Dompte-venin.

Les chèvres & les chevaux en mangent, mais ces derniers n'y touchent que lorſque cette plante a perdu ſon âcreté par la gelée.

On donne ſa racine en poudre, étendue dans ſa décoction, & on en continue l'uſage pendant très-long-temps dans l'engorgement des glandes, pour favoriſer la ſuppuration des abcès froids, dans le clou qui affecte les bêtes à cornes, dans l'atrophie des chevaux & des cochons. Quand on l'emploie comme alexipharmaque, on fait macérer fa poudre dans le vinaigre, & on l'étend enfuite dans fa propre décoction, ainfi que nous l'avons déjà obfervé; la dofe pour le cheval ou le bœuf eft depuis une once jufqu'à quatre, pour les moutons & les cochons depuis quatre gros jufqu'à deux onces.

116. *Afparagus officinalis.* L'Afperge.

Les vaches, les chèvres, les moutons mangent l'Afperge fauvage, les chevaux & les cochons n'en veulent point; les chats font friands de cette plante, ils la digèrent même très - bien. Dans l'art vétérinaire, elle paffe pour diurétique & fondante, on en donne aux animaux la décoction en breuvage & en lavemens. Bourgelat a obfervé que cette décoction prife en lavement, contenant en diffolution du tartre ftibié, a fondu des tumeurs confidérables, fituées dans le bas-ventre, qui occafionnoient des coliques violentes, mais il faut continuer le traitement fort long-temps & jufqu'à la difparition totale des tumeurs. On coupe auffi la racine d'Afperge par petits morceaux, & on la mêle avec l'avoine pour la faire manger aux chevaux, ces animaux en mangent auffi lorfqu'on la leur donne crue ou cuite.

117. *Afperugo procumbens.* La Raquette, le Porte-Feuille.

Les chèvres, les chevaux & quelquefois les vaches la mangent.

118. *Afperula odorata*. L'Afpérule odorante, l'Angélique des bois.

Les vaches, les chèvres, les moutons & les chevaux mangent de cette plante, elle plaît aux abeilles & autres infectes; fon odeur éloigne les blettes & les teignes.

119. *Afperula cynanchica*. L'Afpérule à fquinancie.

Tous les beftiaux en mangent, de même que de toutes les autres efpèces de ce genre, excepté les cochons, fa racine rougit les os des animaux qui s'en nourriffent.

120. *Afperula pyrenaica*. L'Afpérule des Pyrénées.

Steinmeyer a obfervé que cette plante teignoit les os des animaux qui en mangeoient, de taches rouges.

121. *Afphodelus luteus*. L'Afphodele jaune.

Cette plante eft emmenagogue, émolliente & maturative; quand on la prefcrit aux animaux dans les cas analogues à ceux de l'homme, c'eft pour l'ordinaire à la dofe de deux gros.

122. *Afplenium fcolopendrium*. La Scolopendre.

Cette plante eft défobftructive; quand on la prefcrit aux animaux dans l'art vétérinaire, c'eft toujours à la dofe d'une once dans les cas analogues à la médecine humaine.

123. *Afplenium trichomanes*. Le Polytric.

Les payſans s'en ſervent avec grand ſuccès pour guérir les cochons de pluſieurs maladies.

124. *Aſtragalus glycyphyllos.* Le faux Régliſſe, l'Aſtragale.

Toute cette plante fournit un excellent fourrage, elle plaît aux beſtiaux, & peut former de bonnes prairies artificielles.

125. *Aſtragalus cicer.* L'Aſtragale Pois chiche.

Cartheuſer prétend que cette plante peut donner une nourriture ſucculente aux beſtiaux.

126. *Athamanta libanotis.* Le grand Perſil de montagne.

La ſemence de cette plante eſt carminative, diurétique, emmenagogue ; quand on en donne aux animaux, c'eſt à la doſe de deux onces en poudre.

127. *Athamanta oreoſelinum.* La petite Athamante.

Elle eſt inutile dans les pâturages, les vaches n'en veulent point, les moutons & les chevaux la mangent.

128. *Atriplex haſtata.* L'Arroche à feuilles en flêche.

Les vaches en mangent.

129. *Atriplex patula.* L'Arroche à tiges évaſées.

Les vaches, les chèvres, les moutons & les cochons mangent de cette plante.

On trouve ſur les différentes eſpèces d'Arroches cinq inſectes, la phalène paſſée, la phalène de l'oxyacanthe, la phalène de l'Arroche proprement dite, le puceron de l'Arroche, & la phalène tigre. Voyez l'*Hiſtoire Naturelle* de Linné.

130. *Atropa mandragora*. La Mandragore.

L'auteur des Démonſtrations Botaniques à l'uſage de l'école vétérinaire dit qu'on peut employer cette plante quoique très-narcotique pour les animaux, depuis un gros juſqu'à deux.

131. *Atropa belladona*. La Belledame, la Belladone.

Muntch, de la ville de Cloeoze, a publié il y a pluſieurs années des expériences qu'il a faites ſur la Belladonne dans diverſes maladies des beſtiaux. Il commença ſes expériences en 1760, & il publia en 1770 & 1771 ſes premières découvertes ſur la Belladone, il a toujours continué ſes obſervations auſſi loin qu'il a pu.

Pour faire prendre au bétail la doſe néceſſaire de la Belladone, il la mettoit dans du foin, de l'herbe ou des feuilles de chêne, il ouvroit de force la bouche de l'animal, & il enfonçoit la priſe auſſi avant qu'il pouvoit ; comme aucune eſpèce de bétail n'aime cette plante, il faut prendre garde que la bête malade ne garde la doſe de la Belladone ſous la langue pour la rejetter enſuite. Lorſque le remède eſt avalé, on attache l'animal, ou on le ſépare des autres pour qu'il ne mange pas de ſix, ſept ou huit heures, après quoi on peut le laiſſer tranquille. Si trois doſes n'opèrent pas la guériſon du mal, on en donnera encore au malade trois ou quatre ; mais de l'une à l'autre de ces deux dernières prises, il faut qu'il y ait un intervalle de deux ou trois jours : cependant tout ceci dépend de l'état de l'animal; il y a des cas où après lui avoir fait prendre trois doses pendant trois jours consécutifs, une dose chaque fois, on recommencera après un intervalle de deux ou trois jours à le traiter de la même manière que dans les commencemens de sa maladie. Si la Belladone purge prodigieusement l'animal, ou lui occasionne une forte diarrhée, il faut interrompre pour lors le remède pendant deux ou trois jours.

Voici comment on fixe la dose. Pour un veau de six à douze semaines d'âge, la première dose d'un gros, poids de Hanovre, la seconde de deux gros, & la troisième de trois gros jusqu'à un lot; pour un veau âgé d'un mois & demi & même plus, la première dose doit être depuis deux gros jusqu'à trois, on augmente ainsi jusqu'à un lot, ou un lot & un gros. Il faut à un jeune bœuf ou à une vache qui n'est pas bien forte trois gros & même plus, & l'on va en augmentant jusqu'à un lot & demi & quelques gros. On ne risque rien de donner à un bœuf entièrement formé un lot & demi pour la première prise; on peut augmenter, s'il est nécessaire, jusqu'à deux lots. Toutes ces instructions garanties par Muntch, sont le résultat des expériences qu'il a faites pendant plusieurs années sur son propre bétail.

La Belladone eſt fur-tout d'un efficace admirable pour les animaux qui ont été mordus par des chiens enragés; on peut donner à la bête mordue, de quelque eſpèce qu'elle ſoit, une petite doſe de la racine de cette plante. En 1768, dit Muntch, j'ai garanti de cette manière huit animaux enragés; comme quelques poules que j'avois guéries, eurent auſſi de nouveaux accès de rage, j'eus recours à la feuille de la Belladone, & je la leur fis prendre à la place de la racine pulvériſée, elles furent parfaitement guéries, & la rage ne revint plus.

Depuis cette époque, je n'ai plus employé que des feuilles. En 1771, je fis prendre à deux bœufs qui avoient été mordus par des chiens enragés, trois doſes de feuilles de Belladone pendant trois jours conſécutifs, la première doſe étoit de trois gros, & les deux autres d'un lot; ces deux bœufs parvinrent bientôt à une parfaite guériſon, & ne firent aucun mal aux autres animaux renfermés dans la même étable. La même année trente-deux animaux, ou enragés ou mordus, furent guéris tous enſemble, chacun par trois doſes du même remède; Muntch donna à la perſonne qui leur adminiſtra ce remède trois doſes de racine de Belladone pour elle-même, la première & la ſeconde de douze grains, & la troiſième de treize grains, elle fut préſervée par-là de tout accident.

Avec le même remède, Muntch guérit dans

une occafion neuf bêtes à cornes, cinq chevaux & quatre porcs ; pour les chevaux & les bêtes à corne, les trois dofes des feuilles de la Bella-donne furent l'une d'un lot , l'autre d'un lot & un gros, & la troifième d'un lot & trois gros. On n'employa pour les porcs que la racine de cette plante mife en poudre ; la guérifon de tous ces animaux fut conftatée au bout de trois jours. La même expérience fut renouvellée avec un pareil fuccès fur deux vaches, un agneau & un chien.

En 1772 plufieurs bœufs ayant été mordus par des bêtes enragées , périrent tous à l'exception d'un feul ; on vint me demander, dit Muntch , mon remède pour celui qui reftoit, j'en donnai trois dofes qui n'eurent pas leurs effets ; je vis que le mal étoit invétéré & qu'il en falloit venir à des dofes plus fortes ; j'en prefcrivis trois autres, la première d'un lot, la feconde d'un lot & demi, la troifième de trois lots. On me rapporta que dans la même étable il y avoit dix-fept autres bœufs qui venoient d'être attaqués de la même maladie ; mais celle-ci n'avoit pas été à beaucoup près fi envenimée que celle du bœuf qu'on avoit négligée pendant très-long-temps ; ce dernier mourut , le remède avoit été employé trop tard , les dix-fept autres furent guéris radicalement.

Il réfulte de ces expériences que la Belladone, dont le fruit eft fi pernicieux , a la vertu de préferver

& de guérir la rage, c'eft ce que Muntch prétend avec jufte raifon ; il affure auffi que la propriété de cette plante ne fe borne pas à la guérifon de cette maladie, mais encore qu'elle eft excellente contre toutes les maladies qui arrivent au bétail ; il ajoute que même ce remède adminiftré comme il le faut aux vaches, corrige le défaut de leur lait, lorfque celui-ci eft bleuâtre & ne donne point de crême. Il certifie que c'eft un admirable fpécifique pour les animaux qui ont mangé de mauvaifes herbes, des plantes empoifonnées & de celles où il fe trouveroit des infectes venimeux. La Belladone diffout les tumeurs qui furviennent au pis des vaches, & celles qui proviennent de la fuite de quelques coups. Si on en croit l'abbé Rofier, quand on donne aux animaux la feuille de la Belladone, c'eft toujours depuis une demi-once jufqu'à une once.

132. *Atropa-phyfaloïdes.* La Belladone phyfaloïde.

Feuillée a découvert fur les feuilles de cette plante un petit animal noir, dont la figure eft entièrement femblable à une de nos cigales.

133. *Avena elatior.* Le Fromental, le Raigraff.

Le Raigraff eft le premier des fourrages, puifqu'on peut le couper au mois d'avril pour le faire manger en verd aux beftiaux ; il fe fane très-facilement, & eft très-bon ; on fauche tous les jours ce qui eft néceffaire à la confommation des beftiaux, & on la leur donne à l'étable & à différentes reprifes, dans la crainte qu'ils ne la mangent trop avidemment, cette méthode est plus avantageuse que de laisser pâturer le bétail sur les prairies artificielles; d'ailleurs le Raigrass ne souffre point la dent des animaux. Cette herbe est aussi en toute saison la meilleure que les bœufs, les vaches & les moutons puissent manger; les Anglois assurent qu'elle est un remède pour ces derniers, lorsqu'ils sont malades.

La paille du Raigrass, dont on aura tiré la semence, est une très-bonne nourriture pour toute sorte de bétail, je n'en vois point qui ne la mangent avec avidité. L'abondance de cette plante tient du prodige, puisqu'elle égale & surpasse même celle du Trefle, de l'avoine & du sain-foin. Malgré tous les avantages que nous avons rapportés, nous sommes persuadés que son fourrage n'est pas des meilleurs pour les chevaux, sa tige est trop dure.

134. *Avena sativa.* L'Avoine cultivée.

On trouve sur les feuilles de cette plante la larve du Criocere bleu à corcelet rouge, dont Geoffroy nous a donné la description. On nourrit toute sorte de volailles & les porcs avec l'avoine, elle rend le lard d'un goût excellent, mais il faut avoir attention de donner aux porcs un peu de pois à la fin de ce régime, avant de le tuer, pour donner de la fermeté à ce lard.

On sait combien la graine est favorable aux

chevaux, puifqu'on en fait leur principale nourriture. Rien de plus falubre pour ces animaux qu'une avoine gardée jufqu'à ce qu'elle foit bien fèche ; on ne les voit point attaqués de ces maladies fouvent funeftes, auxquelles le cheval eft fujet, lorfqu'on le nourrit de fêves ; on fait encore ufage de l'avoine pour la nourriture des vaches & des brebis ; il n'eft point d'aliment qui les faffe tant abonder en lait, elle donne beaucoup de force aux bœufs & eft très-propre à les engraiffer. Quand on donne cette nourriture aux animaux, il faut le faire avec prudence & difcerner les cas où il convient d'en augmenter la quantité, de la diminuer ou même de la fupprimer. Nous obfervons encore que l'avoine coupée en verd eft un excellent fourrage ; la paille d'avoine eft la meilleure de toutes pour les moutons, les balles font encore pour eux une bonne nourriture. On donne aux beftiaux divers remèdes où il entre de l'avoine. Dans l'art vétérinaire, fa décoction paffe pour émolliente, adouciffante; fi on l'édulcore avec du miel, elle convient dans les maladies inflammatoires en général pour former le fond de la boiffon ; fi on rend fa décoction mucilagineufe par le farineux de fes graines, & fi on l'aromatife légèrement avec un peu de canelle, on obtient une boiffon nutritive, très-légère & incraffante, qui convient fur la fin des inflammations de poitrine.

L'infusion de l'avoine torréfiée est résolutive, anti-spasmodique, elle convient par conséquent sur la fin des maladies inflammatoires, elle achève de dissiper l'engorgement des viscères, principalement ceux de la poitrine.

La farine d'avoine infusée pendant quelques heures dans de l'eau chaude, & bien alliée avec un peu de miel, fournit une nourriture plus substantielle que la précédente ; elle convient aux moutons pour les substanter vers la fin d'un claveau confluent.

L'avoine cuite dans le vinaigre & appliquée aussi chaude que faire se peut sans brûler la partie, est un puissant résolutif & un bon fortifiant ; on la met ainsi préparée sur les reins, dans les cas d'efforts, de foiblesse dans les parties, on l'applique aussi sur l'épaule, autour des articulations du pied, elle agit toujours d'une manière efficace ; quand ce topique occupe une grande surface à la partie supérieure du corps, il produit des effets généraux très-marqués ; on l'emploie sur-tout dans la fourbure, il excite la transpiration, la secrétion & l'évacuation des urines, la sortie des vents & la dépuration même de la matrice, lorsqu'elle est engorgée par l'effet de la foiblesse.

On fait avec la balle d'avoine des espèces de matelats piqués, très-usités pour couvrir les bestiaux malades & contribuer à leur guérison.

135. *Avena nuda.* L'Avoine nue.

Cette espèce est préférée à l'avoine ordinaire pour la nourriture des bestiaux, en ce que sa graine se dépouille parfaitement de sa balle.

136. *Avena fatua.* L'Haveron, la folle Avoine.

Les chèvres, les moutons & les chevaux en mangent très-bien.

137. *Avena flavescens.* L'Avoine jaunâtre.

C'est un bon pâturage pour les bestiaux.

138. *Avena pratensis.* L'Avoine des prés.

C'est une bonne nourriture pour le bétail.

139. *Baringtonia speciosa.* La Butonie élégante.

Les amandes de cet arbre mêlées avec une amorce, ennivre les poissons.

140. *Bellis perennis.* La Pâquerette, la petite Consire.

La petitesse de cette plante la rend inutile dans les prairies, mais elle est bonne dans les pâturages. Elle est vulnéraire, désobstructive, anti-scrophuleuse, on l'emploie comme telle dans la médecine humaine; l'art vétérinaire l'emploie aussi pour les animaux dans des cas analogues à ceux de l'homme, mais la dose en est différente, on la donne à celle de deux poignées en décoction dans une livre & demie d'eau.

141. *Berberis vulgaris.* L'Épine vinette commune.

On rencontre souvent sur cet arbrisseau un insecte que l'on nomme phalène de la Rose, & qui se trouve gravé dans l'*Histoire des Insectes de l'Europe*, par mademoiselle Mérian; les oiseaux sont très-friands de son fruit; on s'en sert dans les maladies

des

des beftiaux, comme acide, légèrement aftringent, anti-putride, la dofe eft une poignée de fes fruits en décoction dans une livre d'eau; les vaches, les chèvres & les moutons mangent fes feuilles, mais les chevaux & les cochons n'en veulent point.

142. *Beta arvenfis.* La groffe Betterave champêtre, la Racine de difette.

La racine de cette plante hachée offre un fort bon aliment aux beftiaux, principalement aux vaches, dont elle augmente le lait & le rend plus agréable au goût; c'eft le ci-devant abbé de Commerell qui en a introduit depuis peu l'ufage en France; il en donne auffi les feuilles aux animaux.

143. *Betonica officinalis.* La Bétoine des boutiques.

Cette plante eft inutile dans les prairies; cependant les moutons la mangent, les chèvres n'en veulent point. Elle eft céphalique, tonique, fternutatoire, & déterfive. On l'emploie comme telle dans l'art vétérinaire, en poudre à la dofe d'un gros, & fon fuc à celui de deux onces. Son fruit plaît aux abeilles & autres infectes.

144. *Betula alba.* Le Bouleau blanc.

Les feuilles de cet arbre fourniffent pendant l'hiver une bonne nourriture aux vaches, aux chèvres, aux moutons & aux chevaux; les cochons n'en veulent point; fes branches coupées après les premiers jours d'août, font principalement bonnes comme alimens aux moutons; pour les conferver, de même que les feuilles des autres arbres afin de servir de nourriture aux bestiaux pendant l'hiver, on les cueille avant que les feuilles pâlissent, & ce pendant la plus grande chaleur du jour, on les fait sécher au grand air, on les met dans un tonneau, dans lequel on les comprime & on tient le tonneau à l'abri de la pluie & du soleil. La gelinote ordinaire du pays se nourrit des fleurs & des fruits de cette espèce.

On trouve sur cet arbre différens insectes, la chrysomèle bleue du Bouleau, le charenson du Bouleau, la charenson à écailles vertes, l'escarbot du Bouleau, la pione, la punaise du Bouleau, le charme aussi du Bouleau, la cochenille du Bouleau, le morio, le porte-queue fauve à deux bandes blanches, la phalène tau, la minime à bandes, la phalène du Frène, la phalène dromadaire, la phalène cameline, la phalène à faulx, la phalène en forme de lézard, la phalène du Pin, la phalène du Bouleau, la phalène blanche, la phalène à trois O, la phalène triste, la phalène de solander, la mouche à scie jaune, la mouche à scie des bois, la mouche à scie verte, la mouche à scie du Bouleau, & l'araignée diadême, formant en tout vingt-huit insectes, dont Linné a parlé dans son *Systema naturæ*. La liqueur du Bouleau se donne aux animaux dans le calcul des reins & de la vessie, dans la strangurie & le pissement de sang, à la dose d'une demi-livre.

145. *Betula nana.* Le Bouleau nain.

Certaines gelinottes, dont les Lapons font très-friands, ne vivent presque d'autres alimens que des fleurs & des fruits du Bouleau nain. Les semences de cet arbrisseau servent pareillement de nourriture aux lemings, espèce de rats de Norwège, & ceux-ci servent à leur tour de nourriture aux renards blancs si connus dans le pays, & aux chiens lapons.

146. *Betula alnus.* L'Aune.

On trouve sur cet arbre quatorze espèces d'insectes, qui sont le petit vertu-bleu, le gribouri bleu de l'Aune, la chrysomèle hémorroïdale, la phalène lièvre, la phalène blanche à cul brun, l'étoilée, la phalène de l'Aune, la phalène psi, la phalène alniaire, la phalène perroquet, la teigne à pied, la mineuse de l'Aune, la mouche à scie ovale, la mouche à scie de l'Aune, & la mouche à scie septentrionale.

Les feuilles de cet arbre fournissent une bonne nourriture aux bestiaux.

147. *Bidens tripartita.* Le Bidens à feuilles de Chanvre, la Cornue.

Les vaches & les moutons mangent cette plante, les autres bestiaux n'en veulent point.

148. *Bidens cernua.* Le Bidens panaché.

Les chèvres mangent de cette plante, les chevaux n'en veulent point.

149. *Bignonia radicans.* La Bignone qui prend racine,

Le colibri aime à se nourrir des fleurs de cette plante, & souvent en s'y enfonçant trop avant, il s'y laisse prendre.

150. *Boletus suberosus*. Le Polypore en forme de liége.

On trouve sur ce Polypore un très-grand charançon noir oblong, à étuis réticulés irrégulièrement. Voyez sa description dans le *Systema naturæ* de Linné.

151. *Boletus igniarius*. L'Amadouvier, l'Agaric de chêne.

C'est un très-bon stiptique, on l'emploie dans l'art vétérinaire ; appliqué immédiatement sur l'orifice d'une artère ouverte, il la resserre & la force à se contracter.

La fumée de l'amadou chasse les cousins.

152. *Boletus bovinus*. Le Champignon ou Polypore des bœufs.

Les vaches en mangent, mais quand elles en ont mangé, leur lait est nauséeux, ce qui fait que les habitans de Wogoth croient qu'il est ensorcelé.

153. *Boletus abiei laricis dictus*. Le vrai Agaric.

On trouve sur cet Agaric le staphylin proprement dit, le staphylin de l'Agaric du Mélèze.

On donne dans l'art vétérinaire l'Agaric comme béchique incisif aux chevaux qui sont atteints, dit Bourgelat, d'une toux grosse, on la fait pour lors prendre en poudre incorporée dans une suffisante quantité de miel, il rétablit la fecrétion interceptée de l'urine, lorfqu'elle a pour caufe l'épaiffiffement du fang & la foibleffe des vifcères cléopoéitiques; dans ces cas, on en donne l'infufion le matin, l'animal étant à jeun. Cette même infufion, dit Bourgelat, a fervi avec fuccès pour détruire les embarras & les ftafes que la lymphe groffière produit dans les chevaux, d'où réfulte une efpèce de ftupidité & de coma qui ôte à l'animal la faculté de fe mouvoir, principalement celle de reculer, ce qu'on défigne chez les maréchaux par le mot d'immobilité. La dofe pour le cheval eft depuis quatre gros jufqu'à une once & demie; pour le bœuf, depuis une once jufqu'à deux; pour les moutons, depuis un gros jufqu'à une once.

154. *Borrago officinalis.* La Bourrache des boutiques.

On trouve fur cette plante la phalène gemma; on y rencontre auffi fouvent des abeilles auxquelles fes fleurs font très-agréables.

On emploie tout-à-la fois dans l'art vétérinaire, la tige, les feuilles & les fleurs de Bourrache, elles font diaphorétiques, anti-fpafmodiques, diurétiques, & pectorales, on l'emploie fur-tout dans les maladies aiguës & inflammatoires fimples, on la donne en décoction à la dofe de deux poignées par pinte d'eau.

155. *Braffica campeftris.* Le Chou des champs.

Les moutons en mangent avec plaifir, les chevaux n'en veulent point. Sa graine fert de nourriture aux oifeaux, fa fleur plaît aux abeilles & autres infectes.

Le Colfa eft une variété de ce Chou ; fes feuilles, lorfqu'elles font tendres, font un aliment très-profitable aux beftiaux, elles donnent du lait aux vaches ; le marc qui refte après l'huile tirée de la graine, peut auffi leur fervir de nourriture ; lorfqu'on réduit en poudre ce même marc, & qu'on le met dans de l'eau chaude, la boiffon qui en provient, devient blanche comme du lait, fortifie & nourrit les veaux.

156. *Braffica napus*. Le Chou-navet, la Navette.

Les abeilles font fort friandes de la fleur de cette plante, c'eft une des premières qui paroît au printemps. Lorfqu'on élève de ces infectes, c'eft une fage précaution d'en femer beaucoup à une petite diftance des ruches ; la graine de navette fert de nourriture à quelques petits oifeaux de volière, tels que les linottes, les ferins ; en général la plupart des oifeaux en font très-avides, c'eft par cette raifon qu'on doit être vigilant pour fe garantir de leur pillage.

On cultive depuis peu le Navet turnips, qui diffère des autres par la groffeur confidérable de fes racines, & fournit une bonne nourriture aux beftiaux ; les vaches, les chèvres, les moutons & les cochons mangent le Navet & la Navette. Si on en croit d'Aubenton, un arpent de bons Navets peut engraiffer treize ou quatorze moutons. Le pain de Navette nourrit les moutons & ne les altère pas autant que le pain de Chenevis.

157. *Braffica napus fativa.* Le Naveau.

Le gros Navet eft deftiné à la nourriture des beftiaux pendant l'hiver & le printemps, il s'en trouve qui pefent depuis dix-fept jufqu'à dix-neuf livres.

158. *Braffica rapa.* Le Chou-rave.

Les laboureurs du Limoufin, de l'Auvergne, du Lyonnois, fement cette rave pour engraiffer les beftiaux; ils en donnent principalement aux vaches, brebis & chèvres prêtes à mettre bas, pour augmenter leur lait, ce qui leur en fait avoir en abondance; ils en donnent auffi aux chevaux.

Quand on en donne à ceux-ci, c'eft pour l'ordinaire le foir, deux ou trois bons picotins, aux vaches deux, & aux chèvres & aux brebis un; dès que les racines de Raves font affez groffes, on en donne aux beftiaux, chevaux & pourceaux, qu'on veut engraiffer; on obferve que cette nourriture les rend mols & lâches, & fait qu'ils fuent aifément. On lave auparavant les racines, & il eft bon de ne la donner que cuite au bétail, ou au moins à demi-cuite, & fi on la leur donne crue, on la coupe en morceaux médiocres; car quand ces morceaux font gros, ils pourroient fort bien les étrangler, comme cela eft arrivé quelquefois.

Les moutons mangent volontiers les racines de Raves, & ils s'en nourriffent très-bien, quand on les y habitue dès leur jeuneffe. Dans certaines provinces, on en nourrit les agneaux jufqu'à la mi-avril.

On trouve fur les Choux plufieurs infectes, 1°. l'altife badaude, 2°. l'altife des Choux, 3°. la punaife du Chou, 4°. le grand papillon blanc du Chou, 5°. le petit papillon blanc du Chou, 6°. la chenille de papillon blanc mêlé de verd, 7°. la phalêne connue fous le nom de bande efquiffée, 8°. enfin le puceron du Chou.

Le Chou fert de nourriture aux animaux, on le cuit & on le mêle avec du foin pour engraiffer les porcs; on en donne aux vaches, aux lapins privés & à la volaille, fur-tout aux canards & aux poulets d'Inde; cependant il faut obferver que quand les beftiaux font nourris de feuilles de Choux, huit ou dix jours avant de les tuer, il feroit à propos de leur donner d'autres nourritures, fans quoi la chair conferveroit le goût de Chou.

La graine eft fort du goût des perdrix, des faifans d'Inde & de prefque tous les oifeaux; l'odeur du choux fait fuir les puces.

159. *Bromus fecalinus.* La Droue.

Elle fournit un excellent foin pour les moutons.

160. *Bromus tectorum.* Le Brome des toîts.

Il fournit un excellent pâturage aux brebis.

161. *Bromus pinnatus*. Le Brome ailé.

C'eſt un excellent fourrage pour les beſtiaux.

162. *Bromus giganteus*. Le Brome giganteſque.

Il bonifie le fourrage des beſtiaux.

163. *Bromus ſquarroſus*. Le Brome raboteux.

C'eſt un bon fourrage très-vanté en Italie, il fournit non-ſeulement une nourriture ſucculente pour le bétail, mais ſa graine eſt encore bonne pour la volaille ; lorſqu'elle eſt bien mûre, les pigeons en mangent volontiers.

164. *Brionia alba*. La Brione blanche, la Cou-levrée.

Les chèvres mangent très-bien de cette plante ; mais les autres animaux n'en veulent point ; cependant on en fait uſage dans la médecine vétérinaire, on l'applique avec ſuccès dans pluſieurs maladies cacheſtiques, dans l'apoplexie ſéreuſe, la pouſſé humide, les flux catarreux, les diſpoſitions œdémateuſes, les engorgemens de ce genre, ſur-tout ceux des extrémités, du deſſous du ventre, des mamelles, du fourreau ; elle n'eſt pas moins bonne dans la pourriture des moutons, ainſi que dans les phlegmoties des bêtes à cornes.

La poudre, dit Bourgelat, ou pour mieux dire la racine pilée & appliquée fraîche, eſt un bon réſolutif, elle convient ſur-tout dans les douleurs & les tuméfaſtions froides des extrémités des bêtes à cornes. On adminiſtre la décoction de cette racine avec ſuccès en lavemens, pour reſſerrer & fortifier l'uretère à la ſuite de parts laborieux & de renverſemens de matrice ; on en fait auſſi des injections dans le vagin & la matrice ; la doſe pour le cheval & le bœuf eſt de deux gros à trois onces, & pour le mouton d'un gros juſqu'à quatre.

165. *Bunias erucago.* La Raquette des champs.

On en donne à manger aux animaux une ou deux poignées le matin.

166. *Bunias cakile.* La Raquette de mer.

Le ſuc de cette plante eſt âcre, ſa vertu eſt inciſive & anti-ſcorbutique, on ne ſe ſert que de ſes feuilles ; on en donne aux animaux à la doſe de deux poignées ſur deux livres d'eau.

167. *Bunium bulbocaſtanum.* La Terre-noix.

Les cochons ſont très-friands des racines de cette plante, il les déterrent, lorſqu'on les laiſſe aller dans les endroits où elle croît, ils s'engraiſſent bien vîte, & ſe nourriſſent de ſes racines.

168. *Bupleurum rotundifolium.* Le Bec de lièvre à feuilles rondes.

On mêle cette plante avec d'autres vulnéraires pour les animaux.

169. *Butomus umbellatus.* Le Jonc fleuri en ombelle.

Un agriculteur Anglois a donné la manière de multiplier cette plante dans les endroits marécageux, & il en conſeille la plantation pour ſervir de nourriture aux vaches ; mais comme on a obſervé que le lait des vaches perdoit beaucoup de ſon goût & de ſa ſaveur, lorſqu'elles le mangeoient, & qu'il devenoit même tout bleuâtre, on a négligé cette plantation.

170. *Buxus ſempervirens.* Le buis toujours verd.

On trouve ſur le Buis un inſecte qui ſe nomme kermès du Buis, Réaumur l'a fait graver ; on fait prendre aux animaux la racine de ce petit arbuſte comme deſſicative, à la doſe de deux onces ſur deux livres d'eau.

171. *Byſſus flos aquæ.* La Fleur d'eau.

Les poiſſons de mer aiment beaucoup cette plante, ils ne l'abandonnent pas aiſément, ils s'en nourriſſent.

172. *Cactus opuntia.* Le Figuier d'Inde.

On prétend que c'eſt ſur cette plante que ſe trouve la cochenille, mais c'eſt plus particulièrement ſur l'eſpèce ſuivante.

173. *Cactus cochenillifer.* Le Nopal.

On trouve ſur cette plante la vraie cochenille, qu'on avoit priſe pendant long-temps pour une baie, mais qui eſt démontrée être un vrai inſecte. Voyez notre *Hiſtoire des Inſectes nuiſibles & autres,* *tome 2.* Linné place cet inſecte parmi les hémiptères, c'eſt-à-dire, parmi ceux qui n'ont que des moitiés d'ailes, & ce naturaliſte ne comprend pas ſeulement dans cet ordre tous les inſectes, dont les fourreaux ne recouvrent pas la moitié des ailes,

mais encore ceux dont un feul fexe eft ailé, & c'eft
ce qui diftingue fpécialement le genre de cochenille.
Le docteur Garden, de Charle's-Town, dans la Ca-
roline, s'exprime ainfi au fujet de ces infectes, dans
une lettre écrite à Ellis. Au mois d'août 1759, dit
cet auteur, je pris un mâle & l'examinai avec un microfcope à l'eau; les mâles font difficilles à trouver,
parce qu'il n'y en a peut-être qu'un au plus contre
deux cents femelles, ou davantage; le mâle eft actif
& bien fait, mince & grêle, en comparaifon de
la femelle qui eft beaucoup plus groffe, mal pro-
portionnée, lente, engourdie & très-pareffeufe,
en général, elles deviennent fi groffes & fi épaiffes,
que leurs yeux & leur bouche paroiffent enfoncés
& comme cachés dans les replis ou les rides de
leur queue; leurs antennes même & leurs jambes
font prefqu'à moitié recouvertes par cette enflure,
qui les empêche d'en remuer facilement les diverfes
articulations & permet encore moins de fe mouvoir
elles-mêmes. La tête du mâle eft très-diftincte du
col, qui eft beaucoup plus étroit que la tête &
beaucoup plus encore que le refte du corps; le
thorax eft de forme elliptique, un peu plus long
que la tête & le col enfemble & applati par en
bas; du front fortent deux antennes beaucoup plus
grandes que celles des femelles, l'infecte peut les
mouvoir de côté & d'autres avec une extrême
agilité; les antennes font articulées, & de chaque

articulation fortent quatre foies, difpofées par paire de chaque côté.

Il y a auffi trois pattes de chaque côté, & chacune eft formée de trois pièces, il les meut avec une vîteffe extrême; de l'extrémité poftérieure de fon corps s'allongent deux grandes foies ou poils, quatre ou cinq fois auffi longs que l'infecte entier, il porte deux ailes fur la partie fupérieure du thorax, qui s'abaiffent horizontalement comme celles des mouches ordinaires, lorfqu'il marche ou fe repofe. Ces ailes font de forme oblongue, & diminuent fubitement de largeur au point de leur infertion au corps de l'animal, de forte qu'elles fe trouvent là comme étranglées; elles font plus longues que le corps de l'animal, & en outre fortifiées de deux longs nerfs, dont l'un décourt tout au tour de l'aile, & en forme le bord extérieur; l'autre un peu moins gros eft intérieur & parallèle au premier; il femble interrompu vers le fommet des ailes; le corps des mâles eft d'un rouge plus clair que le corps de la femelle, & beaucoup moins épais. Telle eft la defcription que le docteur Garden donne de ces infectes; Ellis ajoute feulement à cette defcription que la femelle a fous la poitrine vers le milieu une efpèce de trompe allongée, fourchue, que Linné appelle fon bec, & qu'il regarde comme fa bouche. Cette trompe ne fert pas feulement à la cochenille pour fe nourrir, c'eft encore avec les deux filamens qui la terminent en forme de fourches, qu'elle file le cocon blanc & délicat, où elle refte dans fon état d'engourdiffement, & pendant le temps de fa portée, jufqu'à ce qu'elle mette bas fes petits; dans fon état d'engourdiffement elle eft tellement enflée que fes pieds & fes antennes, ainfi que fa trompe qui ne croiffent plus, quoique fon corps groffiffe, font fi difproportionnés, fi petits, fi enfoncés, qu'il faut avoir de bons yeux pour les reconnoître à la fimple vue fans le fecours du microfcope, autrement elle a autant l'air d'une graine que d'un animal, ce qui a fait fi long-temps douter fi la cochenille étoit un animal ou une produ&ion végétale. Linné nomme cette cochenille, *Coccus cacti cocchenilliferi.*

174. *Calendula arvenfis.* Le Souci des champs.

Les vaches, les moutons, quelquefois les chèvres & les chevaux mangent cette plante, dont les cochons ne veulent point.

175. *Calendula officinalis.* Le Souci des boutiques.

Quand on prefcrit cette plante comme apéritive, tonique, diaphorétique aux animaux dans les cas analogues à ceux de l'homme, c'eft ordinairement fon fuc à la dofe de fix onces, ou fon infufion dans du vin blanc à la dofe de deux poignées fur une livre de liqueur.

176. *Caltha paluftris.* Le Souci des marais.

On connoît deux infe&es qui fe nourriffent fur cette plante, le premier fe nomme le chermès du

Souci des marais, le fecond eft connu fous le nom de phalène teigne du Souci d'eau.

Les chèvres & les moutons fe nourriffent fort bien de cette plante.

177. *Cambogia gutta.* Le Coddom pulli.

C'eft de cet arbre dont on tire la gomme gutte, cette gomme purge violemment les humeurs féreufes & bilieufes; la dofe eft d'un gros jufqu'à quatre pour le cheval.

178. *Campanula rotundifolia.* La Campanule mineure.

Tous les beftiaux mangent cette plante, excepté les cochons.

179. *Campanula perficifolia.* La Campanule à feuilles de Pêcher.

Les chèvres & les chevaux, quelquefois les moutons la mangent; les vaches n'en veulent plus lorfqu'elle eft sèche.

180. *Campanula latifolia.* La Campanule à feuilles larges.

Les chèvres, les moutons & les chevaux mangent cette plante.

181. *Campanula trachelium.* La Campanule gantelée.

Cette plante eft peu utile dans les prairies, & en effet, il n'y a que les vaches qui la mangent, les chèvres & les chevaux n'en veulent point.

182. *Canna indica.* Le Balifier, la Canne d'Inde proprement dite.

Divers oiſeaux, les pigeons ramiers ſur-tout, ſont fort friands de cette graine, ce qui rend ſa chair amère dans la ſaiſon où ils en mangent.

183. *Cannabis ſativa*. Le Chanvre cultivé.

Les oiſeaux aiment beaucoup le Chenevis; on en donne aux poules pour les faire pondre en hiver, mais on a obſervé depuis peu que cette graine les nourrit trop, qu'elle les engraiſſe, & que loin de rendre les poules fécondes, au contraire elle les rend ſtériles. Le marc qui reſte des ſemences du Chanvre, après en avoir exprimé l'huile, engraiſſe les porcs & les chevaux.

184. *Capparis ſpinoſa*. Le Câprier ordinaire.

On remarque ſur le Câprier une eſpèce de puceron qu'on nomme *puceron du Câprier*. Pour le détruire, il n'y a aucun moyen que de le froiſſer avec le doigt le long des branches.

On preſcrit quelquefois, dans l'art vétérinaire, l'écorce de Câprier, mais quand on la preſcrit, c'eſt avec prudence, à la doſe d'une demi-once, & ſon infuſion dans le vinaigre ſe donne à la doſe de trois onces.

185. *Cardamine pratenſis*. Le Creſſon des prés.

Toute la plante eſt recherchée des bœufs & des chèvres; ſa fleur plaît aux abeilles & aux inſectes. Dans l'art vétérinaire, on emploie ſon ſuc à la doſe de quatre onces.

186.

186. *Carduus crifpus.* Le Chardon d'âne, le Chardon crêpu.

Les rènes aiment beaucoup ce Chardon, lorfqu'il eſt jeune & tendre.

187. *Carduus paluſtris.* Le Chardon des marais.

Les chevaux mangent ce Chardon, les tiges vertes plaiſent beaucoup aux vaches.

188. *Carduus marianus.* Le Chardon marie.

Les maréchaux ſe ſervent de ſa racine & de ſa ſemence en qualité d'apéritives; on les donne aux animaux en poudre à la doſe d'une demi-once dans ſix onces de vin blanc.

189. *Carduorum variæ ſpecies.* Les différentes eſpèces de Chardon.

On trouve ſur ces Chardons une infinité d'inſectes. Le premier eſt le proſcarabée floral, le ſecond eſt la cigale cornue ou le petit-diable, le troiſième eſt la punaiſe du Chardon, le cinquième eſt le papillon belledame, le ſixième la mouche de la ſerratule, le ſeptième la mouche de la juſquiame, le huitième la mouche du Chardon, le neuvième & dernier la mouche du ſolſtice. Voyez pour leurs phraſes & deſcriptions le *Syſtema naturæ* de Linné.

190. *Carex vulpina.* Le Caret compact.

Les chèvres & les chevaux la mangent, les cochons n'en veulent point.

191. *Carex capillaris.* Le Caret capillaire.

Les chèvres & les moutons mangent cette plante.

E

192. *Carex panicea.* Le Caret farineux.

Les chèvres, les moutons, les vaches en mangent.

193. *Carex cæspitosa.* Le Caret en gazon.

Les vaches, les chèvres, les moutons & les chevaux en mangent.

194. *Carex acuta nigra.* Le Caret printanier.

195. *Carex acuta rufa.* Le Caret roux.

Ces deux espèces de plantes fournissent un pâturage médiocre pour les vaches, les chèvres, les moutons & les chevaux; les cochons n'en veulent point. On a observé qu'un bœuf n'engraissoit jamais, lorsqu'il se nourrit de cette plante desséchée.

196. *Carex vesicaria.* Le Caret à vessie.

Les vaches, les chèvres & les moutons en mangent.

En général, les chevaux, les vaches & les brebis mangent la plupart des Carets; ils font partie de leur fourrage; les Carets qui croissent dans les endroits humides, ne plaisent pas aux chevaux; plus leurs tiges font grandes & leurs feuilles larges, moins elles leur conviennent : on les destine pour lors aux bœufs & aux vaches. On trouve sur les Carets un insecte qui se nomme stencore doré; les plus grandes espèces de Carets desséchés peuvent servir de litière aux bestiaux.

197. *Carica spinosa.* Le Papayer sauvage.

On trouve souvent en Amérique au pied de cet arbre un petit serpent que les Portugais nomment

Cebra de Capello ; il eſt long d'un pied & demi, gros comme le petit doigt, ayant la peau noire ſur le dos & blafarde ſur le ventre ; il gonfle ſa joue, & crie comme une grenouille lorſqu'il eſt pris ; ſa bleſſure eſt mortelle. Mademoiſelle de Mérian a trouvé ſur le Papayer un ſphinx & un papillon auxquels Linné à donné par cette raiſon le nom de ſphinx & de papillon du Papayer.

198. *Carlina acaulis*. La Carline ſans tige.

La Carline paſſe pour alexitère, diaphorétique, diurétique & vermifuge ; quand on preſcrit ſa racine aux animaux dans les cas analogues à ceux de l'homme, c'eſt à la doſe de deux gros en poudre, tandis qu'on ne la preſcrit pulvériſée à l'homme, que depuis la doſe d'un ſcrupule juſqu'à celle d'un demi-gros, & en infuſion à la doſe d'une demi-once.

199. *Carlina vulgaris*. La Carline commune.

Les chèvres mangent cette plante, dont les vaches ne veulent point.

200. *Carpinus betulus*. Le Charme, la Charmille.

Il ſe nourrit ſur cet arbre pluſieurs inſectes ; le premier ſe nomme richard verd allongé ; le ſecond, la tête écorchée ; la troiſième, la coccinelle rouge, à neuf points & à crochet noir ; le quatrième, la cigale à deux bandes brunes ; le cinquième, le kermès cotonneux du Charme ; le ſixième, une chenille qui ſe métamorphoſe dans le ſphinx belier ; & le ſeptième eſt encore une chenille qui ſe métamorphofe en une phalène nommée minime à bandes. On trouve la defcription de ces différens infectes, dans l'*Hiftoire des Infectes*, par Geoffroy.

Dans les années de difette les chevaux mangent quelquefois les feuilles de Charme, les chèvres en font très-friandes, c'eft une excellente nourriture pour les moutons. La décoction de ces mêmes feuilles guérit les bleffures des chevaux ; le bois de Charme eft fujet aux vers.

201. *Carthamus tinctorius.* Le Safran bâtard.

Les perroquets font fort friands de la graine de Carthame, d'où lui eft venu le nom de *graine de perroquet* ; elle les engraiffe fans les purger, quoiqu'elle purge les hommes. On prefcrit quelquefois aux animaux la graine de Carthame comme défobftructive, mais c'eft toujours au plus à la dofe d'une once.

202. *Carum carvi.* Le Carvi des boutiques.

La graine de Carvi eft diurétique, ftomachique & carminative. Quand on la prefcrit aux animaux, c'eft à la dofe de deux gros, & fa racine à celle de deux onces fur une livre d'eau ; toute la plante eft un excellent fourrage.

203. *Caryophyllus aromaticus.* Le Giroflier.

Les cloux de Girofle infufés dans du vin font très-efficaces dans les refoidiffemens fubits, pour rétablir la tranfpiration & la fecrétion des poumons, lorfqu'ils reconnoiffent pour caufe des immerfions dans l'eau froide, l'animal étant en fueur, ou des fuppreffions de fueurs par les vents violens, ou enfin parce que les animaux en fueur ont féjourné dans des lieux humides & froids; on aide l'effet de ce médicament dans les diverfes circonftances par le bouchonnement, les couvertures; on tient auffi l'animal dans un lieu tempéré où il ne puiffe pas perdre de la chaleur, qui s'excite en lui par l'action de ce breuvage; cette préparation n'eft pas moins efficace pour ranimer les forces dans la femelle, après qu'elle a mis bas à force de douleurs. La dofe pour le cheval & pour le bœuf eft depuis un demi-gros jufqu'à deux gros.

204. *Caffia obtufifolia.* La Caffe à feuilles obtufes.

Les feuilles de cette Caffe, froiffées & appliquées fur les pates caffées des poules, ou autres oifeaux, les guériffent; on emploie même les feuilles à Amboine pour toutes les maladies des poules, on leur en fait avaler le fuc avec un peu de *calamus*, principalement contre cette maladie qui les affecte ordinairement en certains temps de l'année.

205. *Caffia fiftula.* La Caffe des boutiques.

On la donne aux animaux comme laxative, mais attendu fa cherté, on l'emploie plus pour les chiens que pour les grands animaux; la dofe pour le cheval eft de quatre onces à huit, tandis qu'elle n'eft pour le chien que de deux gros à deux onces.

206. *Caffia fenna.* Le Séné des boutiques.

Les feuilles & follicules de Séné font purgatives pour les animaux comme pour l'homme ; on les donne à l'animal dans les breuvages purgatifs, depuis la dofe d'une demi-once jufqu'à une once & demie ; dans les lavemens purgatifs, depuis la dofe d'une once jufqu'à trois onces, & en fubftance, feule ou avec du miel, depuis la dofe d'une once jufqu'à deux.

207. *Caſſia alata.* La caſſe non élevée.

Mademoifelle de Mérian a tiré des filiques de cette plante plufieurs vers bleus, ou plutôt des mites, qui fe changèrent d'abord en nymphes brunes, & enfuite en mouches vertes. Cette même naturalifte a trouvé fur le même arbre un autre infecte, qui, à la feconde métamorphofe, a donné une mouche dont les aîles étoient brunes, & le corps tacheté de rouge, de verd, d'or & d'argent.

208. *Caſſia javanica.* La Caſſe de Java.

Elle eft d'un grand ufage pour l'art vétérinaire, on la nomme pour cet effet en Angleterre la Caſſe des chevaux ; on trouve fur les Caſſes d'Amérique deux infectes ; le premier fe nomme le papillon du Séné, & le fecond le papillon de la Caſſe : l'un & l'autre font figurés dans l'*Hiſtoire des Inſectes de Surinam*, planches *58 & 35, figures 1 & 2.*

209. *Caucalis anthriſcus.* Le Caucalier âpre.

Les moutons mangent cette plante.

210. *Ceanothus americanus.* Le Céanothier d'Amérique.

Le Céanothier n'eſt bas dans le Canada, que parce qu'il y eſt mangé par les beſtiaux qui en ſont fort friands.

211. *Celtis auſtralis.* Le Micocoulier de Provence.

Quoique le fruit de cet arbre, ou plutôt ſa Ceriſe, ſoit couverte d'une chair ſèche, les oiſeaux n'en ſont pas moins friands, auſſi doit-on mettre cet arbre dans les remiſes pour les y attirer.

212. *Centaurea cyanus.* Le Bluet.

Les vaches, les chèvres & les moutons mangent cette plante dont les chevaux & les cochons ne veulent point.

213. *Centaurea ſcabioſa.* La Centaurée ſcabieuſe.

Les vaches n'y touchent que lorſqu'elle eſt verte, les autres beſtiaux la mangent ; elle ne fleurit qu'après le ſolſtice, ce qui fait que ſon fruit ſubſiſte pour ſervir de nourriture aux petits oiſeaux. On trouve ſur cette plante une chenille à quatre points jaunes.

214. *Centaurea jacea.* La Jacée.

Elle eſt inutile dans les prairies, mais non pas dans les pâturages, car tous les beſtiaux la mangent. On trouve ſur cette plante le puceron qui ſe nomme de la jacée, & une phalène que Linné nomme *phalena bombyx caſtrenſis.* Quand on preſcrit aux animaux la Jacée comme déterſive, réſolutive &

aftringente, c'eft à la dofe d'une demi-once dans une livre d'eau ; nous obferverons à l'égard de cette plante qu'elle fert de nourriture aux beftiaux, & qu'elle fait partie du foin, mais que fa tige eft fi dure, qu'elle ne leur fournit pas une nourriture bien exquife ; dans les années de féchereffe, elle ne prédomine que trop en plufieurs prés.

215. *Centaurea benedicta*. Le Chardon bénit.

Les maréchaux fe fervent de toute la plante, ils l'emploient dans les morfures du fcorpion & de la vipère ; ils prétendent que rien n'eft meilleur que cette herbe pour guérir les chevaux de toute morfure. Quand on donne de cette plante aux animaux, en décoction, c'eft à la dofe de deux poignées dans deux livres d'eau.

216. *Centaurea calcitrapa*. Le Chardon étoilé, la Chauffe-trape.

La Chauffe-trape eft apéritive, diurétique, vulnéraire & fudorifique. On donne aux animaux toute la plante en infufion dans les cas analogues à ceux de l'homme, ou fa femence macérée dans du vin, à la dofe d'une demi-once dans une demi-livre de vin blanc ; cette femence eft fort du goût des chardonnerets, c'eft le meilleur remède qu'on puiffe leur donner quand ils font malades.

217. *Ceraftium vifcofum*. Le Myofitique vifqueux.

Il eft inutile dans les prairies, cependant les chèvres & les chevaux le mangent, les vaches &

les moutons n'en veulent point; on trouve dans les feuilles de cette plante une espèce de kermès, qui se nomme *kermes cerastii viscosi*.

218. *Ceratonia siliqua*. Le Caroubier.

Les siliques servent de nourriture aux bestiaux, on s'en sert même pour les engraisser; on en donne sur-tout aux ânes, aux mulets & aux chevaux; on donnoit anciennement aux porcs le marc, d'où on a tiré une espèce de vin, qui est d'un grand usage dans la Syrie & dans l'Égypte.

La pulpe de la silique est mucilagineuse, pectorale, adoucissante & laxative. On la donne comme telle aux animaux à la dose de quatre onces dans deux livres d'eau; on prétend que ce sont des Carouges dont a voulu parler Saint-Luc, lorsqu'il dit que l'Enfant prodigue, accablé de misère & pressé par la faim, auroit desiré se rassasier des gousses, dont les pourceaux se nourrissoient.

219. *Cærophyllum sylvestre*. Le Cerfeuil sauvage.

L'âne en est très-friand, c'est même le seul animal qui en mange. On trouve sur le Cerfeuil deux phalènes, la phalène cendrée & la phalène géomètre.

220. *Cheiranthus cheiri*. La Giroflée jaune.

On trouve sur cette plante trois phalènes, la phalène hibou, la phalène teigne du xilosteon, & la phalène muticuleuse.

221. *Chelidonium majus*. La grande Chélidoine.

Trois poignées de ses feuilles, hachées, mêlées

avec de l'avoine & du fon, font recommandées contre la toux des chevaux. On la donne auffi intérieurement de même qu'aux vaches dans les cas analogues à ceux de l'homme, comme apéritive, réfolutive, déterfive & défobftructive ; la racine de cette plante pulvérifée, à la dofe d'une demi-once, ou infufée dans du vinaigre pour être prife en deux fois ; l'herbe pilée guérit les bleffures des chevaux, on fe fert pour le même effet de la décoction de toute la plante, elle nettoye très-bien leurs plaies, fur-tout lorfqu'elles font infectées de vers ; les beftiaux ne touchent point à la grande Chélidoine, excepté les vaches qui la mangent quelquefois.

222. *Chelidonium glaucium.* Le Pavot cornu.

On l'emploie pour les ulcères & les bleffures des chevaux ; on broie les feuilles, & après les avoir pilées légérement, on y ajoute un peu d'huile, c'eft la manière dont s'en fervoit Dodoëns.

223. *Chenopodii fpecies.* Les différentes efpèces de Chénopodes.

On trouve fur les différentes efpèces qui conftituent le genre des Chénopodes ou Pattes d'oie, 1°. la phalène du Chénopode ; 2°. la phalène que Linné nomme *phalæna noctua exfoleta* ; un troifième infecte connu fous le nom de *tenthredo intercus* ; ces deux derniers infectes font particuliers à la vulvaire.

224. *Chenopodium bonus henricus.* L'Épinard fauvage.

Les chèvres & les moutons mangent rarement cette plante, dont les autres beftiaux ne veulent point, ainfi elle eft inutile dans les prairies. Dans l'Uplande, on donne fa racine aux brebis pulmoniques.

225. *Chenopodium murale.* La Patte d'oie proprement dite.

Les vaches mangent cette plante. Fufchius & Tragus affurent qu'elle fait mourir les cochons.

226. *Chenopodium rubrum.* Le Chenopode rouge.

Cette plante eft regardée comme nuifible & même venimeufe, cependant les vaches, les chèvres & les moutons la mangent ; elle eft meurtrière pour les cochons, les chevaux n'en veulent point.

227. *Chenopodium album.* La Poule graffe.

Elle eft bonne pour engraiffer la volaille ; les vaches, les chèvres, les moutons, & fur-tout les cochons la mangent, les chevaux n'en veulent point.

228. *Chénopodium viride.* Le Chénopode verd.

Les chèvres, les moutons & les cochons en mangent.

229. *Chenopodium hybridum.* Le Chénopode bâtard.

Les vaches & les moutons le mangent, les autres beftiaux n'en veulent point. Tragus la dit mortelle pour les cochons, même lorfqu'elle eft cuite.

230. *Chenopodium glaucum*. Le Chenopode couleur de vert d'eau.

Les vaches & les chevaux en mangent.

231. *Chenopodium polyspermum*. Le Chénopóde polysperme.

C'est une excellente nourriture pour les poissons des étangs; les vaches & les moutons en mangent, mais les chèvres & les chevaux n'en veulent point.

232. *Chenopodium vulvaria*. Le Chénopode puant.

C'est principalement sur ce Chénopode qu'on trouve les deux derniers insectes ci-dessus désignés.

233. *Chrysanthemum leucanthemum*. La grande Margueritte.

C'est une excellente nourriture pour les chevaux, les chèvres & les moutons; les vaches & les cochons n'en veulent point. La fleur plaît aux abeilles & autres insectes.

234. *Chrysosplenium alternifolium*. Le Cresson de roche à feuilles alternes.

235. *Chrysosplenium oppositifolium*. Le Cresson de roche à feuilles opposées.

Schwenfeld rapporte que les vaches qui se nourrissent de ces deux espèces de plantes, donnent du beurre beaucoup plus jaune, d'ailleurs elles en sont fort friandes.

236. *Chicorium intybus*. La Chicorée sauvage.

Les chèvres, les moutons, les cochons mangent de cette plante, mais les vaches & les chevaux n'en

veulent point ; on l'emploie dans l'art vétérinaire,
on donne aux animaux fon fuc à la dofe d'une
demi-livre, & la plante en décoction à la dofe de
deux poignées fur une livre & demie d'eau ; on la
prefcrit pour lors comme apéritive, défobftructive
& fébrifuge.

237. *Cicuta virofa*. La Ciguë aquatique.

Cette plante eft un vrai poifon pour les bœufs
auffi bien que pour l'homme. Au printemps de 1744,
dit Linné, on vit fur les bords de la mer des racines
de Ciguë qui y avoient été apportées par l'eau, &
qui fe trouvoient dépouillées de leur épiderme ;
trois bœufs extrêmement gros en approchèrent avec
leurs pâtres, il les dévorèrent, mais ils moururent
auffitôt. On apporta le racine à Linné, qui la re-
connut bien vîte pour de la racine de Ciguë ; ce
fait eft rapporté dans la *flora fuecica* ; auffi Linné
attribue à cette plante, dans fon *flora lapponica*, une
épizootie qui a régné parmi les bœufs à Tornoa.
Ces animaux après un long hiver furent conduits au
premier printemps dans les pâturages, ils n'y furent
pas plutôt qu'ils mouroient par centaine. Le célèbre
botanifte Suédois rechercha les différentes caufes qui
pouvoient avoir donné lieu à cette mortalité, & il
ne la trouva que dans la Ciguë, dont les prairies où
on conduifoit ces animaux fe trouvoient remplies.
Cependant il fe faifoit à ce fujet une objection très-
cenfée : les animaux, par un certain inftinct, ne

touchent pas aux plantes vénéneufes, & ils les dif-
tinguent très-bien des plantes falutaires ; l'expérience
nous l'apprend ; cela eft vrai fans contredit, pour
toute faifon autre que celle du printemps, mais il en
eft différemment chez les animaux qui ont été renfermés pendant un long hiver & qui font pouffés par
la faim, ils mangent indiftinctement & avec voracité
tout ce qu'ils rencontrent fous leurs pas ; auffitôt qu'ils
ont contenté leur faim, ils choififfent ce qui leur eft
falutaire. Il faut donc arracher cette plante des prés
dès qu'on la trouve, ou bien au moins empêcher les
bœufs de paître dans des fortes de prés jufqu'à ce qu'ils
aient auparavant appaifé leur faim avec d'autres pâturages. Cette plante qui eft fi pernicieufe aux hommes
& aux bœufs, fournit une nourriture falutaire &
agréable pour les chèvres, elle fert même à les
engraiffer.

238. *Cimifuga fœtida.* La Chaffe punaife puante.

Cette plante fait fauver les punaifes tant dans la
Sibérie auftrale que dans la Tartarie, d'où lui eft
venu fon nom. La plupart des Européens & même les
habitans de Paris, feroient trop heureux, s'ils pouvoient fe procurer une plante, qui les débarraffât
d'une famille d'infectes fi incommode.

239. *Cinchona officinalis.* Le Quinquina.

Le Quinquina eft anti-feptique, tonique, aftringent, difcuffif, fondant, fébrifuge, déterfif, ftip-
tique, cicatrifant, &c.; non-feulement il prévient

la pourriture ou la décompofition des humeurs, mais il les corrige & les furmonte fouvent : fon effet eft de fortifier les parties folides, de parer à la foiblesse, d'en exciter le ton & le jeu ; c'eft ainfi qu'il diffipe les fluides fuperflus, qu'il rapproche les globules de ceux qui reftent, qu'il augmente la denfité & la cohérence ; appliqué à l'extérieur, il fronce, il crifpe, il refferre, il deffèche & il fortifie. On l'emploie en poudre, en infufion, en décoction, en extrait, felon que l'état de l'animal malade & les circonftances déterminent à cet égard.

Enfin le quinquina eft un remède des plus puiffans & des plus recommandables ; il feroit à defirer, fur-tout eu égard aux animaux d'une certaine maffe, de le remplacer & de le fuppléer par des fubftances moins chères, indigènes & prifes dans nos climats.

On préfère de donner le quinquina en poudre : quand l'animal eft en état de digérer, on en fait prendre la décoction, lorfqu'on n'a pas le temps d'en préparer l'infufion ; l'on ne fait ufage de l'extrait qu'autant que ce ne font que pour de petits animaux, tels que les chiens.

On adminiftre le quinquina quatre fois par jour aux animaux atteints, ou du claveau ou d'une péripneumonie, ou d'une fièvre maligne, on d'une maladie inflammatoire quelconque, épizootique ou non ; parvenue à ce degré où le jeu des folides eft, en quelque manière épuifé, & qui eft bientôt fuivie de la décompofition des humeurs ; fi cette dernière fe manifefte, on affocie au *quinquina* la racine de dompte - venin & l'eau de Rabel ; on foutient l'action de ce remède avec le vin aromatique & l'extrait de Genièvre ; le quinquina affocié à des acides édulcorés, eft très-efficace dans le claveau malin, dans les fuppurations de mauvaife nature, & généralement dans toutes les maladies peftilentielles.

Il eft des cas où l'on eft obligé de combattre à la fois la gangrène & l'inflammation ; on étend pour lors le quinquina dans une décoction émolliente, nîtrée & camphrée ; on ne l'adminiftre pas avec moins de fuccès en breuvages & en lavemens pour combattre les diarrhées coliquatives & gangreneufes.

Il eft très-bon dans les fièvres périodiques, ainfi que dans les fièvres lentes & chroniques qui font une fuite de la débilité des canaux, & que des matières crues & indigeftes entretiennent néceffairement en repaffant fans ceffe dans le fang, dont elles altèrent de plus en plus la fubftance ; mais il importe, avant d'en faire ufage, que la plus grande partie de ces matières foit évacuée ; il n'eft pas moins auffi effentiel de prévenir la ftripticité de ce remède, en l'affociant aux fondans & aux purgatifs, & en humectant de temps à autre les folides. L'infpection des fecrétions & des excrétions, eft la

bouffole

bouffole de l'artifte, dit Bourgelat, & lui indique
ce qui convient felon les cas.

Cette écorce éloigne & fait quelquefois difpa-
roître pour toujours les paroxifmes des fluxions périodiques qui affeᵉtent les yeux de certains chevaux;
fon ufage doit être précédé par celui des évacuans,
on devance, pour cet effet, de quelques jours
l'époque de l'invafion de la fluxion par la faignée
& les purgatifs; leur effet paffé, on adminiftre
l'écorce du Pérou en poudre, affocié aux parties
égales d'ætiops minéral fait fans feu & d'une pareille
dofe de gomme ammoniaque, ou d'antimoine diaphorétique non lavé; on en continue l'ufage trois
femaines de fuite, on purge & on faigne de nouveau, en prévenant toujours le moment de la
fluxion. On réadminiftre l'altérant ci-deffus pendant
encore trois autres femaines; on purge & on faigne
de même.

Comme le quinquina eft d'une efficacité fingulière dans les cas de diffolution, qui ont pour
caufe la détraᵉtion des principes des fluides & des
folides, & qui entraînent la cachexie, la cacochi-
mie, la leucophlegmatie, la pourriture des bœufs
& des moutons, &c.; dans toutes ces circonftances
on l'affocie aux martiaux, & on l'étend dans une
infufion de petite Centaurée ou d'Abfinthe.

Donné régulièrement tous les matins à jeun, le
quinquina corrige la qualité du pus fluide, ichoreux,

F

fétide, sanguinolent de certains ulcères; l'on voit au bout de quelque temps de l'usage de ce remède, une suppuration louable & des chairs grenues, qui règnent dans le fond & sur les côtés de la cavité élevée. L'onguent nervin, dans lequel on a incorporé du quinquina & une très-petite quantité d'æther vitriolique, a été un remède qui, placé dans de profondes incisions pratiquées sous une queue coupée à la manière des Anglois, dans laquelle le sentiment & la chaleur étoient éteints, y a rappellé, d'un pansement à l'autre, la chaleur & la vie; la suppuration au bout de trois jours en a été louable & bien conditionnée, cependant tous les symptômes de mortification & de sphacèle étoient manifestés par l'engorgement emphysémateux de la croque, l'odeur de dessous le ventre.

Le quinquina se donne au cheval & au bœuf à la dose depuis deux onces jusqu'à six; au mouton depuis deux gros jusqu'à deux onces.

240. *Circæa alpina*. La petite Circée.

241. *Circæa lutetiana*. La grande Circée.

Les moutons mangent très-bien ces deux plantes.

242. *Cissus cordifolia*. Le Cisse en forme de cœur.

C'est la principale nourriture des oiseaux de l'Amérique.

243. *Cistus helianthemum*. Le Ciste helianthème, lafleur du Soleil.

Les vaches, les chèvres, les moutons & les

chevaux mangent cette plante ; les cochons n'en veulent point. Les chamois font fort friands des différentes efpèces de Cifte, ils les préfèrent à toute autre nourriture.

244. *Citrus aurantium.* L'Oranger.

On trouve fur cet arbre un infcête qui fe nomme kermès de l'Oranger, de l'arbre où il fe trouve.

245. *Clematis vitalba.* L'Herbe aux gueux.

On trouve fur cette plante le même kermès que celui de l'Oranger.

246. *Clerodendrum infortunatum.* Le Clérodendron infortuné.

Les fleurs de cette plante font toujours couvertes de papillons, auffi les appelle-t-on les buiffons de ces infeêtes, c'eft pour cette raifon qu'on empêche à Amboine les enfans de toucher les fleurs, de peur qu'ils ne fucent cette cendre farineufe que les papillons y dépofent, qui eft toujours pernicieufe à la bouche & à la gorge, & qui y occafionne des carcinomes & des ulcères.

247. *Clerodendrum paniculatum.* Le Clérodendron paniculé, le Paragu à panicule trifourchue.

On trouve fur le bois des rameaux de cet arbre un vermiffeau qui détruit les vers inteftinaux des enfans, en leur en faifant boire une infufion dans la bierre.

248. *Clinopodium vulgare.* Le grand Bafilic fauvage.

Les chevaux, les moutons le mangent ; on le

croit dangereux pour les chevaux, qu'ils rend pouffifs, les vaches n'en veulent point.

249. *Clitoria ternata.* La Clitore des Ternates.

Les chèvres & les brebis font fort friandes des feuilles de cette plante; les poules les aiment beaucoup, elles en apportent à manger à leurs poulets.

250. *Clufia rofea.* La Clufianne couleur de rofe.

On fe fert dans l'art vétérinaire de la racine de cette plante pour les plaies des chevaux.

251. *Clufia alba.* La Clufianne blanche.

Les oifeaux font fort friands des femences de cette plante.

252. *Clufia flava.* La Clufianne jaune.

Lorfque les fangliers font bleffés, ils vont fe frotter auprès de cet arbre, jufqu'à ce qu'ils foient bien enduits d'une efpèce de thérébentine qui en tranfpire, cela les guérit, c'eft la raifon pour laquelle les habitans du pays appellent cette thérébentine *hag-gum, gomme de fanglier.*

253. *Cnicus oleraceus.* Le Cnicus des prés.

Cette plante eft inutile dans les prairies, les vaches & les moutons n'en veulent point dans les pâturages; mais les chèvres, les cochons & fur-tout les chevaux en mangent.

254. *Cochlearia armoracia.* Le grand Raifort.

On trouve fur cette plante un infecte qui fe nomme chryfomèle du grand Raifort. On donne le fuc des feuilles du grand Raifort aux animaux, à la dofe de deux onces, & l'infufion à celle d'une poignée dans une livre d'eau dans les cas analogues à ceux de l'homme, c'eft-à-dire, comme apéritif, diurétique, ftimulant; on prefcrit fur-tout le fuc dans les cas d'inappétence par défaut du reffort des organes, on en doit continuer l'ufage pendant plufieurs jours & plufieurs femaines.

255. *Colutea arborefcens.* Le Baguenaudier en arbre.

C'eft dans la coffe de cet arbriffeau, de même que dans celle des Pois & autres plantes légumineufes que fe loge la chenille du papillon, qu'on nomme *porte-queue bleu ftrié.*

Les abeilles aiment les fleurs de Baguenaudier, leurs gouffes fervent de nourriture aux volailles, aux chèvres & aux vaches; on en donne auffi aux brebis pour les engraiffer & leur faire avoir du lait.

256. *Conium maculatum.* La Ciguë du Storck.

Les obfervations fur les effets de la Ciguë dans les animaux ne font qu'en très-petit nombre; tout le monde connoît cet endroit de Lucrèce :

Videre licet pinguefcere fæpè cicutâ
Barbigeras pecudes, homini quæ eft acre venenum.

Le docteur Wood rapporte qu'un cheval à qui on avoit donné inutilement divers remèdes pour le farcin, fut promptement & parfaitement guéri en mangeant beaucoup de Ciguë. Au refte, il ne s'agit peut-être pas de la Ciguë aquatique de Wepfer, car ce médecin fuiffe obferve qu'on dit que les chevaux & autres gros animaux ne mangent pas cette Ciguë lorfqu'elle eft verte, & que s'ils en trouvent de sèche dans le fourrage, ils n'y touchent que quand ils font affamés; les vaches ne s'en nourriffent point dans bien des endroits où il fe trouve à difcrétion d'autres herbes; on prétend que l'oifon fe jette fur la Ciguë, la prenant pour le perfil, & que ce poifon lui eft mortel. Ray a vu des efpèces de grives ou de merles très-avides de la graine de Ciguë, la préférer même au froment. Galien dit que l'étourneau fe nourrit de Ciguë; Storck a donné plufieurs jours de fuite un fcrupule de fuc de cette plante, épaiffi en con-fiftance d'extrait, à un petit chien de bon appétit, en mêlant cet extrait avec un peu de viande, cet animal ne parut en recevoir aucun effet bon ou mauvais.

On a traité à Lyon un mulet morveux avec la Ciguë; on a commencé par un gros, on a été gra-duellement pendant l'efpace de vingt jours jufqu'à douze gros; cette dernière dofe a purgé un peu l'animal; on a continué pendant cinq jours; chaque jour la purgation diminuoit; au vingt-fix on en a donné quatorze gros, ce qui a occafionné des tran-chées affez vives; deux onces n'ont enfin rien pro-duit jufqu'au trente-unième jour; mais au trente-deuxième, pareille dofe a excité une fueur générale; l'animal avoit les oreilles froides, & il fut dégoûté;

on a continué la même dofe jufqu'au quarantième jour ; & on a donné celle de trois onces jufqu'au quarante-quatrième, le tout fans effet. Ces obfervations peuvent conduire à la détermination des dofes de certains remèdes adminiftrés aux animaux.

257. *Convallaria majalis.* Le Muguet de mai.

Les chèvres, les moutons mangent de cette plante, mais les autres beftiaux n'en veulent point. Quand on fe fert dans l'art vétérinaire de la poudre des fleurs de Muguet, c'eft toujours depuis une demi-once jufqu'à une once, & dans les cas analogues à ceux de la médecine humaine.

258. *Convallaria bifolia.* Le petit Muguet à deux feuilles.

Il plaît aux abeilles & autres infeßtes.

259. *Convolvulus fepium.* Le grand Liferon.

Jean Bauhin affure que les pourceaux font très-friands de la racine du grand Liferon ; ce qui eft d'autant plus étonnant, felon Ray, que cette racine eft purgative ; les chèvres, les moutons, les chevaux mangent fon feuillage, mais les vaches n'en veulent point.

On trouve fur ce Liferon, de même que fur la plupart des autres efpèces, deux infeßtes, dont l'un fe nomme le *fphynx à cornes de bœuf*, & l'autre le *pterocephore brun* ; il en eft parlé dans le *Syftema naturæ* de Linné.

260. *Convolvulus scammonia.* La Scammonée de Syrie.

La Scammonée eſt purgative, fondante, hydragogue; on la donne en ſubſtance aux animaux depuis deux gros juſqu'à une once.

261. *Convolvulus turpethum.* Le Liſeron turbith.

C'eſt un purgatif violent, on le fait entrer dans pluſieurs compoſitions pharmaceutiques, on le donne en poudre au cheval, depuis quatre gros juſqu'à deux onces.

262. *Convolvulus jalapa.* Le Liſeron jalap.

Le Jalap a une vertu purgative dans le mouton, le bouc, le chien, le cochon & le chat; donné au cheval, ſes effets ſe bornent à inciſer & à pouſſer fortement par les urines. On l'aſſocie à l'Aloès, lorſqu'on a à purger des chevaux & des bœufs, en qui les ſolides pèchent par foibleſſe, & les fluides par excès.

Quand on a deſſein de purger le cochon, on le fait prendre en poudre dans ſes alimens ordinaires; pour le chien d'une certaine force & le mouton, on le donne auſſi en poudre, mais ſous la forme d'opiat ou en pilules; à l'égard du chat, de l'agneau & du petit chien, on leur fait prendre l'infuſion qu'on a faite dans l'eau commune.

La doſe eſt depuis ſix gros juſqu'à quatre onces pour les gros animaux, & depuis vingt grains juſqu'à quatre gros pour les petits.

263. *Convolvulus arvenſis*. Le Liſeron des champs.

Cette plante eſt nuiſible dans les champs & les prairies, mais non pas dans les pâturages, car tous les beſtiaux la mangent excepté les cochons.

264. *Conyſa ſquarroza*. La Conyſe commune.

Elle chaſſe les puces, punaiſes, couſins & moucherons.

265. *Conyſa cinerea*. La Conyſe cendrée.

Les porcs ſont friands de cette plante, ils en mangent avec délice.

266. *Copaïfera officinalis*. Le Copahu des boutiques.

Les ſinges ſont forts friands de l'amande que donne cet arbre.

267. *Cardica collococca*. Le Sébeſtier écarlate.

Les poules d'Indes ſont très-friandes de ſon fruit.

268. *Coriandrum ſativum*. La Coriandre.

Cette plante eſt cordiale, ſtomachique, carminative & alexitère; on donne ſa ſemence pulvériſée pour le cheval & pour le bœuf depuis une once juſqu'à quatre, & pour le mouton, depuis quatre gros juſqu'à deux onces.

269. *Coriaria myrtifolia*. Le Raudou à feuilles de Myrthe.

Les feuilles vieilles de cette plante broutées par les beſtiaux, leur cauſent des vertiges, mais non pas la mort; ſes feuilles jeunes n'ont aucun effet.

270. *Cornus florida*. Le Cornouiller à fleurs.

Les oiseaux ne mangent des baies de ce Cornouiller qu'à défaut d'autres nourritures , parce qu'elles font amères ; cependant Catesby a obfervé que les mocqueurs & quelques autres efpèces de grives en mangeoient fort bien.

271. *Cornus alba.* Le Cornouiller commun. ·

Les oiseaux fe nourriffent pendant l'hiver de fes fruits , les abeilles font très-friandes de fes fleurs au printemps. On fait fécher & pulvérifer les Cornouilles , qu'on donne à la dofe d'une once aux animaux dans les cas analogues à ceux de la médecine humaine , c'eft-à-dire , comme aftringent.

On trouve fur le Cornouiller la chenille du minime à bande , qui fe trouve pareillement fur le Charme.

272. *Coronilla varia.* La Coronille panachée.

Il y a eu un temps où on cultivoit cette plante pour nourrir les bêtes à cornes.

273. *Corylus avellana.* Le Noifetier des bois, le Coudrier.

On trouve fur cet arbriffeau une infinité d'infectes, qui font la chryfomèle du Coudrier, le charanfon du Peuplier, qui fe rencontre auffi fur le Coudrier, le charanfon trompette, le charanfon à écailles vertes, la tête écorchée, l'efcarbot de l'aveline, l'efcarbot à forme de charanfon, la cigale du Noifetier, la punaife du Coudrier, la cochenille du Coudrier, le papillon connu fous le nom de *papilio nymphalis noctua*, la phalène paon, la phalène du

Frène qu'on rencontre auſſi ſur le Noiſetier, la phalène du peuplier qui habite pareillement le Noiſetier, la phalène du Coudrier, la phalène à pattes
étendues, la phalène dromadaire, la phalène pſi, la
phalène à bordure entrecoupée & la phalène connue
ſous le nom trivial de *phalæna tortrix*. Il eſt queſtion
de tous ces inſectes, dans le *Syſtema naturæ* de
Linné.

Les chèvres aiment les feuilles du Noiſetier, &
ſa fleur plaît aux abeilles. On fait avec les branches
du Coudrier des eſpèces d'arcs, qu'on appelle ſaute-
relles, avec leſquels on attrape les oiſeaux.

274. *Coſtus arabicus*. Le Coſtus arabique.

Mademoiſelle de Mérian a trouvé ſur cette plante
une chenille brune, tachetée de blanc & de noir,
qui en mangeoit les feuilles; cette chenille s'eſt trans-
formée en nymphe, & il en eſt ſorti un papillon
blanc & brun, qui avoit quatre taches couleur
d'orange ſur les deux ailes de derrière. Il y avoit
auſſi ſur cette plante des petites bêtes blanches qui
traînoient après elles la peau qu'elles avoient quittée;
elles ſe nourriſſoient de certaines puces vertes dont
Goedart a donné la deſcription; elles ſe filèrent un
cocon, d'où ſortirent des mouches couleur de bois.

275. *Cratægus aria*. L'Alizier commun, le Draulier.

On trouve ſur cet arbre & ſur ſes différentes eſpèces, pluſieurs inſectes, tels que le papillon gazé,
la phalène de l'Oranger, la phalène etoilée, la

phalène teigne de l'Oxyacanthe, la teigne du petit Cratægus, la Cochenille du Cratægus oxyacanthe, la phalène de l'Oxyacanthe, la citronnelle rouillée, & la phalène verte.

Les vaches, les chèvres & les moutons en mangent les feuilles.

276. *Cratægus coccinea.* L'Azerolier du Canada.

Les oiseaux font fort friands du fruit de cet arbre.

277. *Cratægus oxyacantha.* L'Aube-épine.

Outre les insectes dont nous avons fait mention n°. 275, on trouve encore fur cet arbriffeau tous les insectes qui rongent les arbres fruitiers. Voyez la manière de les détruire dans le premier volume de notre *Hiftoire des Infectes tant nuifibles qu'utiles*, cinquième édition.

On prétend que les fleurs de l'Aube-épine font corrompre le poiffon ; les jeunes bourgeons, les feuilles forment une excellente nourriture pour les chèvres ; les vaches, les moutons, les chevaux mangent de ces dernières, les abeilles font friandes des fleurs ; les baies fervent de nourriture aux oifeaux, principalement aux grives.

278. *Crepis biennis.* La Fufelée bifannuelle.

Elle plaît aux abeilles & autres infectes.

279. *Crepis tectorum.* La Fufelée des toits.

Elle plaît aux bœufs, aux chèvres, aux moutons & aux porcs.

280. *Crescentia cucurbitina.* Le vrai Calebassier de l'Amérique.

Les oiseaux du pays où croît le Calebassier, qui ont le bec fort & robuste, en percent le fruit pour manger la chair qui s'y trouve, dont ils sont fort friands.

281. *Crocus sativus.* Le Safran cultivé.

Quand on prescrit dans l'art vétérinaire le Safran aux animaux dans les cas analogues à ceux de la médecine humaine, c'est depuis la dose d'une once jusqu'à quatre en infusion, & d'une demi - once jusqu'à une once & demie en substance.

282. *Cucubalus behen.* Le Been blanc.

Cette plante plaît au bétail, abeilles & autres insectes.

283. *Cucumis colocynthis.* La Coloquinte ordinaire.

La pulpe de Coloquinte a été donnée par gradation à un cheval morveux, depuis une demi-once jusqu'à deux onces & demie, elle agit simplement comme altérant; cependant c'est le seul remède qui ait jusqu'à ce jour, produit en bien, quelque changement sensible dans l'animal; le temps & l'expérience pourront peut-être un jour en apprendre davantage.

284. *Cucumis melo.* Le Melon.

Il y a des chats qui sont très-friands des Melons, lorsqu'ils sont plus que mûrs; dans cet état, ce fruit engraisse les mulets & les ânes, on en donne communément aux chevaux pour les ragoûter ; en général, le Melon eſt un excellent rafraîchiſſant & relâchant pour les animaux herbivores, qui d'ailleurs en ſont très-avides ; on le donne dans les conſtipations occaſionnées par des chaleurs d'entrailles ; pour ſatisfaire à des altérations dans leſquelles la quantité d'eau qu'il fournit pour appaiſer la ſoif, ſeroit nuiſible. On le donne auſſi dans le ſecond temps de la fortraiture & lorſque les premiers jours de la fièvre ſont paſſés.

285. *Cucurbita pepo*. La Citrouille.

La graine de Citrouille ſe conſerve bonne ſept à huit ans ; elle ſert d'appât aux rats, aux ſouris, aux mulots, aux loirs & autres animaux nuiſibles qui en ſont très-friands.

286. *Cuminum cyminum*. Le Cumin cultivé.

Les pigeons ſont très-friands de cette plante.

287. *Cupreſſus ſempervirens*. Le Cyprès toujours verd.

On trouve ſuivant Gouan, dans le bois de Cyprès le capricorne triſte.

288. *Cuſcuta europæa*. La Cuſcute.

C'eſt un excellent aliment pour les bêtes de ſomme, cependant les chevaux n'en veulent point ; elle plait aſſez aux vaches, aux chèvres, aux cochons, & quelquefois ſeulement aux moutons.

289. *Cycas circinalis*. L'Arbre à Sagou.

Les animaux vont ſouvent endommager l'écorce

des arbres à Sagou, pour en manger la moëlle qui eſt fort de leur goût ; on jette aux pourceaux les filandres qui reſtent ſur les tamis par leſquels on a paſſé la bouillie préparée & délayée de Sagou.

290. *Cynanchum viminale.* L'Étrangle - chien qui s'entortille.

Cette eſpèce & toutes les autres du même genre, font nuiſibles aux chiens & aux bêtes féroces, ce qui a fait donner à ce genre le nom de *cynanchum.*

291. *Cynara acaulis.* L'Artichaut ſans tige.

Les habitans de la Barbarie ſe ſervent des feuilles de cette plante mêlée avec de l'orge, pour en donner à leurs chevaux dans les maladies qui pro-viennent de chaleur.

292. *Cynogloſſum officinale.* La Cynogloſſe des boutiques.

Les chèvres mangent de cette plante, mais les autres beſtiaux n'en veulent point ; elle eſt narco-tique & aſtringente. Quand on donne aux animaux la décoction de ſes feuilles dans les cas analogues à ceux de l'homme, c'eſt à la doſe de deux poignées ſur deux livres d'eau.

On trouve ſur cette plante deux inſectes, dont l'un ſe nomme ſuivant Linné *phalæna noctua dommula,* & l'autre *phalæna bombyx aulica.*

293. *Cynoſurus Indicus.* La Queue du chien des Indes.

Les vaches ſe nourriſſent des feuilles de cette

plante, quand elles font tendres; les petits oifeaux aiment beaucoup fa graine.

294. *Cynofurus cæruleus.* La Queue du chien bleue.

295. *Cynofurus paniculatus.* La Queue de chien à panicule.

Les chevaux, les vaches, les chèvres & les brebis mangent de ces trois efpèces.

296. *Cyperus longus.* Le Souchet long.

La racine de Souchet attire & divife les humeurs, elle lève les obftructions, excite les urines, fortifie l'eftomac. Quand on la donne dans l'art vétérinaire aux chevaux, c'eft toujours dans les cas analogues à ceux de l'homme, & à la dofe de deux gros.

297. *Cytifus fepium.* Le Cytife velu.

Les moutons mangent les jeunes pouffes de cet arbre.

298. *Dactylis glomerata.* Le Dactyle pelotonné.

Les chèvres, les moutons, les chevaux, les vaches ne touchent à cette plante que lorfqu'elle eft verte, car sèche, elle devient dure & défa-gréable aux beftiaux; les cochons n'en veulent point, les chiens la mangent pour fe faire vomir.

299. *Daphne mefereum.* Le Bois gentil.

En Suède, on applique l'écorce fraîche de cet arbre fur la morfure des vipères; les chèvres en mangent, mais les vaches & les chevaux n'en veulent point.

300.

300. *Daphne laureola.* Le Lauréole.

Les oiseaux en sont très-friands , c'est une excellente nourriture pour eux , quoique ce soit un purgatif dangereux pour les hommes , d'où l'on conclura qu'on ne doit pas user d'une plante inconnue , quoique les animaux en mangent sans danger , parce qu'elle peut devenir un poison pour les hommes.

301. *Datura stramonium.* L'Endormi commun.

On prétend que les taupes n'approchent point des endroits où croît cette plante ; on feroit donc bien d'en semer dans les jardins où il y a beaucoup de ces animaux.

202. *Daucus carota.* La Carotte commune.

La Carotte est une excellente nourriture pour les animaux ; on ne peut rien trouver de meilleur que cette racine pour engraisser les bœufs , en y joignant un peu de foin , & en la donnant dans l'étable ; quand les bœufs ont de la peine à la manger crue , on les habitue insensiblement à cette nourriture en la faisant bien cuire , & en en diminuant insensiblement de jour à autre le degré de cuisson , jusqu'à ce qu'enfin ils puissent les avaler avant d'être cuites.

La Carotte est aussi très - bonne pour les vaches , elle augmente leur lait , sur-tout pendant l'hiver & au commencement du printemps , quand l'herbe est encore rare. On peut encore employer les Carottes pour engraisser les moutons & les brebis :

G

les cochons font pareillement fort friands de ces racines, cette nourriture les remplit promptement de chair & de graiffe ; on peut encore les employer pour nourrir les chiens de chaffe ; on les fait cuire avec un peu de lait écrêmé & de farine d'orge ; on peut fe paffer de lait écrêmé & n'ufer fimplement que de l'eau ; les chiens qui mangent de cette nourriture, font toujours en bon état, en haleine & prefque jamais malades.

La Carotte eft une des nourritures les plus fortifiantes pour les chevaux coureurs ; on en peut auffi donner indiftinctement aux chevaux de labour & de harnois ; ces racines font même très-propres à donner aux chevaux l'haleine longue ; les maquignons en font manger pour cet effet aux chevaux pouffifs, quelque temps avant de les vendre. Rien ne convient mieux aux bêtes hétiques & qui ont fouffert de la faim, que les Carottes, elles les engraiffent bien vîte, & les mettent en état d'être vendues. Mais il faut bien fe garder d'employer les animaux ainfi nourris, fur-tout les chevaux, à quelque travail pénible, parce qu'ils pourroient en peu de temps devenir pouffifs & quelquefois pires ; on doit auparavant les habituer à une nourriture sèche, afin de les fortifier & de les rendre par-là propres à réfifter à tout travail raifonnable. Tout le monde fait que rien n'eft plus propre pour engraiffer promptement la volaille, qu'une pâte faite avec des Carottes cuites, de la farine de Blé de Turquie, de Seigle, de Blé noir, d'Orge, ou même de fon, en un peu d'eau chaude. Les feuilles de Carottes ne font pas moins bonnes aux vaches que les racines; enfin on eftime toute la plante comme une nourriture très-fucculente pour les bêtes à laine.

303. *Delphinium confolida.* Le Pied d'alouette.

Les chèvres, les moutons & quelquefois les chevaux mangent cette plante, dont les vaches & les cochons ne veulent point. Plufieurs perfonnes ont éprouvé avec fuccès fes vertus pour la deftruction du charanfon. Il fe nourrit fur cette plante deux infectes, la chenille & la phalène du Pied d'alouette; fa fleur plaît aux abeilles.

304. *Dianthus armaria.* L'Œillet velu.

Les vaches & les moutons mangent cette plante.

305. *Dianthus caryophyllus.* L'Œillet des jardins.

Les animaux qui font la guerre à l'Œillet, & qui conféquemment s'en nourriffent, font, fuivant les jardiniers, 1°. le perce-oreille, 2°. le puceron, 3°. la chenille grife, 4°. la chenille verte, 5°. la fourmi, 6°. la fauterelle puce, ou plutôt fon excrément, qui fe nomme écume printannière, 7°. le limaçon, 8°. un infecte connu par les jardiniers fous le nom de *nuile*, & 9°. enfin les rats.

306. *Digitalis purpura.* La Digitale pourpre.

Dans l'Hiftoire de l'Académie des Sciences, 1748, on rapporte une obfervation qui prouve combien

la Digitale eſt dangereuſe à la volaille. Salerne,
médecin d'Orléans, ayant appris que pluſieurs dindons étoient morts pour avoir mangé de la grande
Digitale à fleurs pourprées, qu'on leur avoit donnée
par haſard pour du bouilllon blanc, voulut s'aſſurer
de ce qu'il en étoit, il donna pour cet effet de ces
mêmes feuilles à un gros dindon ; quoique cet animal fût fort & vigoureux, que la plante eût peu
de vertu, tant parce que les feuilles avoient été
cueillies depuis ſept à huit jours que parce que
l'expérience avoit été faite en hiver, & qu'il n'en
avoit mangé qu'une ſeule fois, il en fut néanmoins ſi malade, qu'il ne pouvoit ſe tenir ſur ſes
jambes, il paroiſſoit égaré, & rendoit ſes excrémens rougeâtres ; huit jours de bonne nourriture
ſuffirent à peine pour le rétablir. Salerne jugea à
propos de faire une ſeconde expérience & de la
pouſſer plus loin ; il donna, au mois de décembre,
des feuilles de la même plante, hachées, mêlées avec
du ſon de froment, à un coq d'Inde vigoureux,
qui peſoit ſept livres ; dès qu'il en eut mangé, il
parut triſte & mélancolique, ſes plumes étoient
hériſſées & ſon col pâle & retiré ; cependant il en
mangea encore pendant quatre jours & en con-
ſomma une demi-poignée qui avoit été cueillie depuis environ huit jours & dans une ſaiſon très-
avancée ; dès la première fois, on remarqua que
les excrémens naturellement verts & bien liés,

étoient devenus rougeâtres & liquides, comme s'il eût été attaqué de la dyffenterie; l'animal ne voulut plus alors lui-même manger de cette plante qui lui avoit été nuifible; on fut obligé de lui donner du fon délayé avec de l'eau, mais cependant il continua d'être trifte & dégoûté; il lui prenoit de temps en temps des convulfions fi vives qu'il fe laiffoit tomber; lorfqu'il s'étoit relevé, il marchoit comme s'il eût été ivre; quoiqu'il eût de quoi fe percher, il fe tenoit toujours à terre; il pouffoit prefque fans ceffe des cris plaintifs, il refufoit tous les alimens, même l'orge & l'avoine dont on fait que ces animaux font très-friands; au bout de cinq ou fix jours, les excrémens devinrent comme de la chaux nouvellement éteinte, puis jaunes, verdâtres & noirâtres; enfin le dix-huitième jour de l'expérience, il mourut dans une maigreur fi grande, que de fept livres qu'il pefoit avant qu'il commençât à prendre de cette nourriture, il étoit réduit à trois. On l'ouvrit, & on trouva le cœur, le poumon, le foie & la véficule du fiel flétris; l'eftomac avoit fon velouté, mais il étoit abfolument vuide. Au moment où on l'ouvrit, il rendit par le bec & par l'anus une matière verte & liquide, femblable à de la lie d'huile d'olive; cette matière étoit plus épaiffe dans le gozier & les inteftins. On voit par ces expériences le dérangement que l'ufage de cette plante peut occafionner dans les organes de ces animaux, &

combien on doit être attentif à la détruire dans les endroits où on les élève.

307. *Dioscorea alata.* L'Ingame de S.-Thomas.

Les cochons font fort friands des racines de cette plante ; le fuc de fes feuilles guérit la morfure du fcorpion.

308. *Diofpyros Virginiana.* Le Plaqueminier de Virginie.

Le fruit de cet arbre eft d'une grande reffource pour les oifeaux, les écureuils & plufieurs autres animaux. Catesby donne la defcription des écureuils qui s'en nourriffent fpécialement, il les nomme *écureuils blancs* ; lorfqu'ils fautent d'un arbre à l'autre, ils fe foutiennent en l'air par l'extenfion des membranes couvertes de poils, qui font attachées à leurs jambes, & qui s'étendent de chaque côté de leur corps.

309. *Dipfacus fullonum.* Le Chardon des bonnetiers.

On trouve fur ce Chardon une chenille qui fe métamorphofe en papillon plein-chant. Les abeilles font fort friandes des fleurs de cette plante, & elles fe défaltèrent dans l'eau que confervent fes feuilles, qui forment une efpèce de cuvette à chaque nœud de la plante. En automne, les chardonnerets fe pofent fur cette plante, & la préfèrent à toute autre, c'eft pour cette raifon qu'on l'a appellée la chardonnerette ; ils fe nourriffent auffi de fes graines.

310. *Dolichos unguiculatus.* Le Haricot à onglet.

Il faut prendre garde de laisser manger des grains de cette plante à la volaille & aux autres animaux, ils leur sont pernicieux.

311. *Dolichos lignosus.* Le Phaséole ligneux.

Cette plante est pour l'ordinaire couverte de poux d'arbres, qui sont noirs & luisans ; si on touche ces poux, ils répandent une odeur aussi forte que la punaise ; pour en diminuer le nombre & les chasser, on fait du feu & de la fumée sous la plante, on en nettoye avec soin les vieilles branches & les feuilles.

312. *Dracontium pertusum.* La Serpentaire à feuilles percées.

On prétend que cette plante est souveraine contre la morsure des couleuvres & des vipères. Lorsque les habitans du pays où elle croît vont à la campagne, ils ont coutume d'en porter avec eux, dans la persuasion qu'ils sont qu'elle chasse les serpens par son odeur, & que les couleuvres crèvent, si elles peuvent les atteindre munis de cette Serpentaire. C'est le bois de couleuvre du P. Dutertre.

313. *Drosera rotundifolia.* Le Rossolis à feuilles rondes.

Le Rossolis est un poison pour les brebis, il leur attaque le foie & le poumon, & leur occasionne une toux qui les fait périr insensiblement, ce qui mérite d'être confirmé dans les lieux où croît cette plante, qui d'ailleurs est assez rare.

314. *Durio zibethinus.* Le Durion de Zibeth.

Les chats zibets aiment tant les Durions, qu'on s'en fert comme d'appât pour les attirer aux piéges qu'on leur tend.

315. *Echium vulgare.* La Vipérine commune.

Cette plante eft inutile dans les prairies, mais non pas entièrement dans les pâturages, car les vaches & les moutons la mangent, les autres beftiaux n'en veulent point. On trouve fur la Vipérine un infecte qui fe nomme l'altife jaune; la fleur plaît aux abeilles.

316. *Ehretia bourreria.* Le Strong buck de Bahama.

Les lapins, les guanncs & les oifeaux aiment beaucoup fes baies.

317. *Elæagnus angufiifolia.* L'Olivier fauvage.

Les abeilles font fort friandes des fleurs de cet arbre, elles en fucent le nectaire.

318. *Elæocarpus ferrata.* Le Ganitri de Malaca.

Les grands oifeaux font friands de fes fruits, les vaches s'en nourriffent auffi.

319. *Elate fylveftris.* Le petit Dattier fauvage.

Les éléphans l'aiment paffionnément à caufe de fa moëlle qui eft très-douce & renfermée dans les rameaux.

320. *Epidendrum vanilla.* La Vanille.

On trouve fur la Vanille un infecte qui fe métamorphofe dans le papillon nymphal de la Vanille, Mademoifelle de Mérian en a fait mention.

321. *Epilobium angustifolium.* Le petit Laurier rose à feuilles vertes, la Nériete à épis.

Cette plante plaît beaucoup aux chèvres; les vaches & les moutons la mangent, lorsqu'elle est verte; les chevaux & les cochons n'en veulent point; elle est inutile dans les prairies.

322. *Epilobium montanum.* La Nériete des montagnes.

323. *Epilobium hirsutum.* La Nériete amplexicaule.

Les chèvres & rarement les vaches & les moutons mangent ces plantes, qui d'ailleurs deviennent inutiles, lorsqu'elles se trouvent dans les prairies.

324. *Epilobium alpinum.* La Nériette des Alpes.

On trouve sur cette espèce, de même que sur les trois précédens, le sphinx de la vigne & le sphinx petit cochon.

325. *Epilobium palustre.* La Nériete des marais.

Les chevaux, les moutons & les chèvres en mangent.

326. *Equisetum sylvaticum.* La Prêle des forêts.

C'est la première nourriture parmi toutes les plantes pour les chevaux d'une partie de la Suède.

327. *Equisetum arvense.* La prêle des champs.

Elle est très-inutile dans les prés, les vaches n'y touchent point, à moins qu'elles ne soient affamées, & dans ce cas, elle les jette dans le marasme, mais les chèvres la mangent, elle est très-pernicieuse aux brebis. Dans la médecine vétérinaire on donne aux bœufs & aux chevaux cette plante comme vulnéraire & aftringente à la dofe de deux poignées fur deux livres d'eau, ou on leur en fait manger l'herbe verte.

328. *Equifetum paluftre*. La Prêle des marais.

Elle fait uriner le fang aux vaches, avorter les brebis, & eft très - nuifible à tous les beftiaux, excepté aux chèvres.

329. *Erica vulgaris*. La Bruyère.

Les vaches, les chevaux, quelquefois les moutons la mangent, les cochons n'en veulent point. Les abeilles font d'amples récoltes fur fes feuilles, mais le miel qu'elles ramaffent fur cet arbriffeau n'eft pas eftimé, il eft jaune & fyrupeux. On trouve fur les Bruyères le papillon procris. Les feuilles & les fleurs de Bruyère brûlées dans les appartemens en éloignent les fouris.

330. *Eriophorum polyftachium*. La Linaigrette paniculée.

Les chèvres & les moutons mangent cette plante, les chevaux & les cochons n'en veulent point ; les vaches la mangent lorfqu'elle eft jeune, mais elles la rejettent dès qu'elle eft en graine & aigrettéé.

331. *Ervum lens*. La Lentille.

Le fourrage de Lentille eft excellent, foit fec, foit vert ; il eft très-bon aux chevaux, il les engraiffe & les tient en vigueur; mais il faut prendre garde qu'ils ne le mangent avec trop d'avidité en vert, il leur cauferoit des maladies ; le plus fûr eft de le leur donner en fourrage fec ; la Lentille en fourrage eft auffi très-eftimée par les vaches, elle leur donne beaucoup de lait ; les moutons & les cochons font fort avides de fa graine ; elle occafionne des maladies aux pigeons ; la paille de Lentille eft celle de toutes les plantes qui convient le mieux aux brebis.

332. *Ervum tetraspermum.* La petite Veffe des bois.

Cette plante eft un excellent pâturage pour les chevaux, les vaches, les chèvres & les brebis.

333. *Ervum hirfutum.* L'Ers velue.

Les vaches, les chèvres, les moutons & les chevaux en mangent.

334. *Ervum ervilia.* La vraie Ers.

335. *Ervum folonienfe.* L'Ers de Sologne.

Ces deux plantes fourniffent un très-bon fourrage aux beftiaux.

336. *Eryngium campeftre.* Le Panicaut commun.

On trouve fur cette plante deux punaifes, la punaife rouge à taches triangulaires, & la punaife chartreufe.

Quand on prefcrit dans la médecine vétérinaire la décoction de la racine fraîche du Panicaut, dans les cas analogues à ceux de la médecine humaine, c'eft à la dofe de trois onces fur deux livres de liqueur appropriée ; au furplus, cette plante eft nuifible dans les pâturages.

337. *Eryſimum officinale*. Le Velar.

Il eſt inutile dans les prairies ; les vaches, les chevaux & les cochons n'en veulent point ; les chèvres, les moutons en mangent.

338. *Eryſimum barbarea*. L'Herbe de Sainte-Barbe.

Elle eſt inutile dans les prairies, mais non pas entièrement dans les pâturages, car les vaches, quelquefois les chèvres & les moutons la mangent ; les chevaux & les cochons n'en veulent point.

On ſe ſert dans l'art vétérinaire de ſa ſemence comme apéritive, on la fait infuſer dans du vinaigre, à la doſe d'un gros ſur quatre livres de vinaigre.

339. *Eryſimum alliaria*. L'Alliaire.

Les vaches & les chèvres mangent quelquefois cette plante quand elle eſt verte, ce qui donne à leur lait le goût & l'odeur d'ail ; les autres beſtiaux n'en veulent point.

340. *Erythrina corallodendrum*. Le bois Immortel.

Les oiſeaux ſont fort friands du ſuc qui ſe trouve dans les fleurs de cette plante, il en vient même de fort loin dans le temps de ſa floraiſon, pour la ſucer ; mais en revanche, ces mêmes fleurs, quand elles tombent dans la mer, éloignent les poiſſons des environs.

341. *Evonymus europæus*. Le Fuſain.

Rien n'eſt meilleur pour détruire radicalement la gale des chevaux & des chiens que le vinaigre dans lequel on a fait bouillir pluſieurs fruits ou brins de Fusain. Matthiole, d'après Théophrafte, dit que cet arbriffeau eft nuifible aux beftiaux, & Ruel affure que les brebis & les chèvres n'en approchent point, Clufius prétend le contraire, ce que nous avons peine à croire à caufe de la qualité & de l'odeur défagréable du fufain.

Il y a des chenilles rafes particulières aux Fufains, dont elles dévorent les feuilles prefque tous les ans; comme ces infectes fe raffemblent durant la nuit par paquets, dans des efpèces de bourfes qu'ils fe filent, on les détruit en cherchant ces bourfes le matin à la fraîcheur.

342. *Eupatorium cannabinum.* L'Eupatoire commun.

Les chèvres mangent cette plante, dont les autres beftiaux ne veulent point ; fa fleur eft agréable aux abeilles & autres infectes.

343. *Euphorbia lathyris.* L'Épurge.

Cette efpèce, ainfi & de même que toutes les efpèces du genre des Euphorbes, font dangereufes ou au moins inutiles dans les prairies; cependant les chèvres les mangent, les moutons n'y touchent point, elles donnent un très-mauvais goût à la chair des bœufs; les poiffons qui mangent des feuilles & des fruits de l'Épurge, jettés dans un étang, viennent auffi-tôt à la furface de l'eau, comme s'ils étoient morts; on peut pour lors les prendre facilement à la main : cette pêche eft défendue fous les peines les plus sévères; cependant on fait bientôt revenir le poisson en le changeant d'eau.

344. *Euphorbia cyparissias.* Le Tithymale à feuilles de Cyprès.

Cette plante est pernicieuse & même mortelle aux brebis.

On trouve sur les Tithymales trois insectes : le sphinx de l'Euphorbe, la phalène de la Conyse, & le sphinx à bandes rouges dentelées.

345. *Euphrasia officinalis.* L'Eufraise des boutiques.

Elle peut servir de nourriture aux brebis, aux chevaux & aux moutons.

346. *Fagus castanea.* Le Châtaignier.

Dans les pays où il y a beaucoup de Châtaigniers, on engraisse les pourceaux en leur faisant manger à discrétion des Châtaignes.

347. *Fagus sylvatica.* Le Hêtre.

On trouve sur cet arbre une espèce de puceron, qu'on nomme *aphis fagi lanata.*

Les chèvres & les moutons mangent les feuilles de cet arbre dont les fruits engraissent les porcs; les ours, les putois, les écureuils, les rats & les souris aiment beaucoup les fruits du Hêtre; on donne les feuilles comme rafraîchissantes aux animaux domestiques, en décoction, à la dose d'une poignée dans une livre d'eau.

348. *Ferula assa fœtida.* La Férule d'où on tire l'Assa fœtida.

On se sert beaucoup dans l'art vétérinaire de l'Assa fœtida ; si on en fait infuser dans du vinaigre avec de l'ail , du sel & du poivre , & si on en lave la langue du gros bétail après l'avoir renversée , on le préservera des maladies contagieuses, ce remède guérira même les bubons qui se forment à la racine de leurs langues. Les maréchaux emploient l'*Assa fœtida*, pour guérir les tumeurs & abcès des chevaux ; en temps de contagion, on fera bien de mettre un morceau de cette drogue dans un trou fait à l'auge ou au ratelier des étables & écuries, ou de frotter les auges de l'infusion ci-dessus ; en un mot cette substance est la panacée des chevaux, pour lesquels mêlée avec du vin & de l'ail, elle devient un puissant sudorifique.

349. *Festuca ovina.* La Fétuque des brebis.

C'est la première nourriture des brebis, elles n'aiment point les collines où il ne se trouve point de ce Chiendent ; cependant les bestiaux, qui s'en nourrissent tous, ne mangent pas les chalumeaux de ce fourage, de même que celui des autres chiendents : c'est une prévoyance de la nature pour ne pas empêcher la propagation des plantes.

350. *Festuca rubra.* La Fétuque rouge.

Les chèvres, les vaches & les chevaux mangent cette plante, qui convient sur-tout aux vaches, lorsqu'elle est verte.

351. *Festuca duriuscula.* La Fétuque un peu dure.

C'eſt un pâturage exquis.

352. *Feſtuca elatior.* La Fétuque un peu plus élevée.
C'eſt une excellente pâture pour les beſtiaux.

353. *Feſtuca fluitans.* La Fétuque flottante.

Les chèvres, les moutons, les chevaux & quelquefois les cochons mangent cette plante, dont les vaches ne veulent point ; ſon foin eſt néceſſaire aux chevaux qui ont des vers ; les oies recherchent ſa graine.

354. *Ficus carica.* Le Figuier commun.

On trouve ſur cet arbre deux inſectes, le moucheron du Figuier dont on ſe ſert pour la caprification, & un inſecte de la famille des ſpylles, dont Geoffroy a donné la deſcription.

355. *Ficus ſycomorus.* Le Figuier ſycomore.

On trouve ſur cet arbre un inſecte qui ſe nomme ſuivant Haſſelquieſt, le cynips du Sycomore ; cet inſecte pénètre dans le fruit.

356. *Ficus indica.* Le Figuier des Indes.

Les oiſeaux & autres bêtes ſont fort avides de ce fruit ; les chauves-ſouris font leur nid ſur cet arbre.

357. *Filago germanica.* La Cotonnière commune.

Cette plante eſt inutile dans les prairies & les pâturages ; les vaches n'en veulent point.

358. *Fragaria veſca.* Le Fraiſier.

Les chèvres, les moutons mangent cette plante, dont les chevaux & les cochons ne veulent point.

La

La larve du hanneton ronge les racines du Fraiſier ; le cloporte s'en nourrit auſſi, les fruits ſervent de repaire aux limaçons, limaces & lombrics.

359. *Fragaria ſterilis*. Le Fraiſier ſtérile.

Cette plante eſt inutile dans les prairies, on prétend qu'elle fait uriner le ſang aux vaches.

360. *Fraxinus excelſior*. Le Frêne commun.

On trouve ſur cet arbre huit inſectes ; 1°. la cantharide du Frêne, ſi uſitée dans la médecine ; 2°. le pſylle du Frêne ; 3°. le ſphinx du Fraiſier, qu'on rencontre auſſi ſur cet arbre ; 4°. la phalêne chartreuſe ; 5°. la phalêne connue par Linné ſous le nom trivial de *phalæna noctua dommula* ; 6°. la phalêne du Frêne ; 7°. la grande bitche ; 8°. la puceron auſſi du Frêne.

Tout le gros bétail aime beaucoup les jeunes pouſſes & les fruits du Frêne ; mais cette nourriture donne de l'âcreté au beurre, qui provient du lait des vaches qui en ont mangé, c'eſt pourquoi on ne doit point laiſſer de Frêne à leur portée, quand on veut avoir du bon lait & du bon beurre. Il y a des gens qui donnent au bétail des feuilles fraîches du Frêne, mais ce fourrage ne vaut preſque rien.

361. *Fraxinus ornus*. Le Frêne orne.

C'eſt de cet arbre que provient la manne, dont on ſe ſert dans l'art vétérinaire depuis la doſe de trois onces juſques même une demi-livre, que l'on fond &

délaye dans les breuvages purgatifs qu'on donne aux animaux domeſtiques.

362. *Fritillaria imperialis.* La Couronne impériale.

Sa racine eſt venimeuſe; Camerarius en fit avaler ſix gros à un chien de médiocre groſſeur; une heure après, l'animal parut triſte, vomit, trembla, eut des mouvemens convulſifs, pendant leſquels l'obſervateur l'ouvrit, il trouva l'eſtomac reſſerré, ſes tuniques d'un rouge livide, les inteſtins légèrement enflammés & excoriés; le foie, la rate & les poumons un peu livides.

363. *Fucus esculentus.* Le Fucus comeſtible.

Il peut ſervir de nourriture aux animaux.

364. *Fucus ſaccharinus.* Le Fucus porte ſucre.

Les brebis aiment beaucoup les feuilles; celles qui s'en nourriſſent, deviennent très-graſſes.

365. *Fucus confervoides.* Le Fucus en forme de Conferve.

Les brebis aiment beaucoup les feuilles de cette plante, qui ſervent à les engraiſſer.

366. *Fumaria bulboſa.* La Fumeterre bulbeuſe.

Elle eſt inutile dans les prairies, mais non entièrement dans les pâturages, car les vaches & les chevaux la mangent.

367. *Fumaria officinalis.* La Fumeterre des boutiques.

La Fumeterre accélère la coagulation du lait; elle eſt inutile dans les prairies, les chevaux & les cochons n'en veulent point; les chèvres n'y touchent que rarement, les vaches & les moutons la mangent; quand on prefcrit dans l'art vétérinaire fa poudre aux animaux dans les cas analogues à ceux de la médecine humaine, c'eft à la dofe de fix onces , & fon infufion à la dofe de deux poignées fur deux livres d'eau.

368. *Galega officinalis*. Le Galéga des boutiques.

Le Galéga paffe pour alexipharmaque & fudorifique; on le prefcrit comme tel aux animaux, en boiffon, à la dofe de deux poignées dans deux livres d'eau.

369. *Galeopfis ladanum*. La Gueule de chat.

Les vaches, les moutons, les chèvres mangent de cette plante, dont les chevaux ne veulent point, elle eft inutile dans les prairies.

370. *Galeopfis tetrahit*. Le Galéopfis tétrahit.

Il eft inutile dans les prairies & d'une foible utilité dans les pâturages; les chèvres & les moutons le mangent, mais les autres beftiaux n'en veulent point.

371. *Galeopfis galeobdolon*. Le Galéope jaune.
Cette plante plaît aux abeilles & autres infectes.

372. *Galium paluftre*. Le Caille-lait des marais.

Il eft inutile dans les prairies, mais non entièrement dans les pâturages; car les vaches, les moutons & les chevaux le mangent, les chèvres & les cochons n'en veulent point.

373. *Galium verum.* Le Caille-lait commun.

On trouve fur ce Caille-lait deux infeƐtes, le fphinx de l'Euphorbe & le morio fphinx.

On prefcrit cette plante dans l'art vétérinaire aux animaux dans les maladies analogues à celles de l'homme, c'eſt-à-dire, comme aſtringente, anti-fpaf-modique & diurétique, à la dofe d'une once en poudre, & fon fuc à la dofe d'une demi-livre ; les vaches ne mangent de cette plante que quand elle eſt verte ; les chevaux, les cochons n'en veulent point.

374. *Galium mollugo.* Le Caille-lait blanc.

C'eſt un bon pâturage ; tous les beſtiaux le mangent.

375. *Galium boreale.* Le Caille-lait du Nord.

Les chèvres, les moutons, les chevaux & quel-quefois les vaches mangent cette plante, les cochons n'en veulent point.

376. *Galium aparine.* La Grateron.

Cette plante eſt inutile dans les prairies, mais dans les pâturages tous les beſtiaux la mangent, excepté les cochons ; cependant les vaches n'en veulent point lorfqu'elle eſt sèche, & même dans cet état, elle eſt nuiſible aux chevaux ; fa femence toujours couverte de poils roides & épineux les tourmente beaucoup. On fe fert de cette plante extérieurement pour réfoudre les tumeurs dures des chevaux.

Guettard a obfervé que les poulets auxquels on donnoit avec leur pâtée de la poudre de racine de Caille-lait , rendoient des excrémens d'un rouge affez vif, & qu'ils avoient les os d'un brun couleur de rofe. Un ancien auteur a rapporté qu'une vache ayant mangé du Caille-lait, avoit rendu du lait rouge.

377. *Genifta canarienfis*. Le Genêt de Canarie.

Les abeilles & autres petits infeétes fucent les fleurs de cette plante.

378. *Genifta tinctoria*. Le Genêt des teinturiers.

On prétend que les lièvres font fort friands de ce Genêt ; on s'en fert comme de rameaux pour faire grimper les vers à foie, lorfqu'ils veulent filer ; on en prefcrit aux animaux dans l'art vétérinaire , comme apéritif, à la dofe de deux poignées dans une livre & demie d'eau.

Les vaches, les chèvres, les moutons en mangent; il y a même des pays où on le cultive pour la nourriture de ces derniers , qui mangent très-bien pendant l'hiver fes graines, ainfi que les branches féchées avec leurs coffes & leurs graines; on s'en fert auffi pour litière aux chevaux.

379. *Genifta pilofa*. Le Genêt rampant.

Il eft inutile dans les prairies , mais non dans les pâturages ; les vaches, les chèvres & les moutons le mangent; on trouve fur le Genêt la phalêne du pois.

380. *Gentiana lutæ.* La grande Gentiane.

On s'en fert beaucoup dans les maladies des beftiaux, car on obferve que les toniques & les amers font très-convenables, fur-tout aux bêtes à laine. La racine de cette plante eft la bafe de la poudre cordiale des maréchaux; on la prefcrit aux animaux à la dofe d'une once ou deux.

381. *Gentiana centaurium.* La petite Centaurée.

Les vaches ne touchent point à cette plante. Quand on la donne aux chevaux comme médicament & dans les cas analogues à ceux de l'homme, c'eft en infufion à la dofe d'une demi - poignée dans une demi-livre de vin; en poudre à la dofe d'une demi-once, & en extrait à celle de deux gros.

382. *Gentiana cruciata.* La Croifette.

Elle peut remplacer la grande Gentiane dans l'art vétérinaire.

383. *Geranium robertianum.* L'herbe à Robert.

L'herbe à Robert eft un bon vulnéraire aftringent. On peut donner aux animaux dans les cas analogues à ceux de l'homme, cette plante en poudre, à la dofe d'une demi-once. Sewenkfelt obferve que fi on donne de fa décoction au bétail qui rend du fang, elle le guérit. Elle eft inutile dans les prairies, mais non pas entièrement dans les pâturages, car les chèvres & les chevaux, quelquefois les vaches la mangent, les moutons & les cochons n'en veulent point.

384. *Geranium rotundifolium.* Le Géranium à feuilles rondes.

Ce Géranium est inutile dans les prairies, mais non entièrement dans les pâturages ; les moutons, les chevaux & quelquefois les vaches le mangent, mais les cochons n'en veulent point.

385. *Geranium sanguineum.* Le Géranium sanguin.

Il est vivace ; les vaches & les chevaux en mangent, mais les cochons n'en veulent point. Il plaît aux abeilles & autres insectes.

386. *Geranium molle.* Le Géranium, ou Bec de grue mol.

Les vaches mangent cette plante, qui est néanmoins inutile dans les prairies.

387. *Geranium cicutarium.* Le Bec de grue cicutaire.

Il est inutile dans les prairies, mais non dans les pâturages, car les chevaux & quelquefois les vaches & les moutons le mangent.

388. *Geum urbanum.* La Benoîte commune.

Cette plante est vulnéraire, stomachique, céphalique & cordiale ; quand on prescrit toute la plante aux animaux dans les cas analogues à ceux de l'homme, c'est pour l'ordinaire en décoction, à la dose d'une poignée sur une livre d'eau, & les racines en poudre à la dose d'une demi-once. Les vaches, les chèvres, les moutons, les cochons & quelquefois les chevaux en mangent.

389. *Geum rivale*. Le Benoite des rivages.

Cette plante plaît aux bétail.

390. *Glecoma hederacea*. Le Lierre terreftre.

On trouve fur cette plante la phalêne à décou-pure, & le cynips de la galle du Lierre terreftre. J. Bauhin confeille aux maréchaux de fe fervir de cette plante mêlée avec de l'avoine pour expulfer les vers des chevaux ; elle convient auffi à ces ani-maux, lorfqu'ils font attaqués de la pouffe. La dofe de Lierre terreftre dans l'art vétérinaire eft d'une demi-once en poudre, de quatre onces en fuc, & d'une poignée en infufion dans une livre d'eau. Ex-térieurement, le fuc du lierre terreftre, mêlé avec un peu de vin, eft recommandé pour enlever la taie des chevaux. Les moutons & rarement les vaches, mangent cette plante ; elle paffe pour être nuifible aux chevaux & pour occuper une place inutile dans les prairies, où elle croît beaucoup ; les co-chons n'en veulent point ; fa fleur plaît aux abeilles.

391. *Globularia vulgaris*. La Globulaire commune.

Toute la plante eft vulnéraire, déterfive. On l'emploie comme telle dans l'art vétérinaire.

392. *Gnaphalium dioicum*. Le Pied de chat.

Les moutons, les chevaux, les cochons mangent cette plante, dont les vaches & les chèvres ne veulent point.

393. *Gnaphalium fylvaticum*. L'Immortelle des bois.

Les chèvres mangent cette plante.

394. *Gnaphalium uliginosum.* L'Immortelle des marais.

Elle est inutile dans les prairies ; les vaches & les chevaux n'en veulent point.

395. *Gossypium herbaceum.* Le Coton herbacé.

On fait avaler la graîne de cette plante aux oiseaux de proie avec les médicamens qui doivent les purger.

396. *Gratiola officinalis.* La Gratiole des boutiques.

Cette plante gâte les prairies & les pâturages humides ; les chevaux maigrissent lorsqu'elle se trouve mêlée avec le foin qu'on leur donne. Les villageois d'Alsace faisoient prendre intérieurement aux bêtes à cornes la décoction de cette plante pour les guérir des maladies épizootiques qui régnoient parmi le bétail en 1748, le succès en a été souvent heureux ; on fait, suivant Rosier, des infusions avec cette plante pour les chevaux, à la dose de deux poignées dans une livre d'eau, ou bien on la macère dans du vin pour le même usage.

397. *Guaiacum officinale.* Le Gaïac des boutiques.

Le bois de cet arbre est bon pour le farcin benin produit par la transpiration arrêtée ; en pareil cas, on le donne mêlé avec le son & l'avoine, &

on n'interdit point l'exercice à l'animal. Il eſt très-bon pour la galle des moutons, ainſi que pour affermir la laine dans ſes bulbes; il fortifie pour ainſi dire les poils de bœuf, lorſqu'ils ſont ternes ou hériſſés.

La décoction ne s'emploie que pour les animaux en qui l'eſtomac eſt débile; on la préfère pour les chiens & les chats, pour combattre en eux le vice pſorique. La gomme ou la réſine du Gaïac eſt plus inciſive & plus atténuante que le bois, on la donne même en poudre, & ſi on veut qu'elle opère plus ſûrement, on l'étend dans l'eau. Quand on ſe propoſe d'en augmenter la vertu, on la fait diſſoudre dans le vinaigre, on a pour lors un alexitère puiſſant, qu'on emploie utilement contre les maladies épizootiques du bétail. La poudre du bois ſe donne depuis une once juſqu'à quatre, au cheval & au bœuf; la gomme depuis un gros juſqu'à une once; & au chien, depuis un ſcrupule juſqu'à quatre gros.

398. *Hæmatoxylum campechianum.* Le bois de Campêche.

Les ramiers, les grives, les perroquets ſont avides de ſa graine.

399. *Hedera helix.* Le Lierre grimpant.

Les moutons & les chevaux mangent de cette plante, dont les vaches & les chèvres ne veulent point.

400. *Hedyfarum coronarium.* Le Sainfoin d'Efpagne, le Sulla.

Le fourrage de cette plante eft excellent pour les chevaux & mulets qu'on fait beaucoup travailler, il échaufferoit & engraifferoit trop ceux qu'on ne fatigue point ; les vaches & les brebis nourries de cette herbe abondent en lait.

401. *Hedyfarum onobrichis.* Le Sainfoin du Dauphiné.

Le Sainfoin eft le foin le plus appétiffant, le plus nourriffant & le plus engraiffant qu'on puiffe donner aux chevaux & aux beftiaux ; il les ragoûte fingulièrement, il donne beaucoup de lait aux vaches. Cependant il faut obferver de ne pas donner cette plante verte aux beftiaux, il faut même les habituer peu à peu à celle qui eft sèche, en ne leur en donnant qu'une petite quantité à la fois, car ils la mangent avec trop d'avidité ; de plus le Sainfoin leur procure tant de fang, qu'on en a vu en danger d'être fuffoqués ; fa graine eft très-propre à nourrir les poules, à les échauffer, & à les faire pondre fouvent.

402. *Helianthus annuus.* Le Soleil annuel.

Les beftiaux en mangent les feuilles, fes graines font une excellente nourriture pour la volaille, & fa fleur eft utile aux abeilles dans une faifon où la plupart des autres fleurs font paffées.

403. *Helianthus tuberofus.* Le Topinambour.

Les beftiaux mangent les feuilles de cette plante ;

on prétend même qu'on pourroit en donner pour nourriture aux vers à foie ; les racines fourniffent une bonne nourriture en hiver pour les moutons.

404. *Heliotropium europæum.* L'herbe aux verrues. Cette plante eft funefte aux fourmis.

405. *Helleborus niger.* L'Ellébore noir.

Chomel confeille avec fuccès la racine d'Ellébore en forme de cautère, pour préferver les vaches de la maladie qui régnoit en 1748.

406. *Helleborus fœtidus.* L'Ellébore puant.

407. *Helleborus viridis.* L'Ellébore vert.

Ces deux efpèces font d'ufage pour les animaux, on leur donne la racine en poudre à la dofe d'un demi-gros, de même que fon extrait. On applique cette racine en forme de cautère fous la gorge des chevaux pour les guérir de l'état de langueur où ils peuvent fe trouver ; fous celle des vaches, pour les garantir des maladies épizootiques qui peuvent régner dans le bétail ; fous la queue des brebis, pour leur faire paffer le clavin, & fous l'oreille des porcs pour les préferver des maladies peftilentielles auxquelles ils font fujets. On fait dans ces cas un trou à la peau de ces différens animaux, on enfonce cette racine dans le trou, & on l'y laiffe pendant vingt-quatre heures ; cela donne lieu à une efpèce de dépôt qui eft toujours favorable dans ces cas.

408. *Heracleum fpondylium.* La Berce.

Cette plante occupe une place trop confidérable

dans les prairies pour l'y garder ; cependant les vaches, les chèvres, les moutons, les cochons, & quelquefois les chevaux en mangent, les lapins & les lièvres en font très-friands.

409. *Herniaria glabra.* L'Herniaire liſſe.

410. *Herniaria hirſuta.* L'Herniaire hériſſée.

Ces petites plantes ſont inutiles dans les prairies ; cependant les vaches, les moutons & les chevaux mangent la première, dont les chèvres & les cochons ne veulent point.

Quand on donne aux animaux l'Herniole dans les cas analogues à ceux de l'homme, on preſcrit ſon ſuc à la doſe de ſix onces ; ſa poudre, à celle d'une demi-once ; & ſa décoction, à celle de trois poignées dans une livre & demie d'eau. Ces plantes ſont diurétiques & aſtringentes.

411. *Hibiſcus mutabilis.* Le Gombo changeant.

On trouve ſur cette plante un papillon que Linné nomme *papilio eques polydamas* ; il eſt gravé dans l'*Hiſtoire des Inſectes de Surinam, planche 31.*

412. *Hibiſcus abelmoſchus.* L'herbe au muſc, le Gombo muſqué.

On ſe ſert des feuilles de cette plante pour engraiſſer les poulets d'Inde.

413. *Hieracium piloſella.* La Piloſelle.

On dit que la Piloſelle eſt mortelle pour les moutons, cependant ils en mangent quelquefois, de même que les chèvres ; les vaches & les chevaux

n'en veulent point. On en donne dans l'art vétérinaire aux chevaux comme vulnéraire, aſtringente,
déterſive & fébrifuge, l'infuſion à la doſe de deux
poignées ſur deux livres d'eau.

On trouve dans la racine de la Piloſelle la cochenille qui porte ſon nom, dont on pourroit tirer
une teinture très-belle.

414. *Hieracium dubium*. La Chicoracée douteuſe.

Elle eſt inutile dans les prairies, mais non entièrement dans les pâturages, puiſque les moutons la
mangent.

415. *Hieracium auricula*. L'Éperviaire oreillée.

Les vaches mangent cette plante, qui néanmoins,
vu ſa petiteſſe, eſt inutile dans les prairies.

416. *Hieracium murorum*. La Pulmonaire du
françois.

Les chevaux mangent cette plante, mais elle eſt
nuiſible aux autres beſtiaux, dont elle enflamme
la bouche & l'eſtomac par ſes aigrettes, ſuivant
Schreber. On trouve ſur cette plante le cynips, qui
porte ſon nom.

417. *Hieracium umbellatum*. La Chicoracée om-
bellée.

Cette plante, d'une odeur aſſez forte, eſt inutile
dans les prairies, mais non dans les pâturages, car
tous les beſtiaux la mangent.

418. *Hippomane mancinella*. Le Manceniller ordinaire.

Comme il tombe quelquefois des fruits du Mancenilier dans les eaux, & qu'il s'y trouve des animaux cruſtacés & teſtacés qui s'en nourriſſent, on prétend que c'eſt par là que la chair devient un vrai poiſon.

419. *Hippuris vulgaris.* La vraie Peſſe d'eau.

Les chèvres la mangent, les autres beſtiaux n'en veulent point; les oies ſauvages en ſont fort friandes.

420. *Holcus ſorghum.* Le Millet d'Afrique.

On donne la graine de cette plante aux oiſeaux tant de volière que de baſſe-cour. Cœſalpin prétend que ſi un bœuf mange la plante verte, il enfle & meurt, & que s'il la mange sèche, elle lui profite; l'expérience doit en décider.

421. *Holcus lanatus.* La Houque laineuſe.

C'eſt un excellent pâturage pour les vaches.

422. *Hordeum vulgare.* L'Orge commune.

On trouve quelquefois ſur les feuilles de cette plante une larve qui ſe métamorphoſe en un criocère bleu à corcelet rouge. L'Orge ſert de nourriture aux beſtiaux & à la volaille; elle a la propriété de leur procurer une chair ferme & une graiſſe blanche; elle eſt ſouvent très - bonne aux moutons l'hiver, mais ils ne mangent pas les balles d'Orge, la paille de l'Orge barbue peut leur être nuiſible, à cauſe des barbes qui s'attachent à la laine.

423. *Hordeum hexaſtichon.* L'Orge à ſix rangs.

Même propriété que celle de la précédente.

424. *Hordeum murinum*. L'Orge des murs.

425. *Hordeum fecalinum*. L'Orge des pâturages.

Les moutons & les chevaux mangent de ces deux plantes.

426. *Hottonia paluftris*. La Plumette.

Les vaches mangent cette plante, dont les cochons ne veulent point.

427. *Humulus lupulus*. Le Houblon.

On trouve fur cette plante plufieurs infectes, tels que le paon du jour, la phalêne ailée brune à bafe fauve, & deux autres phalênes nommées par Linné *phalena bombyx celfia*, & *phalena pyralis roftralis*. Tous les beftiaux mangent de cette plante.

428. *Hura crepitans*. Le Mamam caco, faifant du bruit.

Le fruit de cet arbre fert de purgatif aux perroquets.

429. *Hydrocotyle vulgaris*. L'Ecuelle d'eau commune.

Gelditfch dit que cette plante eft très-nuifible, qu'elle occafionne des inflammations & une urine fanguinolente aux brebis.

430. *Hyofciamus niger*. La Jufquiame noire.

On trouve fur cette plante la punaife rouge & à croix de chevalier, dont Linné fait mention dans fon *Syftema naturæ*, édition 12.

De

De tous les animaux domeſtiques, il ne ſe trouve que la chèvre qui en mange quelquefois, & les moutons qui recherchent ſeulement ſes fleurs, lorſqu'elles ſont récentes ; quand les vaches viennent à avaler de ſes jeunes pouſſes, elles tombent auſſitôt dans un aſſoupiſſement, dont on a bien de la peine de les tirer, & même de les empêcher de mourir ; nous ignorons encore le remède qui leur convient dans ce cas. Cette plante n'eſt pas moins mortelle aux oies, aux poules & autres oiſeaux, de même qu'aux poiſſons, lorſqu'ils ont le malheur d'en avaler ; les maquignons donnent cependant ſes graines dans l'avoine pour engraiſſer les chevaux qu'ils veulent vendre ; les rats ſont fort friands de la même graine, & ils n'en ont aucune incommodité.

431. *Hypericum quadrangulare.* Le Mille-pertuis carré.

Quand cette plante eſt jeune, elle fournit un aſſez bon fourrage pour les vaches, les chèvres & les moutons, mais les chevaux & les cochons n'en veulent point.

432. *Hypericum perforatum.* Le Mille-pertuis commun.

Même propriété que celle de l'eſpèce précédente.

433. *Hypericum hirſutum.* Le Mille-pertuis velu.

Les moutons mangent cette plante dont les chevaux ne veulent point.

I

434. *Hypochœris radicata.* Le Porcelette à grandes fleurs.

Les pourceaux font fort friands de cette plante, ce qui lui a fait donner le nom d'herbe aux pourceaux.

435. *Jacquinia armillaris.* La Jacquin armillaire; le bois branchu.

Les feuilles broyées de cette plante jettées dans la rivière enivrent les poiffons, ce qui fait qu'on les peut prendre à la main.

436. *Jasminum officinale.* Le Jafmin des boutiques.

On trouve fur ce Jafmin deux infectes, dont l'un fe nomme le fphinx à tête de mort, & le fecond, la phalène jafpée.

437. *Jasminum grandiflorum.* Le Jafmin à grandes fleurs.

On trouve à Surinam, fous cet arbriffeau, un grand nombre de lézards, d'iguanes & de ferpens, principalement un ferpent rare & affez beau, représenté dans la 46ᵉ planche des infectes de Surinam, par mademoifelle de Mérian. On trouve auffi fur les feuilles de ce Jafmin une chenille noire qui fe change en belle nymphe & de là dans une phalène cendrée, dont les ailes de deffus font jaunes.

438. *Jatropha goffipifolia.* Le Manihot à feuilles de Citronnier.

Mademoifelle de Mérian a trouvé fur cette plante,

1º. une grosse chenille verte, qui se transforme en une nymphe couleur de rose sèche, & de là en une grande phalêne, dont le corps étoit orné de six taches rondes couleur d'orange. Le même auteur dit aussi avoir trouvé sur les feuilles de ce Manihot une petite chenille, dont il est provenu après avoir passé par l'état de nymphe, un petit papillon couleur d'or bordé de noir.

439. *Jatropha manihoc.* Le vrai Manihot, la Cassave.

Mademoiselle de Mérian a pareillement trouvé sur ce Manihot deux sortes d'insectes, dont l'un se nomme par Linné *papilio nympalis jatropha ;* ce papillon est tacheté de noir & de blanc; la chenille est brune & velue ; le second est une belle phalêne, parfaitement tachetée de noir & de blanc, avec des taches couleur d'orange sur le corps; elle provient d'une chenille dont la tête & le derrière sont couleur de sang, & tout le corps rayé de noir & de jaune.

440. *Ilex aquifolium.* Le Houx.

C'est avec l'écorce intérieure de cet arbuste que l'on fait la meilleure glu ; on la broye pour en former une espèce de pâte que l'on enferme dans un pot à la cave pour la faire pourir, ensuite on la lave afin d'enlever les fibres ligneuses.

441. *Illicium anisatum.* L'Anis étoilé.

Kempfer dit que l'Anis étoilé augmente la violence

du poifon que fournit le poiffon nommé *tetraodon ocellatus* ; ce poiffon eft le bladder fich des Anglais. La plante décrite par Kempfer, fous le nom de *rex amoris*, en eft le contre-poifon le plus affuré.

442. *Impatiens noli me tangere.* La Balfamine jaune.

Boerrhave la croit venimeufe ; cependant les chèvres la mangent, les autres beftiaux n'en veulent point.

443. *Inula helenium.* L'Aunée.

Quand on fait prendre aux animaux domeftiques les racines d'Aunée dans les cas analogues à ceux de l'homme, la dofe en infufion, lorfqu'elle eft fraîche, eft de quatre onces, & la poudre de cette même racine, lorfqu'elle eft sèche, eft d'une demi-once. Renaudot affure que prife dans du vin ou du vinaigre, elle guérit les moutons d'une maladie pefti-lentielle qu'on nomme claveau, & qui n'eft autre chofe qu'une efpèce de petite vérole. Les vaches, les moutons & les cochons n'en veulent point ; les chèvres & les chevaux la mangent.

444. *Iris germanica.* L'Iris commun.

Sa racine eft mife au nombre des hydragogues. Quand on prefcrit fon fuc aux animaux comme tel, c'eft à la dofe de quatre onces.

445. *Iris tuberofa.* L'Hermodatte.

On regarde la racine de cette plante comme pur-gative. Quand on la donne aux animaux comme telle, c'eft à la dofe d'une once.

446. *Isatis tinctoria.* Le vrai Pastel.

Margraff a observé sur cette plante un insecte qui tire toutes les parties de couleur bleue qui y sont contenues , & en prend la couleur ; il a remarqué que cet insecte ne fait son opération que sur les feuilles qui commencent à se pourrir. Le Pastel peut servir d'aliment aux bestiaux ; les animaux domestiques en font fort friands & même autant que du trefle. On en fait la récolte trois ou quatre fois l'année , & comme elle conserve sa verdure, on a par cette plante l'avantage d'avoir toujours une nourriture fraîche pour les bestiaux ; les vaches & les chevaux l'aiment sur-tout beaucoup.

447. *Juglans regia.* Le Noyer.

Les écureuils, les rats & les souris font fort friands des noix. Les maréchaux se servent de la décoction des feuilles de noyer pour faire pousser les crins des chevaux & prévenir la galle ; on prétend qu'un cheval qui a été épongé avec la décoction des feuilles de noyer , n'est point tourmenté des mouches pendant la journée.

448. *Juglans alba.* Le Noyer blanc , le Hicori de la Virginie.

Ses fruits font d'un grand secours pour les cochons & plusieurs espèces de bêtes sauvages.

449. *Juglans nigra.* Le Noyer noir.

Les écureuils & autres animaux en font fort friands.

450. *Juncus conglomeratus.* Le Jonc congloméré.

Les vaches & les chèvres le mangent, tandis qu'il est verd; mais il est désagréable aux moutons, de même que la plupart des plantes qui croissent dans les prés marécageux.

451. *Juncus effusus.* Le Jonc épars.

Les vaches, les chèvres & les chevaux le mangent, tandis qu'il est vert, mais il est désagréable aux moutons.

452. *Juncus squarrosus.* Le Jonc rude au toucher.

Il est inutile dans les prairies, cependant les chevaux le mangent.

453. *Juncus articulatus.* Le Jonc articulé.

454. *Juncus bufonius.* Le Jonc des crapauds.

Les vaches n'y touchent point, cependant les chevaux mangent du dernier.

455. *Juncus pilosus.* Le Jonc velu.

Les chèvres, les chevaux, les moutons le mangent, mais on a peur qu'il ne soit nuisible aux derniers; les vaches n'en veulent point.

456. *Juniperus sabina.* La Sabine commune.

Les villageois font usage d'un cataplasme fait de feuilles de Sabine pilées & incorporées avec de l'huile d'olive & du sel, pour résoudre les tumeurs des chevaux & des brebis. Quand on prescrit intérieurement la Sabine aux animaux, c'est toujours à la dofe de deux onces de fes feuilles en infufion, & à celle d'un gros ou de deux gros de fon huile diftillée. On regarde la Sabine comme très-dangereufe pour les chèvres ; les maréchaux en font grand ufage dans les maladies des chevaux, furtout pour leur donner de l'appétit.

457. *Juniperus communis.* Le Genèvrier commun.

Les baies de Genièvre fe prefcrivent aux animaux à la dofe d'une poignée dans l'avoine ou le fon ; leur infufion à la dofe d'une livre ; l'extrait à celle de deux onces, & l'huile effentielle à celle d'une demi-once, & toujours dans les cas analogues à ceux de la médecine humaine. Lorfqu'on prefcrit le bois dans les tifannes fudorifiques, c'eft toujours depuis deux onces jufqu'à quatre. Les merles & les grives fe nourriffent des graines de Genièvre, mais leur chair n'eft pas pour lors fi agréable que quand ils fe font engraiffés de raifins ; les chèvres, les moutons & les chevaux mangent des feuilles de cet arbriffeau.

458. *Juniperius oxycedrus.* Le Genèvrier cèdre.

On fe fert de l'huile qu'on a coutume d'en tirer en Provence pour guérir la galle des brebis.

459. *Kalmia latifolia.* Le Kalm à longues feuilles.

Quoique les daims mangent des feuilles de cet arbrifeau avec impunité, cependant lorfque les chevaux, que de rudes hivers ont privés d'une meilleure nourriture, font obligés d'y avoir recours, il en meurt un grand nombre chaque année.

460. *Lactuca fativa.* La Laitue cultivée.

On trouve fur cette plante trois fortes d'infectes, le puceron de la Laitue, la phalêne furnommée la bordure enfanglantée, & la phalêne lambda; les oifeaux font fort friands de fa femence. On donne des feuilles de Laitue aux cochons & à la volaille pour aliment.

461. *Lagœcia cuminoides.* Le Cumin fauvage.

Quand on emploie la femence de cette plante comme carminative pour les animaux, c'eft en infufion.

462. *Lamium album.* L'Ortie blanche.

On trouve fur cette plante & fur les autres efpèces du même genre, le grand vertu-bleu, qui eft une chryfomèle. Quand on prefcrit du fuc de cette plante aux animaux dans les cas analogues à ceux de la médecine humaine, c'eft à la dofe d'une demi-livre; les chèvres, les moutons, & quelquefois les vaches en mangent, mais les chevaux & les cochons n'en veulent point.

463. *Lamium purpureum.* Le Lamier pourpre.

Les chèvres, les moutons, les chevaux le mangent; les vaches n'en veulent point.

464. *Lamium amplexicaule.* Le Lamier amplexi-caule.

Les chèvres, les moutons, les chevaux en mangent.

465. *Lapfana communis*. La Lampfane commune.

Tous les beftiaux la mangent, excepté les chèvres; les vaches n'en veulent point, lorfqu'elle eft sèche.

466. *Laferpitium latifolium*. Le Lafer à feuilles larges.

On affure s'en être fervi utilement dans les maladies des beftiaux ; les vaches, les chèvres, les moutons en mangent : c'eft un très-bon fourrage. On trouve fur cette plante & les autres efpèces de fon genre, la plupart des infectes qu'on trouve fur toutes les plantes ombellifères.

467. *Lathyrus cicer*. La Geffe à fleurs pourpres.

Sa graine fert à nourrir la volaille dans les pays où on la cultive.

468. *Lathyrus latifolius*. La Geffe à feuilles larges.

Cette plante fournit un bon fourrage pour les beftiaux.

469. *Lathyrus tuberofus*. La Geffe tubereufe.

Cette plante fournit un bon pâturage.

470. *Lathyrus pratenfis*. La Geffe des prés.

C'eft un excellent fourrage pour les beftiaux; les vaches, les chèvres, les moutons, les chevaux la mangent; mais on ne la cultive guère, parce que la chaleur & la sèchereffe la font aifément avorter.

471. *Lathyrus fylveftris*. La Geffe fauvage.

Les vaches, les chèvres, les moutons & les chevaux mangent cette plante, qui fournit un bon fourrage ; cependant il eſt certains auteurs qui prétendent que les beſtiaux n'en mangent point à cauſe de ſa puanteur, ce que nous nous garderons bien d'atteſter.

472. *Lavandula ſpica.* La Lavande , l'Aſpic.

L'huile d'aſpic eſt un ſouverain remède pour les brebis attaquées de la morve ou de quelqu'autre maladie contagieuſe, ou lorſqu'elles ont des obſtructions mortelles. On trempe une plume dans cette huile, & on l'inſinue dans les nazeaux de chaque bête malade , & auſſitôt on brûle cette plume ſans la faire ſervir à une autre , ſoit malade , ſoit ſaine. On met l'huile d'aſpic dans les colombiers pour y attirer les pigeons. Nous avons employé pluſieurs fois les feuilles & fleurs de Lavande , que nous faiſions cuire avec de l'orge , pour ſervir d'amorce aux poiſſons ; toute la plante & ſur-tout ſon huile eſſentielle ſont ennemis des inſectes.

473. *Laurus cinnamomum.* Le Cannellier.

L'écorce de cet arbre , ſelon Bourgelat & d'autres auteurs , eſt tonique, cordiale, ſtomachique, carminative, anti-putride, &c. Donnée en poudre dans le vin chaud , elle eſt très-ſudorifique , & par conſéquent un remède puiſſant contre la fourbure, provenant d'une tranſpiration arrêtée ; mais il faut l'adminiſtrer dans le principe du mal , &

après avoir fait ufage de la faignée, des lavemens, &c., afin de parer à l'effet d'une trop forte
raréfaction.

Ce même breuvage fert avec non moins de fuccès
dans toutes les maladies caufées par le froid extérieur, telles que certaines fièvres éphémères, des
fluxions, des catharres, dès qu'on a la précaution
de l'introduire au moment de l'apparition du mal
& avant toute difpofition inflammatoire.

Il fert même très-utilement pour déterminer, de
l'intérieur à l'extérieur, des dartres, des galles, des
maux aux jambes, des peignes, des malandres, &c.
qui auroient été imprudemment guéries, ou plutôt
percutées par des topiques ftiptiques ou deffica-
tifs, & lorfque l'application du véficatoire, fur le
lieu où croît le mal, aura été néceffaire pour le rétablir, la canelle en a parfaitement fecondé l'action.

Cette fubftance s'adminiftre auffi en poudre, incorporée dans le miel commun, pour des foibleffes,
pour des évanouiffemens dûs à la débilité des folides à la fuite d'une maladie longue, ou à des évacuations confidérables, &c. On mêle auffi quelquefois dans cette même vue cette poudre avec les
remèdes indiqués pour les maladies effentielles. S'il
eft néceffaire de foutenir les forces de l'eftomac &
d'exciter plus de jeu dans les fonctions vitales, on
la fait prendre incorporée dans l'extrait de genièvre. Dans les circonftances où l'on a adminiftré

des ftimulans intérieurs très-actifs pour rappeller à la vie des animaux qui tout à coup avoient été frappés d'une diminution fubite des actions vitales & animales, d'un engourdiffement, d'une ftupeur, d'une paralyfie, d'une apoplexie, &c., on a recours à cette même poudre, donnée dans le vin, où on a eu la précaution de la laiffer infufer à froid pendant quelques heures, pour rétablir les forces épuifées par les mêmes ftimulans.

Cette même poudre eft encore très-efficace dans la leucophlegmatie ou anafarque, dans l'hydropifie, dans l'œdématie : on la combine alors avec les martiaux.

On donne la Canelle depuis quatre gros jufqu'à deux onces pour le cheval & le bœuf, & depuis deux fcrupules jufqu'à une once pour les petits animaux. Mais comme ce remède eft un peu cher, on lui fubftitue, dans l'art vétérinaire, des fubftances d'un moindre prix, telles que la canelle blanche, la canelle giroflée & les aromates françois qui font encore moins difpendieux.

474. *Laurus camphora.* Le Laurier camphre.

C'eft de cet arbre qu'on tire le camphre qui fe vend dans les boutiques; il eft calmant. On l'emploie dans les fièvres effentiellement inflammatoires, dont la violence peut mettre fin à la vie de l'animal malade; dans les cas d'érétifme général ou particulier, d'épreintes, de crifpations d'entrailles,

d'où réfultent des tranchées vives & cruelles que
les animaux éprouvent dans le plus grand nombre
des opérations chirurgicales.

Il eft anti-fpafmodique ; on le donne comme tel
dans les tenefmes ou mal du cerf, & généralement
dans tous les mouvemens convulfifs. Dans ce cas,
on le fait prendre diffout dans la liqueur anodine
minérale d'Hofman.

Si on le fait diffoudre à la dofe d'une once dans
une fuffifante quantité de mucilage de gomme arabique, & qu'on étende cette diffolution dans un
peu d'eau blanchie par le fon de froment, on a
une boiffon anti-phlogiftique très-efficace pour appaifer les inflammations, foit générales, foit particulières, & pour éteindre les foifs ardentes qui
dévorent l'animal dans certaines fièvres.

Diffout dans l'eau-de-vie ou dans l'efprit-de-vin,
c'eft un cordial puiffant ; il réfifte à la pourriture,
il fortifie la maffe contre l'attaque d'un ferrement
contagieux ; on l'emploie comme un alexipharmaque
puiffant dans le plus grand nombre des maladies
épizootiques ; on donne pour lors de cette diffolution, on peut en étendre dans une décoction de
baies de genièvre ou de dompte-venin, ou alliée
au quinquina, ou étendue dans une infufion de
fleurs de furcau. On s'en fert auffi en forme de
mafticatoire. Cette diffolution, appliquée à l'extérieur, en friction, eft très-réfolutive. On l'emploie

utilement pour diffiper les tumeurs récentes, dont la caufe eft une contufion ou fuffufion. Réduite fous la forme d'une pâte molle par le moyen d'une très-légère quantité d'efprit-de-vin, on l'emploie comme un tonique très-réfolutif & très-efficace lors de la dilacération récente du ligament capfulaire, de l'articulation de l'os de la couronne & du pied, après l'extirpation du cartilage dans l'opération du javart.

Il opère les effets d'un bon béchique incifif, lorf-qu'on en fait humer la vapeur en la faifant brûler fur une peile chauffée.

Le camphre diffout dans une huile douce, telle que l'huile d'olive, d'amandes douces, de faîne, ou le jaune d'œuf, forme un bol déterfif, excellent pour favorifer la végétation des chairs, fur les furfaces tendineufes, ligamenteufes, cartilagineufes; l'un & l'autre de ces mêlanges eft un très-bon béchique anti-fpafmodique, qui convient, lorfque le fpafme eft joint à l'inflammation, qu'il y a des matières à expectorer, & que l'évacuation en eft difficile.

Diffout dans un jaune d'œuf, & battu enfuite dans l'eau commune, au moyen de la tranfvérfion fucceffive de cette liqueur d'un pot dans un autre, il appaife les inflammations qui furviennent quelquefois dans les glandes odoriférantes de tyfon, par la faute & la négligence des palfreniers peu attentifs à laver le fourreau, & cette lotion eft encore très-bonne pour réprimer les difpofitions au paraphymofis.

Le camphre se donne intérieurement aux grands animaux depuis deux gros jusqu'à deux onces, & aux petits depuis un demi-gros jusqu'à quatre.

475. *Lauris nobilis.* Le Laurier commun.

On emploie souvent à l'extérieur pour les chevaux, de l'huile de Laurier. Quand on prescrit les feuilles & les baies de Laurier intérieurement aux chevaux & aux bœufs, c'est depuis quatre gros jusqu'à deux onces, & pour le mouton jusqu'à une once.

Le vinaigre dans lequel on a écrasé & fait bouillir des baies de Laurier, pris intérieurement, est un puissant alexitère, qu'on donne aux bestiaux dans les maladies malignes & gangreneuses; le vin dans lequel on a fait le même procédé, est cordial, il convient lorsque les animaux ont été vivement affectés par le froid, les neiges les plus froides, & que la roideur s'empare de leurs membres; on peut aussi en frotter les parties extérieures pour les fortifier; on se sert des baies de Laurier pour les parfums; si elles ont été macérées dans le vinaigre, le parfum est anti-pestilentiel.

476. *Laurus persea.* Le Laurier de Perse, le Poirier d'avocat.

Tous les animaux mangent des fruits de cet arbre, poules, vaches, chiens & chats.

477. *Laurus benjoin.* Le Laurier benjoin.

C'est de cet arbre qu'on tire le benjoin; cette

substance est tonique, anti-spasmodique, incisive, atténuante, principalement dans les maladies du poumon ; le benjoin est salutaire contre les pousses humides, dans les toux opiniâtres, lorsque tous ces accidens sont produits par la foiblesse de la tissure pulmonaire ou par la viscosité de la lymphe, qui enduit l'intérieur des bronches & des vésicules de cet organe. On l'emploie avec succès dans le cas de cette espèce de pesanteur & d'engourdissement, qui dans l'animal présage l'apoplexie, lorsque la constitution est cachectique ; en pareil cas, il fortifie le viscère dont la tissure pèche par laxité.

Appliqué à l'extérieur en forme d'emplâtre, il résout les tumeurs pour lesquelles on l'emploie ; on en fait usage en poudre pour consolider les chairs, pour hâter la cicatrisation retardée par une humidité trop abondante, & par le relâchement des canaux qui tapissent le fond de la cavité ulcérée. Les fleurs de soufre ont la propriété du benjoin, mais on en fait rarement usage dans la médecine vétérinaire, vu sa cherté ; la dose du benjoin pour le cheval est depuis un gros jusqu'à six ; pour le bœuf, depuis un gros jusqu'à une once ; & pour le chien, depuis six grains jusqu'à trente-six.

478. *Laurus sassafras.* Le Laurier sassafras.

Le bois de ce Laurier est diaphorétique, fondant ; il en faut continuer l'usage pendant long-temps ; on l'emploie dans les maladies chroniques, telles que

les

les eaux aux jambes, le farcin, les maladies dar-
treufes; on le donne auffi dans les cas d'engorgemens froids des glandes & dans diverfes affeĉtions
cacheĉtiques, dans lefquelles il faut atténuer les humeurs & pouffer à la peau.

On donne la décoĉtion du Saffafras le plus chaud
poffible, dans les cas de tranfpiration arrêtée ; on
lui affocie pour lors le fel ammoniac ; on adminiftre
ce bois en poudre, on en donne la décoĉtion ; on
l'emploie feul ou avec l'antimoine & fes prépara-
tions ; avec le favon, la gomme, la réfine, le
fer, &c. On fait manger quelquefois la poudre de
Saffafras avec le fon ou l'avoine & le fel commun ;
la dofe en poudre pour le cheval & le bœuf eft
depuis une once jufqu'à trois ; & pour le mouton,
depuis quatre gros jufqu'à une once.

479. *Lecythis amara.* La Quatelée amère.

Les finges mangent les amandes du fruit de cet
arbre, auffi les Créoles nomment-ils ce fruit petite
marmite du finge.

480. *Lecythis parviflora.* La Quatelée à petites
fleurs jaunes.

Les finges en mangent les amandes.

481. *Lecythis zabucajo.* La Quatelée zabucée.

Les oifeaux & les finges s'en nourriffent.

482. *Lecythis minor.* La Quatelée petite.

Les finges font friands de cet arbre, auffi appelle-t-on
la Quatelée, dans le pays où il croît, *ollita de mono.*

K

483. *Ledum paluſtre.* Le Ledon des marais.

Si on lave les bœufs & les cochons avec la dé-coction de cette plante, elle les guérit des poux; ſes rameaux éloignent les rats des maiſons & chaſſent les punaiſes.

484. *Lemna minor.* La Canillée.

Les canards & les oies recherchent beaucoup cette plante, dont ils ſont très-friands.

485. *Leontodon taraxacum.* Le Piſſenlit.

Elle eſt inutile dans les prairies, mais non pas abſolument dans les pâturages; les chèvres, les cochons & quelquefois les vaches & les moutons mangent cette plante, dont les chevaux ne veulent point.

486. *Leonurus cardiaca.* L'Agripaume officinal.

Les maquignons & les maréchaux emploient l'Agripaume avec ſuccès dans pluſieurs maladies des chevaux & des bœufs; les chèvres, les moutons, les chevaux & quelquefois les vaches en mangent; les cochons n'en veulent point; elle plaît beaucoup aux abeilles.

487. *Lepidium ſativum.* Le Creſſon alenois ou Naſitor.

Quand on donne aux animaux le ſuc d'Alenois, comme atténuant, inciſif & déſobſtructif, & dans les cas analogues à la médecine humaine, c'eſt à la doſe de quatre onces, & ſon infuſion à la doſe d'une poignée dans une livre d'eau.

488. *Lepidium latifolium.* La grande Pafferage.

Lorfqu'on donne aux animaux, dans les cas ana-logues à la médecine humaine, les feuilles sèches de cette plante, c'eft à la dofe d'une demi-once ; elles font ftomachiques & anti-fcorbutiques.

489. *Lepidium ruderale.* La Pafferage des dé-combres.

On prétend que cette plante a la propriété de chaffer les punaifes par fa forte odeur.

490. *Lichen iflandicus.* Le Lichen d'Iflande.

On engraiffe très-bien les cochons avec cette plante, qui rétablit auffi les vaches maigres.

491. *Lichen pulmonarius.* Le Lichen pulmonaire.

On s'en fert pour calmer la toux des beftiaux.

492. *Lichen rangiferinus.* Le Lichen des rennes.

C'eft le principal aliment des rennes, animaux fi utiles dans la Laponie ; les cerfs mangent auffi cette plante.

493. *Ligufticum levifticum.* La Livèche ou Ache des montagnes.

Ses vertus font les mêmes que celles de l'Angé-lique. Cette plante eft alexipharmaque, carmina-tive, diurétique, utérine & vulnéraire. Quand on prefcrit fa racine aux animaux, dans les cas ana-logues à ceux de l'homme, c'eft depuis une demi-once jufqu'à une once. On trouve fur cette plante un fcarabée qui fe nomme pour cette raifon fcarabée de la Livèche.

494. *Liguſtrum vulgare.* Le Troëne.

On trouve ſur cet arbriſſeau un ſphinx, auquel on a donné le nom de ſphinx du Troëne ; les vaches , les chèvres & les moutons mangent le Troëne , mais les chevaux n'en veulent point. Quand on preſcrit dans l'art vétérinaire le Troëne aux animaux comme aſtringent , c'eſt en décoêtion à la doſe de deux poignées ſur une livre & demie d'eau.

495. *Lilium album.* Le Lys blanc.

Dans l'art vétérinaire , on n'emploie qu'à l'extérieur l'Oignon de Lys , & ce , dans tous les cas où convient l'Oignon ordinaire.

496. *Linum uſitatiſſimum.* Le Lin commun.

La pâte de graine de Lin exprimée , ſert pour engraiſſer les beſtiaux. Cette graine fournit par la décoêtion un mucilage fin , très-adouciſſant ; qu'on emploie avec ſuccès dans les ardeurs d'urine des animaux , & en général dans toutes les inflammations des viſcères uropoïétiques , dans les ſuperpurgations , dans les téneſmes , les diarrhées , les dyſſenteries , &c.

La décoêtion de graine de Lin ſert le plus ſouvent de véhicule aux breuvages tempérans , inciſifs & purgatifs. Cette même décoêtion aſſociée au camphre , forme un collyre qui convient dans l'ophthalmie. Si on lave avec cette dernière décoêtion les parties affeêtées du virus pſorique cinq à ſix fois le jour, le prurit cesse aussi-tôt. Cette même lotion arrête les progrès de la gangrène, facilite la guérison des érésipèles, des dartres, &c. Elle est encore très-efficace pour résoudre les tumeurs inflammatoires; elle les fait aboutir. Si on emploie cette même décoction pour des bains dans lesquels on met les jambes des chevaux affectés de crevasses, de mules traver-sières, on arrête par là les progrès extérieurs de ces maladies.

La graine de Lin moulue s'emploie sous le nom de farine de Lin pour cataplasmes dans les tumeurs dures & phlegmoneuses; on s'en sert alternative-ment encore dans les cataplasmes résolutifs, dans les nerfs fourrures, les ganglions anciens & modernes. On tire par expression du Lin une huile adoucissante, propre pour faciliter l'extension des tendons raccour-cis. Quand cette graine manque, on a recours à la racine d'Althéa.

497. *Liriodendrum tulipifera.* Le vrai Tulipier.

On trouve ordinairement sur le Tulipier le nid d'un oiseau qui se nomme *baltimore*, du nom des armes du milord Baltimor, qui sont au Champ d'or & de sable, palé de Six, à la bande con-trepalée des mêmes. Cet oiseau est à-peu-près de la grosseur d'un moineau; il pèse un peu plus d'une once. Son bec est conique & fort pointu; depuis la tête jusqu'au milieu du dos, il est d'un noir lustré; ses ailes sont noires, excepté la partie supérieure, qui eſt jaune ; la plupart des plumes ſont bordées de blanc des deux côtés ; tout le reſte de ſon corps eſt d'une couleur brillante , entre le rouge & le jaune ; les deux plumes ſupérieures de ſa queue ſont noires & les autres jaunes ; ſes jambes & ſes pieds ſont de couleur de plomb ; il diſparoît en hiver ; il attache ſon nid d'une manière particulière , & ordinairement à l'extérieur d'une groſſe branche du Tulipier , en ſorte qu'il n'eſt ſoutenu que par deux petits rejetons qui entrent dans ſes bords.

498. *Lithoſpermum officinale*. Le Grémil des boutiques.

Les chèvres & les moutons en mangent , les autres beſtiaux n'en veulent point. Cette plante eſt diurétique en médecine ; on donne ſa graine aux animaux dans les cas analogues à ceux de la médecine humaine à la doſe d'une demi-once.

499. *Lithoſpermum arvenſe*. Le Grémil des champs.

Les chèvres , les moutons le mangent , rarement les vaches , les autres beſtiaux n'en veulent point.

500. *Lobelia longiflora*. La Lobele à longues fleurs.

Les feuilles de cette plante ſont mortelles aux chevaux.

501. *Lolium perenne*. L'Yvraie vivace.

On peut nourrir les beſtiaux avec cette plante qu'ils mangent fort bien ; cependant les chevaux qui en mangent deviennent triſtes , & les vaches ne fourniffent dans ce cas qu'une petite quantité de lait de qualité médiocre.

502. *Lonicera caprifolium.* Le Chèvre-feuille.

On trouve fur cet arbriffeau une chenille qui fe métamorphofe en un ptérophère à éventail, qu'on nomme cendré, & qui eft le plus charmant de tous. Cette chenille ronge les feuilles de Chèvre-feuille ; il fe trouve auffi fur cet arbriffeau des pucerons & des cantharides, qui lui font pareillement la guerre.

503. *Lonicera nigra.* La Lonicère noire.

Les oifeaux fe nourriffent des bois de cet arbriffeau, ce qui engage d'en planter dans les remifes.

504. *Lonicera xylofteon.* Le Chèvre-feuille des buiffons.

Les chèvres & les moutons mangent cet arbriffeau ; les vaches & les chevaux n'en veulent point.

On trouve fur cet arbufte, 1°. le fphinx du Troëne ; 2°. le fphinx mouche ; 3°. la chryfomèle à trois dents ; 4°. enfin la teigne xylofteon.

505. *Lotus filiquofus.* Le Lotier à filiques.

Cette plante affez bonne dans les pâturages, eft peu utile dans les prairies.

506. *Lotus rectus.* Le Lotier droit.

Les chevaux & les vaches mangent très-bien cette plante lorfqu'elle eft verte, mais on n'a pas encore fait d'effai s'ils en mangeoient quand elle eft en foin.

K 4

507. *Lotus corniculatus.* Le Lotier ou trefle jaune, le Lotier corniculé.

Cette plante eſt très-nourriſſante pour les beſtiaux, mais elle eſt trop baſſe pour devenir d'une grande utilité dans les prairies, ſes fleurs plaiſent aux abeilles & autres inſectes.

508. *Ludwigia alternifolia.* La Ludwig à feuilles alternes.

Mademoiſelle de Mérian a obſervé ſur cette plante de groſſes chenilles qui en mangeoient les feuilles, elles étoient vertes, tachetées de blanc, noir ou rouge. Vers la fin de mai, elles ſe renfermèrent dans un cocon & s'y ſont changées en nymphes couleur de roſes sèches, d'où ſortit un mois après une petite phalène couleur de cendre, tachetée de noir; toutes les autres nymphes moururent.

509. *Lupinus albus.* Le Lupin blanc.

Les Lupins ſervent de nourriture aux bœufs pendant l'hiver, mais il faut qu'ils ſoient trempés & cuits dans l'eau ſalée; on en donne auſſi aux chèvres, après les avoir lavés en pluſieurs eaux pour leur ôter leur première amertume. Ils ſont très-propres pour engraiſſer le bétail.

510. *Lychnis flos cuculi.* La fleur du Coucou.

Les vaches, les chèvres, les moutons & les chevaux mangent cette plante.

511. *Lychnis dioica.* La Lychnide dioïque.

Les oiseaux mangent les femences de cette plante, qui d'ailleurs eſt inutile dans les prairies.

512. *Lycoperdon tuber.* La Truffe.

Les vers qui s'engendrent dans la pourriture de la Truffe, ſont entièrement ſemblables à ceux qui naiſſent dans toute autre matière pourrie ; il en provient de groſſes mouches noires & longues.

On dreſſe dans le Dauphiné & ailleurs les chiens pour découvrir les Truffes ; c'eſt en fouillant que les animaux, les cochons & les lapins nous les font connoître. En Italie, on attache par un pied le cochon qui doit creuſer pour découvrir les Truffes ; on le chaſſe, dès qu'il en a découvert, & on achève de les tirer. Des payſans provençaux apprivoiſent & accoutument une truie à creuſer aux environs des Truffes ; auſſitôt qu'elle a preſque atteint une Truffe, elle lève la tête, on lui donne pour lors un peu d'orge, & tandis qu'elle mange la graine, on retire la Truffe, après quoi elle continue à cher-cher & à fouiller dans d'autres endroits.

513. *Lycoperdon bovifta.* La vraie Veſſe de loup.

Lafoſſe rapporte dans ſes obſervations & décou-vertes ſur les chevaux, qu'il vit ceſſer en peu de minutes l'évacuation du ſang, par l'application de la poudre de cette plante ſur une groſſe artère ouverte dans un cheval.

514. *Lycopſis arvenſis.* La petite Bugloſſe ſauvage.

Les vaches, les chèvres, les moutons & les

chevaux en mangent, mais les cochons n'en veulent point.

515. *Lycopsis europeus*. Le Pied-de-lion, le Marrube aquatique.

Cette plante fournit un affez bon fourrage pour les chèvres & les moutons, mais les vaches & les chevaux n'en veulent point.

516. *Lysimachia vulgaris*. La Lysimachie commune.

Cette plante eft inutile dans les prairies, mais non pas abfolument dans les pâturages ; les vaches, les chèvres, quelquefois les moutons en mangent lorfqu'elle eft verte ; les vaches n'en veulent plus dès qu'elle eft sèche ; les chevaux & les cochons n'y touchent point.

517. *Lysimachia nummularia*. La Nummulaire.

Les vaches & les moutons la mangent, rarement les chèvres ; les chevaux n'en veulent point. Infufée dans l'huile, elle fait périr les charanfons.

518. *Lythrum salicaria*. La Salicaire en épi.

Elle eft aftringente & très - recommandée dans les diarrhées. Lorfqu'on la prefcrit aux animaux dans ce cas, c'eft à la dofe d'une poignée fur une livre d'eau ; tous les beftiaux en mangent dans les pâturages, excepté les cochons.

519. *Malva sylvestris*. La Mauve fauvage.

On trouve fur cette plante deux fortes d'infeétes, l'altife de la Mauve & la chryfomèle verte à crochet rouge. Cette Mauve eſt inutile dans les prairies, cependant les vaches la mangent.

520. *Malva alcea.* La Mauve alcée.

Quand on donne de la racine de cette plante au cheval comme purgative, c'eſt depuis un gros juſqu'à une demi-once. Les vaches, les chèvres, les moutons & les chevaux en mangent.

521. *Malva rotundifolia.* La Mauve à feuilles rondes.

Elle eſt inutile dans les prairies; les chèvres, les chevaux & les cochons n'en veulent point, les vaches n'y touchent que rarement, mais les moutons la mangent.

522. *Marrubium vulgare.* Le Marrube commun, le Marrube blanc.

Cette plante eſt fondante & apéritive; on la recommande dans l'aſthme, la jauniſſe, le rhume & les toux opiniâtres. Quand on la preſcrit aux animaux dans les cas analogues à ceux de l'homme, c'eſt pour l'ordinaire à la doſe de quatre onces, & ſon infuſion à la doſe de deux poignées dans une livre d'eau ou de vin. Le Marrube blanc eſt inutile dans les prairies & les pâturages, les beſtiaux n'y touchent point.

523. *Matricaria parthenium.* La Matricaire commune.

Dans le temps d'une maladie épizootique, un fermier de Cornouaille ayant peur que cette maladie n'exerçât ſes ravages ſur ſes beſtiaux, eut recours à la Matricaire ; il broya une grande quantité de cette plante, & mêla ſon jus avec un peu de bierre forte, il donnoit à chaque vache, matin & ſoir, un demi-ſeptier de ce breuvage. Au moment où il commença à uſer de ce remède, trois de ſes beſtiaux avoient les premiers ſymptômes de cette maladie ; il les guérit par la ſeule Matricaire, & préſerva les autres de la contagion ; les abeilles ni les couſins ne peuvent ſupporter l'odeur de cette plante ; ainſi ceux qui voudront ſe garantir de leur piqûre, feront bien d'en avoir toujours quelques bouquets.

524. *Matricaria Chamomilla.* La Camomille commune.

Les fleurs de la Camomille ſont toniques, carminatives, un peu calmantes. Quand on preſcrit aux animaux, la poudre, dans les cas analogues à ceux de l'homme, c'eſt à la doſe de deux gros ; & en décoction, à celle d'une poignée ſur une livre d'eau. Cette plante eſt inutile dans les prairies, mais non pas dans les pâturages ; les vaches, les chèvres, les moutons la mangent, les chevaux & les cochons n'en veulent point.

525. *Medicago arborea.* La Luzerne en arbre.

Les chèvres ſont fort friandes des feuilles de cette plante ; celles des environs de Naples s'en nourriſſent ; c'eſt du lait de ces chèvres que les habitans du pays ſe ſervent pour faire du fromage.

Plufieurs auteurs ont prétendu que cette luzerne étoit le cytife de Virgile, de Columelle & des anciens Agronomes qui en ont parlé comme d'une plante extraordinaire & digne d'être cultivée pour la nourriture des beftiaux ; & en effet, Ariftomaque l'Athénée recommande beaucoup cet arbriffeau pour la nourriture des moutons, & il le confeille auffi, lorfqu'il eft fec, pour celle des porcs. Cette nourriture felon lui eft auffi falutaire & auffi propre pour engraiffer les beftiaux que l'ers ; il n'en faut qu'une très-petite quantité pour engraiffer un quadrupède ; aucune nourriture ne produit une plus grand quantité de lait, ni de meilleur ; cette plante l'emporte fur tout le refte pour les maladies du bétail ; on la leur donne fechée & en décoction dans de l'eau, mélangée d'un peu de vin.

526. *Medicago fativa.* La Luzerne cultivée.

C'eft une des meilleures nourritures qui fe puiffe donner aux chevaux, aux ânes, aux mulets, aux bœufs, aux vaches & aux bêtes à laine, elle engraiffe mieux que toute autre plante. La Luzerne donnée en herbe aux jumens, aux vaches & aux brebis, fait venir le lait. On la mêle avec autant de fainfoin, de paille ou d'autre foin. On n'accoutume les animaux à cette nourriture que par gradation. On regarde la Luzerne comme un remède fpécifique pour les chevaux, lorfque par le défaut d'alimens, ils font tombés dans une maigreur extrême.

527. *Medicago falcata*. La Luzerne cornue.

Les vaches, les chèvres, les moutons & les che-vaux mangent de cette plante, qui eſt pour eux une nourriture excellente.

528. *Medicago lupulina*. La Luzerne à gouſſe réniforme.

Les vaches, les chèvres, les moutons & les che-vaux mangent de cette plante, que l'on cultive dans quelques pays pour la nourriture des beſtiaux ; mais elle a l'inconvénient de ne durer que deux ans.

529. *Medicago polymorpha*. La Luzerne hériſſée.

On diſtingue pluſieurs variétés de cette eſpèce, qui fourniſſent toutes un excellent pâturage.

530. *Melampyrum criſtatum*. Le Mélampire à crête.

Les vaches, les chèvres & les moutons mangent cette plante, lorſqu'elle eſt verte.

531. *Melampyrum arvenſe*. Le Blé des vaches.

Cette plante eſt une nourriture pour le bétail, ſur-tout pour engraiſſer les bœufs & les vaches ; il ſe trouve même des pays où on le sème pour cet objet.

532. *Melampyrum pratenſe*. Le Mélampire des prés.

Les vaches mangent de cette plante. Linné pré-tend dans ſon *Flora laponica*, qu'elle peut contribuer à rendre jaune le beurre qu'on tire du lait des vaches qui en mangent.

533. *Menifpermum cocculus*. La Coque du Levant.

La poudre des baies de cette plante fait mourir les poux ; les Coques du Levant peuvent s'employer pour fervir d'appât aux poiffons ; mais comme cet appât les enivre ou les fait fouvent mourir, il eft expreffément défendu.

534. *Mentha crifpa*. La Menthe crêpue.

Cette plante eft déterfive, vulnéraire, carminative, cordiale, réfolutive, vermifuge, utérine. Quand on la prefcrit aux animaux dans les cas analogues à ceux de l'homme, c'eft à la dofe d'une poignée macérée dans une demi-livre de vin.

535. *Mentha aquatica*. La menthe aquatique.

Elle eft inutile dans les prairies ; cependant les chevaux la mangent, les cochons n'en veulent point.

536. *Mentha arvenfis*. La Menthe des champs.

Les chèvres, les chevaux & quelquefois les moutons la mangent, les vaches & les cochons n'en veulent point ; elle eft inutile dans les prairies. Il fe nourrit fur la Menthe une chryfomèle qu'on nomme *grand vertubleu*.

537. *Menyanthes trifolia*. Le Trefle d'eau.

Les chèvres & quelquefois les moutons mangent de cette plante ; elle guérit même ces derniers du marafme ; les autres beftiaux n'y touchent point.

538. *Mercurialis perennis*. La Mercuriale vivace.

Cette plante eſt nuiſible aux moutons, les vaches n'y touchent pas ordinairement, mais ſi elles en mangent, elle leur cauſe la dyſſenterie, cependant elle plaît aux abeilles.

539. *Meſpilus germanica*. Le Néflier commun.

On trouve ſur cet arbriſſeau un kermès cotoneux, auquel on a donné le nom de kermès du Néflier.

540. *Milium effuſum*. Le Milletot épars.

Les chèvres, les moutons & quelquefois les vaches en mangent.

541. *Mimoſa Inga*. L'Inga, la Caſſe Inga.

Mademoiſelle de Mérian a trouvé ſur les feuilles de cette plante des chenilles blanches à pattes noires, armées de pointes, auſſi noires ſur le dos, elles ſe ſont métamorphoſées après avoir paſſé par l'état de nymphe, dans un très-beau papillon.

542. *Mimoſa unguis cati*. La Caſſe ongle de chat.

On donne à manger aux pigeons les fruit de cet arbre.

543. *Mimoſa cornigera*. L'Acacia à cornes.

Les fourmis qui ſe trouvent dans ſes épines tombent comme la pluie, lorſqu'on touche l'arbre, & font fuir les hommes par leurs piquans.

544. *Mimoſa nilotica*. Le vrai Acacia.

C'eſt de cet arbre que nous tirons la gomme arabique, dont on ſe ſert dans l'art vétérinaire.

La gomme arabique eſt adouciſſante, pectorale, humectante;

humectante; on en fait ufage en poudre, ou diffout dans l'eau. C'eft ainfi que les progrès d'eaux
aux jambes, d'un mauvais caractère, & dont l'humeur eft telle, qu'elle ronge le tégument fur lequel
elle fe répand, comme le feroient les cauftiques les
plus forts, ont été arrêtés, dit Bourgelat, par
l'ufage de cette gomme donnée en breuvage, en
lavement & étendue dans les bains, où l'on tenoit
la partie malade le plus long-temps poffible.

On en ufe de même, ajoute cet auteur, à l'égard
de certaines galles & dartres très-vives qui fe pro-
pagent rapidement, & qui n'ont cédé qu'à l'ufage
de ce remède; plufieurs même ont été radicalement
guéries fans aucun autre fecours.

Elle eft bonne, c'eft toujours d'après Bourgelat
que nous parlons ici, dans une décoction calmante,
pour appaifer les tranchées dûes à des irritations &
à des âcres contenus dans les inteftins, pour appaifer
des épreintes, arrêter des diarrhées, que certains alimens ou quelques crifpations, ou irritations fuf-
citent.

Par fon moyen, & avec les gouttes de Syden-
ham, on met fin aux fuperpurgations. Diffoute dans
une infufion de fleurs de Coquelicot & de Violette,
cette gomme eft un très-bon béchique adouciffant
dans les toux quinteufes & convulfives.

On en forme auffi un gargarifme adouciffant, très-bon dans l'inflammation de la gorge; on

peut encore en faire des billots, en la mêlant en poudre avec le miel.

Elle convient dans l'ardeur d'urine, la dyfurie, dans les évacuations trop copieufes de cette liqueur, qui arrivent aux chevaux, ainfi qu'aux bêtes à cornes & à laine, après de violens exercices, ou après s'être repus de plantes diurétiques, âcres, dans le piffement de fang, &c.

Elle fert auffi pour modérer certaines fubftances trop actives, & dont on redouteroit l'effet irritant; c'eft ainfi qu'on l'unit avec les purgatifs, les diurétiques âcres, les béchiques incififs & les fondans.

545. *Momordica trifoliata*. La Pomme de merveille à trois feuilles.

Les ferpens fe nourriffent de cette plante, dont ils font fort friands.

546. *Momordica pedata*. La Pomme d'amour pédiculée.

Le P. Feuillée dit avoir découvert fur cette plante deux infectes qui paroiffent tenir de la nature des fcarabées.

547. *Momordica elaterium*. Le Concombre fauvage.

On donne l'Elaterium aux chevaux depuis un gros jufqu'à une demi-once. L'auteur des Démonf-trations Botaniques à l'ufage de l'école vétérinaire, dit qu'un cheval morveux a été traité avec le fuc d'Elaterium pendant feize jours; on a commencé à le donner à la dose d'un gros, & par progreſſion jusqu'à une demi-once, ſans qu'on en ait apperçu le moindre effet.

548. *Monotropa hypopythis.* L'Orobanche jaune.

Les payſans de la Suède donnent cette plante seule aux animaux qui ont la toux.

549. *Morus alba.* Le Mûrier blanc.

Les feuilles du Mûrier blanc ſont la seule vraie nourriture des vers à ſoie ; on prétend que trente Mûriers blancs, âgés de cinq à ſix ans, plantés au-tour d'un arpent de terre, ſont plus que ſuffiſans pour nourrir en abondance les vers à ſoie, qui proviennent d'une once de graine. Ses feuilles ſont également bonnes pour les beſtiaux.

550. *Morus tartarica.* Le Mûrier de Tartarie.

Les vers qui ſe nourriſſent de la feuille de cette espèce, fourniſſent la meilleure de toutes les ſoies.

551. *Morus nigra.* Le Mûrier noir.

Les feuilles ſervent en Toſcane à la nourriture du bétail.

552. *Muſa triglodytarum.* Le Bananier des Mo-luques.

Les éléphans, les bœufs, les moutons, &c. aiment beaucoup les tiges du Bananier ; & comme elles conſervent long-temps leur fraîcheur, on en embarque ſur les vaiſſeaux en guiſe de fourrage pour la nourriture de ces beſtiaux dans les voyages de long cours. Les finges font très-friands des Bananes.

553. *Myagrum fativum* La Cameline cultivée.

Les petits oifeaux font fort friands des graines de cette plante ; les chèvres, les chevaux mangent fes feuilles ; fes femences font une fort bonne nourriture pour les oies.

554. *Myagrum aquaticum.* La Cameline aquatique.

Les vaches, les moutons, les chevaux & les cochons mangent de cette plante.

555. *Myofotis fcorpioides.* La Scorpionne.

Elle eft inutile dans les prairies, les beftiaux n'y touchent point. La variété qu'on nomme Scorpionne des marais, dont ils mangent parce que fa femence & fon odeur ne fe font pas appercevoir, à caufe de fon féjour dans l'eau, leur eft mortelle, fpécialement aux moutons.

556. *Myrtus communis.* Le Myrte commun.

Belon a obfervé fur le Myrte une graine d'écarlatte femblable au kermès, qui renferme un petit animal vivant dans fa coque.

557. *Nardus ftricta.* Le Nard ferré.

Les corneilles l'arrachent fouvent par rapport aux infectes qui fe trouvent à fes racines.

558. *Nepeta cataria.* L'Herbe aux chats.

Les chats aiment extrêmement cette plante, furtout lorfqu'elle eft fanée, ils fe roulent deffus, la mettent en pièces, & fe font un plaifir de la mâcher.

On trouve fur cette plante une punaife que Geoffroy nomme punaife grife, panachée de verd.

559. *Nerium oleander.* Le Laurier rofe.

Il paffe pour un poifon corrofif & mortel, non-feulement aux hommes, mais auffi aux animaux, & fur-tout aux moutons, par conféquent il faut en interdire l'ufage intérieur; l'antidote eft l'huile d'olive, l'huile d'amandes douces, le lait & le beurre frais fondu; on mêle le tout enfemble, ou en boit abondamment. Les obfervations nouvelles qui ont été faites fur cette plante, confirment fa qualité venimeufe, que Galien lui a attribuée an-ciennement; on a fait macérer fes feuilles dans l'eau; & on a donné de cette eau aux moutons, qui à l'inf-tant en ont été empoifonnés.

560. *Nicotiana tabacum.* Le Tabac.

On n'en fait ufage dans l'art vétérinaire qu'à l'extérieur, & on n'emploie que les feuilles; on en introduit la poudre dans les nafeaux pour exciter l'éternuement & provoquer la fecrétion de la féro-fité, qui fe filtre fur la membrane pituitaire. On s'en fert auffi dans la ftupeur, dans l'affoupiffement occafionné par des férofités amaffées dans la tête, dans l'apoplexie féreufe; on l'ordonne en lavemens dans les conftipations opiniâtres, & pour exciter l'accouchement.

La décoction du Tabac sèche & alliée avec le fel ammoniac eft un médicament très-efficace pour détruire la galle, elle réfout les puftules pforiques, & excite préalablement la fortie des humeurs fixées dans les parties qui en font le fiége, & qui y produifent la tuméfaction.

Les bergers fe fervent de la falive imprégnée des propriétés de ces feuilles par la maftication, pour guérir la galle de leurs moutons, lorfqu'elle eft en petite quantité, fur quelques parties du corps qu'elle foit.

On fe fert de la décoction ou de la poudre du Tabac pour tuer les poux qui infectent les animaux; fon ufage n'eft pas néanmoins fans danger. Bourgelat dit avoir vu le Tabac appliqué fur des plaies extérieures, purger avec violence, & fa décoction employée contre les dartres à forte dofe, occafionner la fupuration de l'humeur, & donner lieu à des dépôts mortels fur les vifcères.

561. *Nigella fativa*. La Nielle cultivée.

Cette plante eft inutile dans les pâturages; on prétend qu'elle eft bonne pour engraiffer la volaille. On s'en fert quelquefois dans l'art vétérinaire; quand on y emploie fa poudre dans les cas analogues à ceux de l'homme, c'eft à la dofe d'un gros mêlé avec du miel. On prétend que le parfum de fa femence fait mourir les punaifes & autres infectes.

562. *Nymphæa lutea*. Le Nénuphar jaune.

Les cochons mangent les racines & les feuilles de cette plante; les chèvres mangent auffi quelquefois les feuilles ; les vaches & les chevaux n'en veulent point. La fumée de cette plante chaffe les grillots domeftiques; fa racine cuite avec du lait fait mourir les grillots & les belettes.

563. *Nymphæa alba.* Le Nénuphar blanc.

Ses racines font adouciffantes, rafraîchiffantes & humectantes. Quand on les prefcrit aux animaux, dans les cas analogues à ceux de l'homme, c'eft à la dofe de quatre onces dans une livre d'eau.

564. *Nyffa aquatica.* La Tupele aquatique.

Plufieurs animaux fauvages fe nourriffent des fruits de cet arbre, fur-tout les racoms, les opof-fums, les ours.

565. *Œnanthe fiftulofa.* L'Œnanthe fiftuleufe.

Cette plante paffe pour venimeufe. On prétend que fa racine a fait périr un chien dans trois jours; les vaches n'en veulent point; elle gâte les prairies humides.

Sa décoction, dans laquelle on a fait bouillir des noix, étant verfée fur les taupinières, fait, fuivant Bonamy, périr fûrement les taupes.

566. *Olea europea.* L'Olivier d'Europe.

Les cirons, efpèces d'infectes, détruifent le plus fouvent les Oliviers.

567. *Ononis fpinofa.* L'Arrête-bœuf épineufe.

La décoction d'Arrête-bœuf fait uriner les che-vaux, & rend leur urine de couleur d'écorce d'Orange ; la dofe eft de deux onces fur une livre d'eau pour les animaux, lorfqu'on la prefcrit en décoction, & d'une once en poudre.

568. *Onopordum acanthium.* L'Onoporde en forme d'Acanthe.

On trouve fur ce chardon une chenille épineufe de couleur grife, qui fe métamorphofe en un papillon, qu'on nomme belledame ; les ânes aiment beaucoup cette plante ; elle fait une efpèce de bruit fous les dents de ces animaux.

569. *Orchis morio.* Le Satyrion femelle, l'Orchis morion.

Les chèvres mangent cette plante, les chevaux n'en veulent point.

570. *Orchis latifolia.* L'Orchis à feuilles larges.

Les vaches mangent cette plante, les chevaux n'en veulent point.

571. *Orchis maculata.* L'Orchis maculé, ou tacheté.

Les moutons & quelquefois les vaches mangent cet orchis, les chèvres & les chevaux n'en veulent point.

572. *Orchis conopfea.* L'Orchis conopfé.

Les vaches n'y touchent point.

573. *Ophris fpiralis.* L'Ophris fpirale.

Cette efpèce, de même que toutes les autres du même genre, font inutiles dans les prairies ; les beftiaux n'en veulent point.

574. *Origanum dictamnus*. Le Dictame de Crête.

Il est pectoral, alexipharmaque & emmenagogue.
On en donne l'infusion édulcorée avec le miel
pour favoriser l'expectoration des matières glai-
reuses ou recuites, qui engorgent les poumons;
on l'administre avec succès dans les accès de la
pousse humide, pour faciliter les dégorgemens des
vomiques, & dans ce cas, elle seconde parfaitement
les effets de la gomme ammoniac, & des autres
substances incisives du même genre.

On prescrit le Dictame comme préservatif,
infusé dans l'eau ou le vinaigre, dans les maladies
malignes, contagieuses, pour assurer l'éruption du
claveau ; enfin il favorise l'évacuation du délivre,
lorsque ce corps est retenu par l'état spasmodique de
la matrice, & son infusion en lavemens seconde très-
bien alors l'effet du breuvage.

575. *Origanum vulgare*. L'Origan commun.

L'Origan est céphalique, diurétique, emmenagogue. Quand on en prescrit la poudre aux animaux dans les cas analogues à ceux de la médecine
humaine, c'est à la dose d'une demi-once, & sa
décoction, à celle d'une poignée dans deux livres
d'eau.

576. *Origanum majorana*. La Marjolaine.

On trouve sur la Marjolaine la phalène gamma.

577. *Orobanche major*. La grande Orobanche.

Le bétail ne touche point à cette plante, aussi

eſt-elle inutile dans les prairies, cependant on prétend qu'elle fait deſirer le taureau par les vaches.

578. *Orobus vernus.* L'Orobe du printemps.

Toute la plante fournit un bon pâturage pour les vaches, les chèvres, les moutons & les chevaux.

579. *Orobus tuberoſus.* L'Orobe tubéreux.

Cette plante eſt un bon pâturage pour tous les beſtiaux.

580. *Orobus niger.* L'Orobe noirâtre.

Les vaches, les chèvres, les moutons & les chevaux mangent cette plante, lorſqu'elle eſt verte, les cochons n'en veulent point.

581. *Oxalis acetoſella.* L'Alleluia.

Les chèvres, les moutons, les cochons, quelquefois les vaches mangent de cette plante, dont les chevaux ne veulent point.

582. *Panicum italicum.* Le Panis d'Italie.

On s'en ſert en France pour nourrir les oiſeaux & la volaille.

583. *Panicum miliaceum.* Le Millet.

Il ſert à nourrir les ſerins & la volaille, principalement les poulets.

584. *Panicum patens.* Le Panis qui s'étend.

Les ſemences de cette plante, ſemblables à des grains de ſable, ſervent à Amboine de nourriture aux chevaux & aux vaches.

585. *Papaver argemone.* Le Pavot à maſſue.

Les chèvres & les moutons en mangent, les chevaux n'en veulent point.

586. *Papaver rhœas.* Le Coquelicot.

Les vaches, les chèvres & les moutons en mangent; il eſt dangereux aux chevaux, auxquels il cauſe la dyſſenterie, & eſt au moins inutile dans les prairies. On peut preſcrire aux animaux, dans les cas analogues à ceux de l'homme, la fleur de Coquelicot à la doſe de deux poignées dans une livre & demie d'eau.

587. *Papaver ſomniferum.* Le Pavot ſomnifere.

C'eſt de ce Pavot qu'on tire l'opium. Cette ſubſtance appaiſe les douleurs & modère les mouvemens de ſang; on la fait prendre étendue dans une décoćtion mucilagineuſe, mais lorſque ce dérangement reconnoît pour cauſe la marche impétueuſe du ſang, ſa raréfaćtion, ſa phlogoſe, on le donne dans une décoćtion acide ou acidulée; on doit être des plus réſervés ſur la doſe de ce remède, il ſe trouve des chevaux chez leſquels donné à trop forte doſe, il produit une eſpèce de vertige & les plonge même dans une vraie manie; quand il s'agit de calmer les douleurs d'entrailles, on l'adminiſtre en lavement.

Il convient dans les ſuperpurgations; lorſque l'animal eſt affoibli, on le diſſout dans du vin, & s'il a des tranchées ou épreintes, on l'affocie avec la décoction de la racine de Guimauve. L'Opium appaife les toux quinteufes & convulfives, on le fait prendre dans un véhicule convenable; il convient pareillement dans l'afthme convulfif.

On emploie l'Opium très-utilement dans la phrénéfie, le vertige, le tétanos; quand l'Opium occafionne dans les animaux le coma, la ftupeur, la ceffation des actions vitales & animales, il faut avoir recours aux alkalis volatils; on les préfente aux nafeaux de l'animal, & on les lui fait prendre en breuvage étendu dans une décoction aromatique. Toutes les fois qu'on a à réprimer des mouvemens trop impétueux, foit dans les temps de crife, foit autrement, on donne l'Opium comme le calmant le plus affuré, même dans les mouvemens convulfifs, mais il faut avoir l'attention de l'adminiftrer d'abord à petite dofe; quand on s'apperçoit que les fymptômes augmentent, au lieu de diminuer, il faut lui fubftituer la poudre tempérante de Stahl. Lorfqu'on en donne au cheval & au bœuf, c'eft depuis dix grains jufqu'à un gros. On a obfervé que l'Opium appliqué au-dehors eft un répercuffif, qui a caufé la mort dans beaucoup de cas.

588. *Parietaria officinalis*. La Pariétaire des boutiques.

Elle eft diurétique; on prefcrit fon fuc aux animaux dans les cas analogues à ceux de l'homme, à la dofe de fix onces chaque fois ; cette plante mife fur les tas de blé en éloigne les charanfons.

589. *Paris quadrifolia.* L'Herbe à Pâris.

Elle paffe pour faire périr les poules, cependant les chèvres & les moutons la mangent, mais les autres beftiaux n'en veulent point.

Lobel, dans fes *Adverfaria*, prouve que cette plante eft alexipharmaque, par l'exemple de deux chiens auxquels il avoit fait avaler par force un demi-gros d'arfenic & autant de fublimé corrofif mêlé dans la viande : fur-le-champ ces deux animaux ouvrirent la gueule pour avaler de l'air ; ils écumoient & faifoient tous leurs efforts pour vomir, mais envain ; ils aboyoient & fautoient comme s'ils euffent été enragés ; & d'un air menaçant ils fembloient prêts à fe jetter fur les affiftans ; mais une heure étant à peine paffée, ils furent plus tranquilles, devinrent froids & fe couchèrent comme s'ils euffent été à l'article de la mort ; alors on fit avaler à un de ces chiens deux gros de la poudre Saxone dans du vin rouge, ce qui ne le fit pas vomir ; mais quelque temps après, fon camarade étant mort, il parut réprendre la chaleur, & bientôt après il commença à remuer la gueule & à ouvrir les yeux ; enfin il reprit fes forces fi promptement, que quelque temps après, il étoit gai, fautoit, & vint dîner fous la table, fans jamais fe reffentir du poifon qu'on lui avoit donné. Lobel donne ensuite la description de la poudre Saxone, dans laquelle entre l'Herbe à Pâris, & même y prédomine. Voyez cette recette dans notre *flora économique des environs de Paris*, à l'article de cette plante.

590. *Parnaffia paluftris*. Le Chiendent du Parnaffe.

Le bétail mange très-bien cette plante, fur-tout les chèvres, les chevaux & quelquefois les moutons, mais les vaches & les cochons n'en veulent point.

591. *Paffiflora quadrangularis*. La Grenadille quadrangulaire.

Les porcs & autres animaux de la même famille en font très-friands.

592. *Paffiflora Juberofa*. La Grenadille à écorce en forme de liége.

Les oifeaux & les fourmis font très-friands de fon fruit.

593. *Paffiflora fœtida*. La Grenadille puante.

Les oifeaux, les petits lézards & les fourmis aiment beaucoup fon fruit, auffi eft-il difficile d'en trouver de mûr & d'entier.

594. *Paftinaca fativa*. Le Panais cultivé.

Les beftiaux ne touchent point au Panais fauvage, mais ils mangent les racines du Panais cultivé, qui fournit pendant l'hiver une bonne nourriture pour les moutons & les vaches ; on en cultive même en grand pour le bétail.

595. *Paſtinaca opoponax*. Le Panais opoponax.

C'eſt de cette plante qu'on retire la gomme réſine opoponax ; cette ſubſtance eſt fondante, inciſive ; on la donne contre les engorgemens farineux ; c'eſt un très-bon béchique dans les maladies cathareuſes ; ſa doſe pour le cheval & le bœuf eſt depuis deux gros juſqu'à une once.

596. *Pedicularis paluſtris*. La Pédiculaire des marais.

On prétend que les animaux qui mangent de la Pédiculaire ſont ſujets aux poux ; c'eſt de-là qu'eſt venu ſon nom générique. En général, toutes les Pédiculaires fourniſſent une aſſez mauvaiſe plante dans les prairies. L'eſpèce à fleurs jaunes, qui s'élève à la hauteur d'un pied & même davantage, ſouvent même en grande quantité, & qui, ſuivant Linné, eſt un *rhinanthus*, eſt une fort mauvaiſe nourriture pour le bétail ; quand on la fauche avec le foin, elle en diminue beaucoup la valeur. Les ſemences de cette plante ſont pour l'ordinaire mûres dans le temps qu'on fauche le foin, par conſéquent toutes les fois qu'on ſème des graines de foin, il faut avoir ſoin qu'il ne s'y trouve point de la graine de la plante en queſtion.

La Pédiculaire des marais gâte les pâturages ;

les beftiaux n'en mangent point, excepté les chèvres & quelquefois les cochons.

597. *Pedicularis fylvatica*. La Pédiculaire des bois.

Les vaches & les chevaux ne la mangent point; elle eft nuifible aux moutons, qu'elle peut rendre galleux, à ce qu'on dit, en peu de temps.

598. *Penæa mucronata*. La Pénée pointue.

C'eft de cette plante qu'on tire la farcocolle. On l'emploie dans l'art vétérinaire pour la réunion de plaies.

599. *Peplis portulaca*. La Péplide pourpier.

Elle eft inutile dans les prairies, les vaches n'y touchent point.

600. *Peucedanum officinale*. Le Pain de pourceau.

Cette plante eft inutile dans les prairies & défagréable au bétail. On n'emploie dans l'art vétérinaire que la racine, dont on tire le fuc en y faifant des incifions; on la fait deffécher, & on la donne à l'animal comme apéritive, diurétique & anti-fpafmodique, à la dofe d'un gros; on applique encore cette racine pilée en cataplafme fur les plaies & les ulcères.

601. *Phalaris canarienfis*. Le Blé de Canarie, l'Alpifte.

On fe fert de cette graine pour nourrir & engraiffer les oifeaux, fur-tout les ferins. Il faut éviter de leur en trop donner, de peur de les échauffer.

602.

602. *Phalaris phleoides.* Le Phalaris phléoïde.

Les chèvres & les moutons le mangent, les cochons n'en veulent point.

603. *Phalaris arundinacea.* Le Phalaris rofeau.

C'eft un bon pâturage pour les vaches, les chèvres, les moutons & les chevaux, mais les cochons n'en veulent point.

604. *Phafeolus vulgaris.* Le Haricot.

La cendre de fa tige & de fes gouffes eft apéritive; on donne cette cendre aux animaux comme telle à la dofe de quatre onces, bouillie dans quatre livres d'eau. Les tiges battues de cette plante font un bon aliment pour les moutons. On affure que la graine de Haricot mâchée & appliquée fur la morfure des chevaux, en guérit la bleffure.

605. *Phafeolus max.* La Phaféole max.

On nourrit avec fa graine les chevaux à Guzarate & à Ducan.

606. *Phellandrium aquaticum.* La Phellandrie aquatique.

Les chèvres, les moutons & les chevaux mangent la Phellandrie aquatique. On la regardoit comme un poifon violent, mais Linné a cru reconnoître, que c'eft moins à cette plante qu'à un infecte qui s'y attache, connu fous le nom de *curculio paraplectica*, que l'on doit attribuer fes mauvais effets.

607. *Phleum pratenfe.* Le Fléau des prés, la Maffette.

C'eſt un excellent pâturage; c'eſt le plus grand & le meilleur des gramens, cependant les cochons n'en veulent point.

608. *Phyſalis alkekengi.*

C'eſt un grand diurétique; on l'emploie comme tel dans l'art vétérinaire; on en donne aux animaux le ſuc ſimple à la doſe de deux onces, & fermenté avec du vin à la doſe de ſix onces.

609. *Phytuma ſpicata.* La Raiponce à épis.
Cette plante plaît aux abeilles & autres inſectes.

610. *Phytolacca decandra.* Le Raiſin d'Amérique.

Un chien qui mangea des ſemences de cette plante n'en éprouva aucun effet, un autre chien éprouva des convulſions & la toux après avoir avalé quelques gouttes du Raiſin d'Amérique, mais les ſymptômes n'eurent aucune ſuite fâcheuſe.

611. *Pimpinella ſaxifraga.* Le petit Boucage.
612. *Pimpinella magna.* Le grand Boucage.

Ces deux plantes, particulièrement la dernière, fourniſſent un fourrage excellent, ſur-tout en mai, pour les beſtiaux, elle augmente le lait des vaches.

613. *Pinguicula vulgaris.* La Graſſette.

Les beſtiaux ne touchent point pour l'ordinaire à cette plante, qui eſt très-nuiſible ſur-tout aux moutons; ſa décoction paſſe pour faire périr les poux; on ſe ſert de ſon ſuc pour guérir les gerçures du pis des vaches.

614. *Pinus fylveftris.* Le Pin fauvage.

On trouve fur le Pin un infecte qui fe nomme vrillette fauve, & un autre connu fous le nom de chenille du Pin, que Réaumur a mis au rang des chenilles proceffionnaires.

Les chèvres & les moutons ne mangent que rarement les feuilles de cet arbre, & les chevaux n'en veulent point. On a obfervé que la chair du coq de Bruyère a, pendant l'hiver, un goût de pomme de pin, dont il fe nourrit dans cette faifon, mais que ce goût fe diffipe en été, lorfqu'il mange des infectes & des grenouilles.

615. *Pinus picea.* Le Sapin ordinaire.

Les vaches mangent fes feuilles & fes bourgeons.

616. *Pinus abies.* Le Sapin élevé.

C'eft de cet arbre qu'on tire la térébenthine. Cette fubftance entre dans les onguens fuppuratifs; elle fert aux maréchaux pour la guérifon des plaies des chevaux; le mêlange de graiffe en hiver & de beurre en été, avec un peu d'huile de térébenthine, eft un remède dont d'Aubenton a reconnu l'efficacité contre la galle des moutons. La térébenthine s'applique fur des efforts accompagnés de la diftention des ligamens; on en fait un grand ufage dans les plaies de l'ongle pour en accélérer & en affurer la cicatrice, fur l'ongle même, dans les cas de meurtriffure de la fole, de bleime, d'étonnemens de fabots, de foibleffe de l'ongle; on l'emploie feule ou alliée avec d'autres fubftances. Quand on prefcrit la térébenthine intérieurement aux chevaux & aux bœufs, c'eft depuis fix gros jufqu'à quatre onces, & toujours dans les cas analogues à ceux de la médecine humaine.

617. *Pifcidia erythrina.* La Pifcidie à feuilles ovales.

Les nègres des Indes orientales font ufage de l'écorce de cet arbre pour la pêche ; ils la jettent dans l'eau pour enivrer les poiffons, qui s'élèvent pour lors fur l'eau, tournés fur le dos, de forte qu'on les prend facilement à la main ; mais cet engourdiffement ne dure pas long-temps ; on ignore encore s'il donne au poiffon une mauvaife qualité.

618. *Pifonia aculeata.* La Pifon épineufe, la Fringago.

Les ailes des pigeons & autres oifeaux qui habitent la Havane, la Jamaïque & autres îles de l'Amérique, font fouvent fi chargées des baies de cette plante, qu'ils ne peuvent plus voler, & qu'on les prend pour lors facilement.

619. *Piftachia terebinthus.* Le Piftachier.

On voit fouvent de la térébenthine dans des veffies coriaces faites en forme de cornets que le Piftachier produit dans l'été ; fi on ouvre dans le mois de juillet ces veffies, on les trouve pleines de pucerons qui nagent dans une térébenthine claire & odorante ; ces veffies, venant à fe deffécher, font percées de quantité de petits trous qui donnent paſſage à ces pucerons, qui ſont pour lors devenus moucherons. Tournefort & Ray aſſurent que ces veſſies ſont formées par la piqûre que ces moucherons font aux feuilles tendres, où ils dépoſent leurs œufs, les œufs venant à s'étendre, & retenant le ſuc de la feuille pour leur nourriture, donnent lieu à l'accroiſſement de cette veſſie.

620. *Piſum ſativum.* Le Pois cultivé.

Les tiges des Pois, quoiqu'elles aient été battues, fourniſſent une bonne nourriture aux moutons, ils ſont ſur-tout friands des coſſes; les Pois ſecs font une excellente nourriture, trempés dans l'eau, pour engraiſſer les porcs, dont le lard devient pour lors très-ferme; on nourrit auſſi avec les Pois les oies & autres volailles.

621. *Plantago major.* Le grand Plantain.

Cette plante eſt vulnéraire & aſtringente; on l'applique ſur les bleſſures faites par les animaux venimeux, & ſur les plaies. Quand on l'emploie pour les chevaux, c'eſt le plus ſouvent à l'extérieur ou en ptiſane, à la doſe d'une poignée ou deux ſur deux livres d'eau. Les chèvres, les moutons & les cochons en mangent, les chevaux & les vaches n'en veulent point; elle eſt inutile dans les prairies; la graine peut ſervir de nourriture aux oiſeaux.

622. *Plantago media.* Le Plantain moyen.

Il ſe multiplie trop dans les prairies; les vaches

& les chevaux n'en veulent point, cependant les chèvres, les moutons & les cochons en mangent; on s'en sert contre le piſſement de ſang des beſtiaux. Ce Plantain plaît aux abeilles & autres inſectes.

623. *Plantago lanceolata*. Le Plantain lancéolé.

Les vaches n'en veulent point lorſqu'il eſt ſec, mais elles le mangent quand il eſt vert; les chèvres, les moutons, les chevaux le mangent pareillement; on dit même que c'eſt pour les chevaux & les bêtes à laine une excellente nourriture. Les Anglois ont reconnu que le bétail mangeoit volontiers du Plantain à feuilles étroites, & que cette nourriture eſt particulièrement ſalutaire aux bêtes à laine. Comme il réuſſit toujours, quoique moins bien dans des endroits ſecs, on trouve un avantage réel dans ſa culture. On donne ſa graine aux oiſeaux.

624. *Plantago coronopifolia*. Le Plantain à corne de cerf.

Cette plante plaît aux chèvres & aux moutons.

625. *Plantago pſyllium*. L'Herbe aux poux.

Boerrhave ſoupçonne l'Herbe aux poux d'être un poiſon, donnée à forte doſe; ce qui eſt ſûr, c'eſt que cette plante eſt dangereuſe aux chèvres. Quand on preſcrit la décoction aux animaux, c'eſt toujours à la doſe de deux onces, & ce dans les cas analogues à ceux de la médecine humaine.

626. *Poa aquatica*. Le Paturin aquatique.

Les vaches, les moutons & les chevaux le mangent; il fournit un bon fourrage dans les temps
humides.

627. *Poa pratenfis.* Le Paturin des prés.

On en trouve dans toutes les prairies fertiles;
il fournit un des meilleurs fourrages.

628. *Poa alpina.* Le Paturin des Alpes.

629. *Poa trivialis.* Le Paturin trivial.

630. *Poa auguftifolia.* Le Paturin à feuilles étroites.

631. *Poa annua.* Le Paturin annuel.

632. *Poa compreffa.* Le Paturin comprimé.

Tous les beftiaux mangent ces plantes qui leur
fervent d'excellens fourrages.

633. *Polygala feneka.* La Polygale de Virginie.

On fe fert au Sénégal de fa racine pour guérir
la morfure du ferpent à fonnettes; les habitans du
pays la réduifent en poudre & la portent toujours
fur eux. Quand ils voyagent dans les bois, & quand
ils font mordus par le ferpent à fonnettes, ils en
avalent une certaine quantité, & en appliquent une
autre fur la bleffure.

634. *Polygala vulgaris.* La Polygale commune.

635. *Polygala amara.* La Polygale amère.

636. *Polygala monfpeliaca.* La Polygale de Montpellier.

Ces trois plantes, par leur petiteffe, font inutiles
dans les prairies; elles fourniffent néanmoins un

bon pâturage aux vaches, aux chèvres & aux moutons, les cochons n'en veulent point.

637. *Polygonum biftorta.* La Biftorte.

Elle plaît pour nourriture à tous les beftiaux, excepté aux chevaux ; elle eft d'un grand ufage dans l'art vétérinaire. Sa racine eft un très-bon remède donné en poudre, lorfque les animaux ont des dyffenteries qui ne font dues qu'à la foibleffe des organes ; on l'employe auffi avec fuccès quand les chevaux fe vuident.

On lui reconnoît avoir un effet diaphorétique, qui détermine à la prefcrire dans les compofitions qu'on emploie contre les fièvres malignes, dans le claveau, pour en favorifer l'éruption ; elle concourt auffi à ces effets par fa vertu tonique & aftringente, & dans ces différens cas, on la fait prendre en poudre de préférence dans du miel ou de l'extrait de genièvre. On la prefcrit avec fuccès dans les maladies ou les difpofitions cachectiques des moutons, qui fe manifeftent dans les automnes trop humides ; on l'unit avec le fel ; on le fait prendre aux volailles dans le même cas & de la même manière ; on la mêlange ainfi préparée avec leurs alimens.

La dofe pour le cheval eft de quatre gros à deux onces ; pour le bœuf, d'une once à quatre ; pour les moutons, de trois gros à une once, & pour la volaille, de quinze grains à un demi-gros.

638. *Polygonum amphibium.* La Perſicaire amphibie.

Les chèvres, les moutons, les chevaux & les cochons mangent de cette plante, dont les vaches ne veulent point.

639. *Polygonum hydropiper.* La Perſicaire âcre.

Les beſtiaux n'y touchent point ; on s'en ſert pour guérir les ulcères des chevaux.

640. *Polygonum perſicaria.* La Perſicaire douce.

C'eſt un excellent fourrage pour les moutons, lorſqu'elle eſt nouvelle, les chèvres & les chevaux en mangent auſſi, mais les vaches & les cochons n'en veulent point ; ſa graine peut ſervir de nourriture aux oiſeaux.

641. *Polygonum aviculare.* La Perſicaire renouée.

Quoique tous les beſtiaux mangent cette plante, elle ne peut être bonne que dans les pâturages, & occupe inutilement une place dans les prairies négligées ; elle peut ſervir de nourriture aux oiſeaux.

642. *Polygonum fagopyrum.* Le blé Sárraſin.

La plante verte & sèche fournit un très-bon fourrage pour les beſtiaux ; ſa graine eſt un excellent engrais pour toutes ſortes de volailles.

643. *Polygonum convolvulus.* La Perſicaire grimpante.

Les vaches & les chèvres mangent de cette plante, dont les moutons, les chevaux & les cochons ne veulent point.

644. *Polypodium filix mas.* La Fougère mâle.

On peut l'employer à la litière des animaux ; elle fournit un affez bon fumier.

645. *Populus alba,* Le Peuplier blanc.

Les chèvres, les chevaux & quelquefois les vaches mangent les feuilles de cet arbre ; elles plaifent encore au gibier.

646. *Populus nigra.* Le Peuplier noir.

Les fruits fourniffent une bonne nourriture pour les beftiaux ; l'écorce sèche & brifée fe donne aux moutons à défaut d'autre nourriture.

647. *Populus tremula.* Le Tremble.

Les chèvres & les moutons mangent les feuilles de cet arbre, dont les chevaux & les cochons ne veulent point ; les cerfs & les chevreuils mangent fes jeunes branches.

648. *Portulaca oleracea.* Le Pourpier.

On en peut faire manger aux animaux quelques poignées le matin.

649. *Potamogeton natans.* L'Epi d'eau flottant.

Cette plante attire les poiffons, parce qu'ils vivent tranquilles fur fes herbages ; les vaches & les chèvres la mangent, les autres beftiaux n'en veulent point.

650. *Potamogeton perfoliatum.* L'Epi d'eau perfolié.

Les beftiaux ne touchent point à cette plante.

651. *Potamogeton lucens.* L'Epi d'eau luifant.

Les vaches, les moutons & les cochons ne touchent point à cette plante.

652. *Potamogeton crifpum.* L'Epi d'eau crêpu.

Les vaches n'y touchent point. Toutes ces dif-férentes efpèces de plantes fervent de nourriture à une foule d'infectes aquatiques.

653. *Potentilla anferina.* La Potentille velue, l'Argentine.

La racine de cette plante a le goût du Panais, elle plaît aux cochons; elle gâte néanmoins les prairies; cependant elle n'eft pas totalement négligée des beftiaux.

654. *Potentilla argentea.* La Potentille argentée.

Les chèvres & les cochons en mangent, les autres beftiaux n'en veulent point.

655. *Potentilla reptans.* La Quinte-feuille.

Les vaches, les chèvres, les moutons & les chevaux en mangent.

656. *Poterium fanguiforba.* La Poterie Pimprenelle.

Elle peut fervir de fourrage excellent pour les beftiaux.

657. *Prenanthes altiffima.* La Prenanthe très-haute du Canada.

On prétend que la racine de cette plante eft un fpécifique contre le venin du ferpent à fon-nettes.

658. *Primula veris.* Le Primevère.

Cette plante eft inutile dans les prairies, mais non dans les pâturages, où les chèvres & les mou-tons la mangent, les vaches n'y touchent que rarement ; les chevaux & les cochons n'en veulent point ; la fleur plaît aux abeilles.

659. *Prunella vulgaris*. La Brunelle commune.

Elle est inutile dans les prairies, mais non pas entièrement dans les pâturages ; les vaches, les moutons, les chèvres & quelquefois les chevaux en mangent, les cochons n'en veulent point, la fleur plaît aux abeilles.

660. *Prunus lauro-cerasus*. Le Laurier cerise.

Duhamel en distillant plusieurs fois de l'eau sur les feuilles de Laurier cerise, a éprouvé qu'une cuillerée de cette liqueur suffit pour tuer sur-le-champ un gros chien ; mais si on lui en fait avaler quelques gouttes chaque jour, son appétit augmente. Mortimer, médecin de Londres, a fait avec le Laurier cerise différentes expériences, de même que Duhamel, qui constatent la qualité venimeuse de cet arbuste. L'abbé Rosier observe qu'un cheval morveux a été traité avec la liqueur du Laurier cerise. On a commencé par deux gros, & par progression on alla jusqu'à huit onces, le 27ᵉ jour, on lui en donna neuf onces, l'animal eut des coliques qui le tourmentèrent pendant un quart d'heure seulement ; les jours suivans on poussa la dose jusqu'à trois onces de plus, ce qui ne produisit aucun effet ; pour les moutons, au contraire, ainsi que pour le chien, la liqueur est mortelle.

661. *Prunus cerafus.* Le Cerifier des jardins.

Les oifeaux font très-friands des Cerifes.

662. *Prunus avium.* Le Merifier.

Les oifeaux n'en font pas moins avides, ainfi &
de même que les mouches.

663. *Prunus domeflica.* Le Prunier.

664. *Prunus armeniaca.* L'Abricotier.

Les loirs, les rats, les fouris, les mouches &
autres infectes fe jettent avec voracité fur les fruits
de ces arbres.

665. *Prunus fpinofa.* Le Prunellier épineux.

Les vaches, les chèvres, les moutons & les chevaux mangent les feuilles & les bourgeons de cet
arbre. On rencontre fur le Prunellier une chenille
qui fe change en un papillon, qu'on nomme gazé,
le melolonte, qui s'appelle quadrille à corcelet. Le
Prunier domeftique a auffi fes infectes qui font le
puceron du Prunier, & la phalène furnommée
l'étoilée.

666. *Pfydium pyriforme.* La Guagacoier rouge.

On nourrit avec le fruit de cet arbre, les beftiaux
dans les îles de l'Amérique.

667. *Pteris aquilina.* La Fougère femelle.

C'eft un des plus grands remèdes contre le ver
folitaire ; cette plante le fait périr.

668. *Pulmonaria officinalis.* La Pulmonaire des
boutiques.

Les chèvres, les moutons & quelquefois les

vaches mangent cette plante ; les chevaux & les cochons n'en veulent point.

669. *Pyrola rotundifolia*. La Pyrole à feuilles rondes.

Les chèvres la mangent, les autres beſtiaux n'en veulent point.

670. *Pyrus communis*. Le Poirier.

On trouve ſur cet arbre les chenilles de deux phalènes, dont l'une ſe nomme phalène patte étendue, & l'autre double oméga.

On ſe ſert des Poires comme d'appât où on met du poiſon pour les belettes & les renards ; les vaches, les chèvres, les moutons, les chevaux mangent les feuilles du Poirier.

671. *Pyrus malus*. Le Pommier.

On trouve ſur le Pommier trois ſortes de chenilles qui ſe métamorphoſent dans les phalènes qu'on nomme paon moyen, tigre & pſi ; les limaçons font auſſi la guerre à cet arbre & à ſon fruit ; les vaches, les chèvres, les moutons, les chevaux mangent les feuilles du Pommier ; les cochons mangent ſes fruits ; les abeilles aiment beaucoup ſes fleurs. Les Pommes ſauvages, écraſées & mêlées en fourrage, font recommandées par Birkloz, comme remède préſervatif & même correctif contre les maladies des bêtes à cornes.

672. *Quercus robur*. Le Chêne ordinaire.

La Noix de galles n'eſt autre choſe qu'une excroiſ-
ſance ronde qu'occaſionne un infeĉte par ſa piqûre ſur
les feuilles d'une eſpèce de Chêne du Levant; il
s'en forme auſſi de même ſur les feuilles de notre
Chêne; tous les beſtiaux mangent des feuilles de
cet arbre; les glands leur ſervent auſſi de nourriture, ſur-tout aux cochons; on ne doit les donner
qu'en petite quantité aux moutons, car lorſqu'ils
en mangent beaucoup, ils ſont altérés & incommodés; ils peuvent auſſi être employés pour la
volaille. Liſle rapporte, dans ſes obſervations, qu'un
ci-devant gentilhomme ayant émondé quelques
jeunes Chênes dans le printemps, en avoit donné
les bourgeons aux vaches, & qu'à l'inſtant pluſieurs
étoient mortes; le même auteur dit qu'il a voulu
eſſayer lui-même de leur en donner, que ces animaux avoient de la peine à en manger, & qu'il
avoit remarqué auſſitôt qu'il leur étoit ſurvenu
quelque indiſpoſition, dont pluſieurs eurent de la
peine à guérir.

Les infeĉtes qui ſe nourriſſent ſur le Chêne ſont
à l'infini. Ces infeĉtes ſont 1°. le diapère, 2°. le
nécydale à points jaunes, 3°. le puceron du Chêne,
4°. les différens kermès du Chêne, 5°. le porte-
queue à une bande blanche; 6°. le zig-zag; 7°. la
phalène verdelet; 8°. la zône; 9°. le céladon; 10°. la
brocatelle d'or; 11°. la likenée rouge; 12°. l'omicron
nébuleux; 13°. la chappe verte à bande; 14°. la

teigne bedaude aux trois triangles ; 15°. la teigne à fourreau en croſſe ; 16°. le cinips de la galle liſſe & ronde du Chêne ; 17°. le cinips de la galle du Chêne, qui vient dans la ſubſtance même de la feuille ; 18°. le cinips de la galle en roſe du Chêne ; 19°. le cinips de la galle en chapeau du Chêne ; 20°. le cinips de la galle platte & friſée du Chêne ; 21°. le cinips de la galle en grappe du Chêne ; 22°. le cinips de la galle tête d'épingle du Chêne ; 23°. le cinips de la galle raboteuſe des feuilles du Chêne ; 24°. le cinips de la galle à tubercules du Chêne ; 25°. le cinips de la galle en écuſſon du Chêne ; 26°. le cinips de la galle en pomme des extrémités des branches du Chêne ; 27°. le cinips de la galle ligneuſe des racines du Chêne ; 28°. enfin le diplolepe de la galle ronde & dure du Chêne.

673. *Quercus coccifera.* Le Chêne épineux, le Kermès.

On recueille ſur cet arbre le kermès ou graine d'écarlate, inſecte qui s'y nourrit.

674. *Ranunculus flammula.* La Renoncule petite douve.

Cette plante eſt très-âcre & très-cauſtique ; elle ulcère la peau, cauſe aux chevaux l'enflure, la gangrène, la paralyſie ; on leur donne de l'huile en grande doſe pour prévenir les accidens ; les autres beſtiaux n'y touchent que rarement.

675.

675. *Ranunculus lingua.* La Renoncule à feuilles larges.

Elle eſt âcre, cauſtique, très-inutile dans les prairies, dont elle annonce la dégradation. Ainſi, & de même que la précédente, les beſtiaux n'y touchent que rarement.

676. *Ranunculus ficaria.* La petite Chélidoine.

Elle ne ſe trouve que dans les prairies qui dégénèrent; les chèvres & les moutons la mangent, les vaches & les chevaux n'en veulent point; la fleur plaît aux abeilles.

677. *Ranunculus ſceleratus.* La Renoncule ſcélérate.

Elle eſt dangereuſe dans les prairies où on la voit, lorſqu'elles deviennent marécageuſes; cependant les chèvres & les moutons la mangent; les vaches & les chevaux n'en veulent point. Un chien auquel on avoit fait avaler du ſuc de cette plante, en eut des vomiſſemens, & quand on l'ouvrit, on lui trouva l'eſtomac enflammé, très-rouge & couvert de mamelons, qui formoient des éminences, le pylore étoit enflé, reſſerré & d'une couleur livide; on a vu pareillement des moutons périr pour avoir mangé de cette plante.

678. *Ranunculus repens.* Le petit Baſſinet.

Les chèvres & les chevaux le mangent, cependant il n'eſt pas utile dans les prairies, il a l'inconvénient d'y tracer beaucoup & de s'y multiplier.

N

679. *Ranunculus acris.* Le Bouton d'or.

Cette plante est inutile dans les prairies, cependant malgré son âcreté, les chèvres & les moutons la mangent, les autres bestiaux n'en veulent point ; on lui attribue la vertu de guérir le farcin, en l'appliquant derrière les oreilles du cheval malade & en l'y laissant pendant vingt-quatre heures ; la fleur plaît aux abeilles.

680. *Raphanus sativus.* Le Raifort.

La racine de cette plante sert quelquefois de nourriture aux animaux ; on la donne comme apéritive, le suc à la dose de six onces, & les infusions dans du vin blanc.

681. *Reseda luteola.* La Gaude.

Les moutons mangent cette plante, les autres bestiaux n'en veulent point.

682. *Reseda odorata.* Le Réséda odorant.

Cette plante est souvent attaquée par des chenilles vertes, qui, quand on n'a pas soin de les détruire, mangent toutes ses semences, dont elles sont friandes.

683. *Rhamnus catharticus.* Le Nerprun.

Les chèvres, les moutons, les chevaux mangent les feuilles de cet arbre, les vaches n'en veulent point. On peut donner aux animaux comme purgatif, l'extrait de ses baies à la dose d'une once, ou les baies très-menues à la quantité de deux poignées.

684. *Rhamnus frangula.* Le Nerprun bourdaine.

Les chèvres & les moutons mangent cet arbriffeau, mais les vaches n'en veulent point. On trouve
fur cet arbufte la chenille de l'argus bleu.

685. *Rhamnus paliurus.* Le Paliure, le Porte-
chapeau.

Les oifeaux mangent fon fruit.

686. *Rheum rhaponticum.* Le Rhapontic.

On donne la racine de cette plante comme purgative, en poudre aux animaux, depuis la dofe
d'une once jufqu'à deux.

687. *Rheum rhabarbarum.* La Rhubarbe.

On n'emploie dans l'art vétérinaire fa racine
comme purgative, que pour les chiens, & c'eft
en poudre, depuis cinq fcrupules jufqu'à deux gros;
on s'en fervoit comme tonique pour les autres animaux, mais la racine de Rhapontic la remplace avec
avantage & économie.

688. *Rhinanthus crifta galli.* La Crête de coq des
près.

Cette plante gâte les prairies, fournit un pâturage médiocre aux chèvres; elle paffe pour être
nuifible aux moutons. Lorfqu'elle eft sèche, elle
devient ligneufe; il ne refte dans le foin que les
tiges que les chevaux féparent; en général, nous
obfervons que les économiftes jufqu'à préfent n'ont
pas fait affez d'attention avec quel art les chevaux
& les vaches rejettent plufieurs efpèces de plantes

à la foinière ; il ne faut pas croire qu'ils mangent sans choix tout ce que le foin leur présente : c'est pour obvier à ces inconvéniens que nous publions cet ouvrage.

689. *Rhizophora mangle.* La Rhizophore mangle.

Les semences de cet arbre penchantes par leur propre poids, poussent sur les côtés, des racines qui atteignent la terre, & forment des arbres qui composent de vastes forêts dans des lieux incultes, inondés & habités d'une quantité innombrable de poules d'eau, d'autres oiseaux de ce genre & de cancres.

690. *Rhus cotinus.* Le Fustet des corroyeurs.

Tout l'arbrisseau est un poison pour les moutons.

691. *Ribes rubrum.* Le Groseillier rouge.

Les vaches, les chèvres, les moutons & quelquefois les chevaux mangent les feuilles de cet arbuste.

692. *Ribes alpinum.* Le Groseiller des montagnes.

Les vaches, les chèvres, les moutons, les chevaux mangent ses feuilles.

693. *Ribes nigrum.* Le Cassis.

Les chèvres & les chevaux mangent les feuilles du Groseiller noir ; on s'est servi du fruit dans la dyssenterie fébrile des vaches & dans le cours de ventre de ces animaux ; l'instinct dirige les bestiaux à l'aller chercher dans le lieu où il croît naturellement ; c'est pourquoi on feroit bien d'en planter dans les haies pour le mettre plus à leur portée.

694. *Ribes uva crispa*. Le Groseiller épineux.

Les chèvres, les chevaux & quelquefois les moutons mangent les feuilles du Groseiller épineux, dont les vaches ne veulent point.

695. *Ricinus communis*. Le Ricin commun.

On se sert de l'huile de Ricin pour détruire la vermine qui attaque la tête des enfans.

696. *Robinia pseudo-acacia*. Le Robinia faux Acacia.

Les feuilles fournissent à tous les bestiaux un excellent fourrage.

697. *Robinia caragana*. Le Robinia de Sibérie.

Ses feuilles qui sont abondantes, plaisent à tous les bestiaux & les nourrissent très-bien.

698. *Rosa canina*. Le Gratte-cul.

Les vaches, les chèvres, les moutons & les cochons mangent les feuilles de cet arbrisseau, les chevaux n'en veulent point. L'espèce d'éponge ou galle chevelue, qu'on nomme badeguar, n'est que la piqûre d'un cinips qui y dépose ses œufs.

699. *Rosa spinosissima*. Le Rosier très-épineux.

Les vaches, les chèvres, les moutons, les cochons mangent les feuilles de cet arbrisseau, les chevaux n'en veulent point.

700. *Rubia tinctorum*. La Garance des teinturiers.

L'usage de la Garance rougit les os des animaux, ce qui a fait penser que cette plante devoit être utile dans les maladies des os; cependant les os rougis des animaux nourris de Garance, font plus fragiles que ceux des autres; cette même plante rougit le lait des vaches; les pigeons & les autres animaux maigriffent, lorfqu'ils en mangent.

701. *Rubus idæus.* Le Framboifier.

Les vaches, les chèvres, les moutons & les cochons mangent cette plante, mais les chevaux n'en veulent point.

702. *Rubus cæfius.* La Ronce bleuâtre.

Les vaches, les chèvres & les moutons mangent cette ronce, dont les chevaux ne veulent point.

703. *Rubus fruticofus.* La Ronce à fruit noir.

Les chèvres & les moutons mangent de cette plante; les oifeaux s'en nourriffent auffi.

704. *Rumex aquaticus.* La Patience des marais.

Tous les beftiaux évitent en général de manger de toutes les efpèces de Patience. On fait ufage dans l'art vétérinaire des racines de la plupart d'entr'elles, comme apéritives, propres contre les maladies cutanées, les douleurs rhumatifmales; on la donne en poudre, ou en décoction.

705. *Rumex acetofa.* L'Ofeille.

Tous les beftiaux mangent de cette plante; fes feuilles cuites dans l'eau commune, jufqu'à confiftance de marmelade, & appliquées à l'extérieur fous la forme de cataplafme, font un puiffant réfolutif; par elles, Bourgelat dit avoir diffipé une maladie

de glandes tuméfiées fous la guanache, dures, reni-
tentes, indolentes ou avec douleurs ; il faut avoir
la précaution de renouveller le cataplafme matin &
foir ; fouvent on fe contente de faire réchauffer le
même, en l'humeſtant de fa propre décoſtion ; moins
on ajoute d'eau pour la cuiſſon de fes feuilles, plus
le remède eſt efficace.

706. *Ruſcus myrtifolius.* Le Houx frelon.

Les oiſeaux font fort friands de fes baies. En
quelques endroits les payſans conſervent avec le
Houx frelon les viandes & autres choſes qu'ils
veulent défendre contre les rats & les fouris. Ces
animaux deſtruſteurs ne peuvent y pénétrer qu'en
fe piquant bien fort, & ils quittent la partie.

707. *Ruta graveolens.* La Rue des jardins.

La Rue bouillie dans l'eau, le vinaigre ou le vin,
felon les jardiniers, eſt un puiſſant alexipharmaque,
felon les indications, dans l'art vétérinaire ; elle
convient auſſi pour aſſurer des mouvemens critiques,
pour déterminer l'humeur du côté du véficatoire,
contre la morſure de la vipère, lorſqu'on a donné de
l'alkali volatil ; la Rue fe donne en poudre comme
ſtomachique pour provoquer la chaleur dans les femelles. On ordonne fa décoſtion, afin d'opérer la
fortie du délivre dans des fujets débiles & peu fen-
fibles, on en donne même, dans ces cas, des lavemens avec fuccès. Donnée à des femelles pleines,
elle provoque l'avortement.

Les feuilles de Rue fraîches pilées s'appliquent fur les tuméfactions des parties œdémateufes, qu'on appelle ganglions & autres, elles en opèrent la réfolution : on les allie avec des huiles douces, lorfque le cas le requiert, la dofe de la Rue sèche pour le cheval & le bœuf, eft depuis quatre gros jufqu'à trois onces, & pour les moutons depuis deux gros jufqu'à une once.

Bradley dit qu'en 1714 les bêtes à cornes furent infectées, en Angleterre, d'une maladie peftilentielle, & qu'elles moururent prefque toutes. Une femme auprès de Camberwirf, qui en avoit fept, en guérit fix, en leur donnant une fois par femaine de l'infufion de Rue.

Cette plante eft un bon préfervatif contre les maladies contagieufes des brebis ; on prend le jus de fes feuilles, & on y ajoute une quantité égale de fel commun ; fi quelque mouton court rifque d'être attaqué de maladies contagieufes, on lui en donne une cuillerée une fois par femaine, & cela le garantit fans l'incommoder.

On affure que le fuc exprimé des feuilles de cette plante pilées dans un peu de vinaigre & du fel, guérit la morfure des ferpens & des chiens enragés ; fa décoction chaffe les poux.

708. *Sagittaria fagittifolia*. Le Fléchière aquatique.

Les chèvres, les chevaux, les cochons, & quelquefois les vaches mangent de cette plante.

709. *Salicum species variæ.* Les différentes efpèces de Saule.

On trouve fur les différentes efpèces de Saules, différens infectes; 1°. le capricorne noir, marbré de gris; 2°. le capricorne verd à odeur de rofe; 3°. le gribouri velours verd; 4°. l'altife rubis; 5°. la chryfomèle rouge à points noirs; 6°. la chryfomèle bleue du faule; 7°. le charanfon noir à bandes tranfverfales blanches; 8°. le fphinx demipaon; 9°. la teigne coquille d'or; 10°. la mouche à fcie à quatre bandes jaunes; & 11°. le cinips de la galle des feuilles de Saule.

La dent du bétail eft pernicieufe aux Saules; les abeilles aiment beaucoup leurs fleurs. Swammerdam dit avoir vu fouvent couler de ces arbres une matière qui a beaucoup de reffemblance avec le miel, qu'elles dégorgent dans les alvéoles où font les jeunes abeilles; mais il ajoute qu'il ne peut pas dire s'il a jamais vu les abeilles auprès de cette matière.

710. *Salix pentandra.* Le Saule à feuilles de Laurier.

Les chèvres & les moutons mangent les feuilles de cet arbre, dont les fleurs plaifent aux vaches de même qu'aux abeilles.

711. *Salix amygdalina.* Le Saule amandier.

Les chèvres & les chevaux mangent les feuilles de cet arbre.

712. *Salix fragilis.* Le Saule caffant.

Les vaches mangent les feuilles de cet arbre ; fes fleurs plaifent auffi beaucoup aux abeilles.

713. *Salix caprea.* Le Saule marceau.

Les vaches, les chèvres & les chevaux mangent les feuilles de cet arbre.

714. *Salix viminalis.* Le Saule à feuilles larges.

Les vaches, les chèvres, les moutons & les chevaux en mangent les feuilles.

715. *Salix alba.* Le Saule blanc.

Les vaches, les chèvres, les moutons & les chevaux en mangent auffi les feuilles.

716. *Salvia pratenfis.* La Sauge des prés.

Les chèvres & les moutons mangent cette plante ; les vaches & les chevaux n'en veulent point.

717. *Salvia fclarea.* La Sauge fclarée.

Les vaches mangent quelquefois cette plante.

718. *Salvia officinalis.* La Sauge des boutiques.

On prétend que la Sauge attire ies ferpens & les crapauds ; cette plante eft bonne pour les animaux contre les atonies locales, qui produifent l'incontinence d'urine, la chute du vagin, qui portent l'animal à fe vider continuellement. On l'ordonne auffi contre la foibleffe & la débilité générale, due au manque de reffort des parties. On prefcrit la Sauge en poudre, ou en infufion ; on la donne auffi dans le vin ; elle eft la bafe du vin aromatique. Les fleurs de cette plante affociées au miel & à l'oximel, font un très-bon mafticatoire apophlegmatifant.

719. *Sambucus nigra.* Le Sureau commun.

Tous les beftiaux, excepté les moutons, ne touchent point au Sureau ; fes baies font un poifon pour les poules, mais les autres oifeaux les mangent très-bien ; fon odeur éloigne tous les animaux, même les taupes.

720. *Sambucus ebulus.* L'Hièble.

Les beftiaux n'y touchent point, les abeilles font friandes de fes fleurs, & les oifeaux mangent fes baies.

721. *Samolus valerandi.* Le Mouron blanc.

Les vaches, les chèvres & les moutons le mangent, les chevaux le négligent.

722. *Sanguiforba officinalis.* La grande Pimprenelle.

Ses tiges font dures & déplaifent aux beftiaux.

723. *Sanguiforba minor.* La petite Pimprenelle.

On la cultive fur-tout pour la nourriture des beftiaux, elle fournit un excellent pâturage ; & comme elle réfifte à la gelée, on peut en faire des pâturages pour l'hiver.

724. *Sanicula europæa.* La Sanicle.

Les moutons & quelquefois les chèvres la mangent, les chevaux n'en veulent point, par conféquent cette plante eft très-peu utile dans les pâturages. On donne aux animaux fes feuilles dans la décoction vulnéraire, à la dose d'une poignée sur une livre d'eau.

725. *Santolina chamæ cyparissias.* La Garde-robe.

La Santoline est vermifuge ; on en donne aux animaux comme telle à la dose de deux gros dans une liqueur convenable ; on prétend que cette plante a la vertu d'écarter les vers & les teignes de tous les endroits où on la met.

726. *Saponaria vaccaria.* La Saponaire blé des vaches.

Ces animaux en mangent avec avidité, ce qui lui a fait donner ce nom.

727. *Satyrium hircinum.* Le Satyrion bouquin.

Ses racines fournissent une très-bonne nourriture aux vaches ; on croit même qu'elles augmentent sensiblement leur lait.

728. *Satyrium viride.* Le Satyrion verdâtre.

Les chèvres mangent cette plante.

729. *Saxifraga granulata.* La Saxifrage grenue.

Cette plante est diurétique ; on en donne aux animaux la décoction à la dose d'une livre par jour ; les vaches seules mangent quelquefois la Saxifrage, que les moutons & les chèvres négligent.

730. *Scabiosa succisa.* Le Remors.

Tous les bestiaux mangent cette plante, excepté les cochons ; ainsi elle convient dans les pâturages, mais elle tient trop de place dans les prairies, &

acquiert en féchant trop de dureté. Sa fleur plaît aux abeilles & autres infectes.

731. *Scabiofa arvenfis*. La Scabieufe des champs.

Quoiqu'elle foit d'un goût amer, elle eft faine ; les beftiaux s'en accommodent très-bien ; & comme elle vient fur les montagnes, & qu'elle refifte aux féchereffes, on a propofé d'en faire des prairies artificielles. Les chèvres, les moutons, les chevaux, quelquefois les vaches la mangent, les cochons n'en veulent point ; elle durcit trop en féchant ; la fleur plaît aux abeilles & autres infectes.

Dans l'art vétérinaire, on la donne avec l'oximel dans la fuppuration légère du poumon, dans l'empyème, dans les inflammations légères des vifcères ; fon infufion eft bonne pour favorifer l'irruption du claveau ; elle eft au nombre des plantes dont on fait des breuvages alexitaires indiqués dans les maladies gangreneufes, contre le charbon, l'efquinancie.

732. *Scabiofa columbaria*. La Scabieufe colombière.

Les chèvres, les moutons, les chevaux la mangent.

733. *Scandix cerefolium*. Le Cerfeuil.

On trouve fur cette plante une chenille qui fe métamorphofe dans la phalène à trois bandes argentées ; les vaches, les chèvres & les moutons la mangent, les chevaux n'en veulent point. Dans l'art vétérinaire, on emploie son suc comme incisif, apéritif & diurétique, à la dose d'une demi-livre.

734. *Schænus mariscus.* Le Choin marisque.

Il comble les marais, & peut insensiblement les changer en un terrein fertile ; les chèvres le mangent, il est dangereux pour les vaches.

735. *Scilla maritima.* La Scille rouge.

On donne aux animaux la poudre de Scille à la dose d'un gros, & l'oximel à celle d'une once, dans les cas analogues à ceux de la médecine humaine. Selon Bourgelat, l'art vétérinaire ne reconnoît dans sa pratique que les mêmes propriétés des oignons communs, aussi les substitue-t-on à l'extérieur.

736. *Scirpus palustris.* Le Scirpe des marais.

Les vaches & les moutons ne veulent point de cette plante, que les chèvres & les chevaux mangent ; les cochons aiment beaucoup ses racines fraîches, que l'on fait sécher en Suède, pour leur servir de pâture pendant l'hiver. Cette plante fertilise le terrain qui l'a fait naître.

737. *Scirpus lacustris.* Le Scirpe des étangs.

Les vaches, les chèvres & les cochons mangent cette plante, lorsqu'elle est verte ; les moutons n'en veulent point.

738. *Scleranthus annuus.* La Gnavelle annuelle.

La Gnavelle est inutile dans les prairies ; cependant

les chèvres & les chevaux la mangent, les vaches n’en veulent point.

On trouve à la racine de cette plante la cochenille de Pologne, *coccus Polonicus*, qui imite un petit grain d’un rouge brun; les Juifs favent la trouver, & en ramaffent une affez grande quantité pour en faire un objet de commerce; ils en vivifient la teinte à leur gré, pour imiter toutes les nuances du rouge.

739. *Scorzonera humilis.* La Scorfonnère nerveufe.

Cette plante plaît à tous les beftiaux; les cochons fouillent beaucoup les prés pour en tirer les racines.

740. *Scorzonera hifpanica.* La Scorfonnère d’Efpagne.

On peut en faire manger aux animaux; les oifeaux font fort friands de fa femence; le ver du limaçon & la taupe aiment beaucoup fes racines.

741. *Scrophularia nodofa.* La Scrophulaire des bois.

On trouve fur cette plante quatre infectes; 1º. le charanfon à lozange de la Scrophulaire; 2º. le charanfon gris de la Scrophulaire; 3º. la ftriée brune du *Verbafcum*; 4º. enfin la mouche à fcie de la Scrophulaire.

Les chèvres mangent de cette plante, les autres beftiaux n’en veulent point; elle plaît beaucoup aux abeilles. Quand on la prefcrit aux animaux dans les cas analogues à ceux de l'homme , c'eft à la dofe d'une once.

742. *Scutellaria galericulata*. La Toque des marais.

Les vaches, les chèvres & les moutons mangent cette plante ; les chevaux & les cochons n'en veulent point.

743. *Secale cereale*. Le Seigle.

Les oifeaux & le gibier aiment cette plante, mais ils ne lui font pas tant de tort qu'au froment ; la paille eft auffi moins bonne que celle du froment pour affurer le bétail. On fe fert quelquefois du Seigle, foit pour y mettre les chevaux au verd, foit pour le donner en herbe aux bœufs & aux vaches, on le fauche en avril, auffitôt que les épis commencent à fe montrer ; il repouffe dans la même année, & pour peu qu'elle foit humide, on peut faucher trois fois dans la première, & feulement deux fois dans les fuivantes. Le Seigle femé de bonne heure en automne, eft encore avantageux pour nourrir les agneaux primes & les moutons ; ces derniers mangent le blé de Seigle.

744. *Sedum telephium*. L'Orpin.

Les chèvres, les moutons, les cochons mangent cette plante, lorfqu'elle eft verte ; les chevaux n'en veulent point ; la fleur plaît aux abeilles & autres infectes.

745. *Sedum album*. Le Sédon blanc.

Les

Les chèvres mangent cette plante, les vaches &
les moutons n'en veulent point.

746. *Sedum acre.* La Vermiculaire.

Les chèvres mangent cette plante, dont les autres
beſtiaux ne veulent point, à l'exception des
vaches qui y touchent quelquefois ; les oiſeaux
l'aiment beaucoup.

747. *Sedum ſexangulare.* Le Sedum ſexangulaire.
Les chèvres mangent cette plante.

748. *Selinum paluſtre.* La Seline des marais.

Les vaches, les chèvres & les chevaux mangent
cette plante, que cependant quelques botaniſtes regardent comme un poiſon.

749. *Sempervivum tectorum.* La Joubarbe des toits.

Les chèvres, les moutons mangent cette plante,
dont les vaches ne veulent point ; on en donne le ſuc
aux animaux dans les fièvres intermittentes, à la doſe
d'une demi-livre.

750. *Senecio vulgaris.* Le Séneçon commun.

Les vaches, les chèvres, les cochons le mangent,
les moutons & les chevaux n'en veulent point ;
les oiſeaux, ſur-tout les ſerins, ſont fort friands
de ſes fleurs ou graines.

751. *Senecio ſylvaticus.* Le Seneçon des bois.
Les vaches mangent cette plante.

752. *Senecio jacobæa.* La Jacobée.
Les vaches ſeules en mangent.

O

753. *Serratula tinctoria.* La Sarrette des teinturiers.

Cette plante eft inutile dans les prairies, les vaches & cochons n'en veulent point ; les chèvres, les moutons, rarement les chevaux la mangent.

754. *Serratula arvenfis.* La Sarrette des champs.

Les chèvres, les chevaux, & fur-tout les moutons la mangent, les cochons n'en veulent point.

755. *Silene nutans.* Le Silène penché.

Les moutons, les chèvres, les chevaux mangent cette plante, dont les vaches ne veulent point.

756. *Sinapis arvenfis.* La Moutarde des champs.

Elle eft inutile dans les prairies, elle paffe même pour dangereufe aux chevaux ; cependant les autres beftiaux la mangent fans en être incommodés ; les abeilles recueillent fes fleurs.

757. *Sinapis nigra.* La Moutarde noire.

Elle eft inutile dans les prairies ; on la dit même mortelle pour les chèvres.

758. *Sifymbrium fophia.* Le Thalictron des boutiques.

L'herbe & la femence font vulnéraires, déterfives, aftringentes, vermifuges & fébrifuges. On donne aux animaux la femence de Thalictron en poudre à la dofe d'une demi-once. Les infectes attaquent quelquefois les fommités fleuries de cette plante, de manière à faire extravafer la fève, & de ne former de tout le tyrfe qu'une maffe informe. Les vaches & les moutons, quelquefois les chèvres & les chevaux mangent du Thaliƈtron, les cochons n'en veulent point.

759. *Sium angustifolium.* La Berle à feuilles étroites.

760. *Sium latifolium.* La Berle à feuilles larges.

Ces plantes font dangereufes dans les prairies humides, fur-tout après le mois de Juillet, pour les vaches, auxquelles on prétend qu'elles caufent des vertiges qui les font périr; cependant les chevaux, les cochons & quelquefois les moutons les mangent.

761. *Smyrnium olufatrum.* Le Maceron commun.

Ses femences font carminatives, diurétiques; quand on les prefcrit comme telles aux animaux, c'eft à la dofe d'une demi-once fur une livre d'eau.

762. *Solanum dulcamara.* La Douce-amère.

Les chèvres & les moutons mangent cette plante, dont les autres beftiaux ne veulent point; elle attire les renards par fon odeur; on en met dans les appâts qu'on tend à ces animaux.

763. *Solanum tuberofum.* La Pomme de terre.

Ses racines fervent de nourriture aux animaux fur-tout aux cochons; mais quand ils en ont beaucoup mangé, fur-tout lorfqu'elles font récemment tirées de terre, ils s'en trouvent tellement enivrés, qu'ils ne peuvent de quelques heures marcher;

à l'égard des feuilles, les animaux n'y touchent point.

764. *Solanum nigrum.* La Morelle à fruit noir.

Les bestiaux ne touchent point à cette plante.

765. *Solidago virga aurea.* La Verge d'or.

Les bestiaux la mangent volontiers, lorsqu'elle est fraîche ; on donne aux animaux ces plantes comme vulnéraires en infusion, à la dose de deux poignées dans une livre & demie d'eau.

766. *Sonchus oleraceus.* Le Laiteron.

Quelques auteurs avancent sans preuves, que le laiteron augmente le lait des nourrices, on peut en faire l'expérience sur les animaux. Cette plante fournit une nourriture agréable aux vaches & aux lapins ; la chair des lapins domestiques, long-temps nourris avec le Laiteron, acquiert un goût très-agréable.

767. *Sonchus palustris.* Le Laiteron des marais.

Il peut être bon dans les pâturages, mais il est inutile dans les prairies.

768. *Sonchus arvensis.* Le Laiteron des champs.

Les vaches, les chèvres & sur-tout les chevaux le mangent ; il est bon dans les pâturages, mais inutile dans les prairies.

769. *Sonchus Alpinus.* Le Laiteron des Alpes.

Il plaît aux vaches.

770. *Sorbus aucuparia.* Le Sorbier des oiseleurs.

Tous les bestiaux mangent l'écorce & les feuilles

du Sorbier; les poules, les grives, les jafeurs de Bohême & les coqs de Bruyère mangent fes baies.

771. *Sparganium natans.* Le Ruban d'eau flottant.
Il eft aimé des bœufs; il attire les poiffons.

772. *Sparganium ramofum.* Le Ruban rameux.
Mêmes propriétés que le précédent.

773. *Spartium junceum.* Le Genêt épineux.
Les lièvres & les lapins en font très-friands; fi on ne le met pas à l'abri de ces animaux, ils le dévorent pendant l'hiver, lorfqu'ils ne trouvent point d'autre nourriture.

774. *Spergula arvenfis.* L'Efpargoutte des champs.
Cette plante fournit un fourrage excellent pour les chèvres, les moutons, les chevaux & les cochons, mais les vaches, dit-on, n'en veulent point. On feme l'Efpargoutte en Flandre, immédiatement après la récolte des blés; on la fait manger en verd aux beftiaux; cette plante convient mieux pour la nourriture des poules & des pigeons; lorfqu'on veut ramaffer la graine, on sème en mai.

775. *Sphagnum paluftre.* La mouffe aquatique.
Elle eft recherchée des rennes.

776. *Spiræa ulmaria.* La Reine des prés.
Toute la plante plaît beaucoup aux chèvres; les moutons & les cochons la mangent; les vaches & les chevaux n'en veulent point; elle devient fouvent trop dure dans les temps de la fauchaifon, pour fournir un bon foin; la fleur plaît aux abeilles.

777. *Spiræa filipendula*. La Filipendule.

Les chèvres & les moutons la mangent, lès chevaux n'en veulent point; fa racine plaît aux cochons, qui gâtent les prés en les tirant hors de terre; fa fleur eft agréable aux abeilles.

778. *Spiræa aruncus*. La Barbe de chèvre.

Elle convient aux abeilles & autres infectes.

779. *Stachys fylvatica*. La Stachyque des bois.

Les chèvres & les moutons la mangent, les autres beftiaux n'en veulent point.

780. *Stachys paluftris*. La Stachique des marais.

Elle plaît aux cochons, qui creufent la terre pour l'en tirer; les moutons mangent encore cette plante, les autres n'en veulent point.

781. *Stellaria graminea*. La Stellaire graminée.

Tous les beftiaux mangent cette plante; c'eft un bon pâturage.

782. *Stellaria nemorum*. La Stellaire des bois.

Elle eft peu utile dans les prairies; cependant les moutons, les chevaux & les cochons la mangent.

783. *Styrax officinale*. Le Storax.

Il découle des incifions de cet arbre de petites larmes, qui fourniffent un fuc réfineux, & qui fe nomme Storax calamite; le Storax liquide eft un compofé de Storax calamite, de galipot, d'huile & de vin. Ce compofé eft un excellent tonique, anti-putride, très-bon contre la gangrène; il eft résolutif & fortifiant, on l'applique fur les nerfs ferrures, fur les engorgemens des articulations ; on s'en fert en outre à la fuite des efforts, des diftenfions des parties ; on en fait encore ufage dans les entorfes récentes, fur les fractures.

784. *Stychnos nux vomica.* La Noix vomique.

C'eft un poifon pour les animaux, il leur occafionne des mouvemens convulfifs, l'épilepfie & la mort. On prétend que l'eau pour les oifeaux, le vinaigre pour les chiens, peuvent les fauver, lorfqu'ils ont avalé de ce poifon. On nomme bois de couleuvre la racine de cet arbre ; il fert à guérir la morfure de ce reptile.

785. *Symphytum officinale.* La grande Confoude.

Elle eft inutile dans les prairies ; les vaches & les moutons la mangent dans les pâturages, les autres beftiaux n'en veulent point.

786. *Symphonia globulifera.* La Symphonie globulifère.

Les perroquets font très-friands des fruits de cet arbre qui croît à Surinam.

787. *Syringa vulgaris.* Le Lilac de Perfe.

Quoique les feuilles de cet arbriffeau foient très-amères, les vaches les mangent quelquefois.

788. *Tamarindus indica.* Le Tamarin.

La pulpe de Tamarin, qui eft purgative dans l'homme, étendue ou délayée dans de l'eau, ne forme qu'une boiffon rafraîchiffante, délayante &

favoneufe pour les animaux ; on leur donne cette boiffon dans les maladies bilieufes, dans celles qui font purement inflammatoires, comme les four-bures, les inflammations, les ardeurs d'entrailles. Le Tamarin, en raifon de fa cherté, ne s'ordonne que pour le cheval & le chien, & on ne s'en fert même, que lorfqu'il eft à bas prix ; il eft aifé de le fuppléer par l'oximel, la décoction d'orge, le fel d'Epfom, la terre foliée de tartre ou le tartre mêlé avec le miel ou la mélaffe. La dofe pour le cheval eft de trois à huit onces, & pour le chien de tros gros à deux onces.

789. *Tamus communis*. Le Sceau de Notre-Dame.

Sa racine eft hydragogue, apéritive, on en donne à l'animal malade une demi-once.

790. *Tanacetum vulgare*. La Tanaifie.

Les vaches & les moutons mangent de cette plante, dont les autres beftiaux ne veulent point. Elle chaffe les puces, punaifes & autres infeêtes.

791. *Taxus baccata*. L'if.

Le père Schott affure que fi on jette de l'If dans de l'eau dormante, les poiffons en deviennent tout étourdis, de forte qu'on peut les prendre à la main.

On lit dans les papiers publics de 1754, que plufieurs chevaux, qui avoient entré dans un verger près la ville de Bois-le-Duc en Hollande, y mangèrent des branches d'If, & que quatre heures

après, fans aucun autre fymptôme que des convulfions, qui ne durèrent qu'une ou deux minutes, deux tombèrent morts l'un après l'autre ;
l'If eft fur-tout un poifon violent pour les animaux, lorfqu'on le leur donne feul ; mais ce poifon pèrd toute fa force par fon mélange avec un
autre fourrage.

792. *Teucrium fcordium.* La Germandrée aquatique.

Elle eft inutile dans les prairies, mais dans les
pâturages les chèvres & les moutons en mangent,
elle communique à leur lait une odeur d'ail ; les
vaches, les chevaux & les cochons n'en veulent
point.

793. *Thalictrum flavum.* Le Pigamon des prés.

Quoique cette plante foit peu utile dans les
prairies, elle plaît néanmoins aux beftiaux.

794. *Theobroma quazuma.* Le Cacaotier.

Le fruit & les feuilles de cet arbre font une
bonne nourriture pour les bœufs, & quand les
planteurs arrachent ces arbres, ils les laiffent fur
la terre, pour fervir de nourriture aux beftiaux,
ce qui fait une grande reffource dans les faifons
sèches, lorfque le fourrage ordinaire eft rare.

795. *Thlafpi arvenfc.* La Monnoyère.

La vapeur qui s'élève d'une tige de Monnoyère,
paffe pour éloigner les infectes ; les vaches, les

chèvres & les cochons en mangent, les moutons & les chevaux n'en veulent point.

796. *Thlaſpi alliaceum.* Le Thlaſpi à odeur d'ail.

Cette plante donne au lait des vaches qui en mangent, un goût très-déſagréable.

797. *Thlaſpi campeſtre.* Le Thlaſpi champêtre.

Les moutons & les chevaux n'en veulent point, les vaches n'y touchent que rarement ; les chèvres & les cochons ſont les ſeuls qui le mangent.

798. *Thlaſpi Burſa paſtoris.* La Bourſe à paſteur.

On recommande ſon ſuc contre le piſſement de ſang des beſtiaux, tous les animaux en mangent.

799. *Thymus ſerpillum.* Le Serpolet.

Les chèvres & les moutons le mangent, les cochons n'en veulent point, il plaît beaucoup aux lièvres, aux lapins & aux abeilles.

800. *Tilia europæa.* Le Tilleul.

On trouve ſur cet arbre quatre inſectes, le puceron du Tilleul, le kermès du Tilleul, le ſphinx du Tilleul & la phalène lunulée ; les abeilles ſauvages établiſſent leurs gâteaux dans les vieux troncs cariés ; ce miel eſt ſupérieur à celui des Pyrénées. Les abeilles ſont fort friandes de la fleur de cet arbre, mais elle leur donne la dyſenterie. Dans l'art vétérinaire on fait prendre aux animaux la poudre de fleurs de Tilleul, à la doſe d'une demi - once, comme céphalique & anti-ſpaſmodique.

801. *Tordylium anthriscus.* Le Tordyle antrisc.
Il est recherché par les moutons.

802. *Tormentilla erecta.* La Tormentille.

Les vaches, les chevaux, les moutons, les cochons la mangent, les chèvres n'en veulent point. Quand on donne comme vulnéraire & astringeante la racine aux animaux, c'est en poudre, à la dose d'une demi-once.

803. *Tragopogon pratense.* La Barbe de bouc.

Tous les animaux la mangent, sur-tout les cochons, mais rarement les chèvres.

804. *Tragopogon porrifolium.* Le Salsifix des jardins.

Les bestiaux & même les cochons font bien nourris avec les racines & les tiges des salsifix & des scorsonnères.

805. *Trapa natans.* La Châtaigne d'eau.

Cette plante peut servir à la nourriture des oies & des canards, & donne un bon fourrage pour les bestiaux : sa décoction chasse les puces.

806. *Trifolium melilotus officinalis.* Le Mélilot.

Tous les bestiaux mangent cette plante, qui plaît sur-tout aux chevaux; il est des pays où on en fait des prairies artificielles: on feroit bien de préférer pour cet usage, les variétés du grand Melilot blanc.

807. *Trifolium repens.* Le Trefle blanc rampant.

On regarde cette plante comme un pâturage

excellent ; les vaches, les chèvres, les moutons, les chevaux en mangent, mais elle eſt trop nourriſſante ; ſi on laiſſe trop long-temps les beſtiaux dans un champ de Trefle, ils enflent & peuvent périr. Le fleur eſt agréable aux abeilles & aux inſectes.

808. *Trifolium pratenſe*. Le Trefle des prés.

C'eſt un excellent pâturage ; on ne doit y conduire les beſtiaux, que quand ils ſont un peu raſſaſiés, & même ne les laiſſer que très-peu de temps, après quoi on les mène ſur les coteaux ; quand on leur donne le Trefle dans l'étable, on doit le mélanger avec la paille, ſi on veut éviter aux animaux les ſymptômes de la pléthore. Ils deviennent pour lors ſujets à des vertiges, on peut y remédier, & même le plus promptement que faire ſe peut, par la ſaignée, les boiſſons rafraîchiſſantes, les lavemens, les véſicatoires appliqués aux deux feſſes. Les moutons périſſent de gras fondu ou d'autres maladies ; ils enflent & peuvent mourir de ce dernier accident. Le Trefle les engraiſſe promptement, mais leur graiſſe eſt jaunâtre, quoique de bon goût ; la fleur plaît aux abeilles.

809. *Trifolium arvenſe*. Le Trefle des champs.

Les chèvres mangent cette plante.

810. *Trifolium fragiferum*. Le Trefle fraiſe.

Les vaches mangent cette plante, ſur-tout

orfqu'elle eſt verte ; on en forme dans certains
pays des prairies artificielles.

811. *Trifolium montanum.* Le Trefle des montagnes.

C'eſt un bon pâturage ; les vaches, les chèvres,
les moutons & les chevaux en mangent.

812. *Trifolium agrarium.* Le petit Trefle jaune,
le Timothy.

Il fournit une excellente nourriture aux beſtiaux ;
les vaches, les chèvres, les moutons, les chevaux
en mangent.

813. *Triglochin paluſtre.* Le Troſchart des marais.

Cette plante plaît beaucoup à tous les beſtiaux ;
c'eſt pour eux un pâturage d'une qualité excellente, quoique peu abondant.

814. *Trigonella fœnum græcum.* Le Fenouil grec.
On donne la graine de cette plante aux beſtiaux, & ſouvent aux chevaux pour les engraiſſer
& leur donner de l'appétit.

815. *Trigonella corniculata.* La Trigonelle cor-
niculée.

Toute la plante fournit un bon fourrage pour
les chèvres & les moutons.

816. *Triticum hybernum.* Le Froment cultivé.

Les beſtiaux mangent le Froment en herbe ; la
décoction du ſon rafraîchit les chevaux ; ce même
ſon fournit une très-bonne nourriture aux moutons

pendant l'hiver ; ils mangent auffi les balles de froment ; on hache la paille menue de cette plante, qui peut fervir de nourriture aux beftiaux ; on leur en fait auffi de la litière, qui, imprégnée de leur urine, eft très-bonne pour les couches.

817. *Triticum repens*. Le Chiendent proprement dit.

L'herbe fournit un bon fourrage pour tous les beftiaux, excepté les cochons ; les chiens & les chats en mangent pour fe faire vomir.

818. *Trollius europæus*. Le Trolle globuleux.

La fleur plaît aux abeilles, les beftiaux mangent volontiers cette plante.

819. *Turritis glabra*. La Tourette liffe.

Les vaches, les chèvres & les moutons mangent cette plante, dont les chevaux & les cochons ne veulent point ; la fleur plaît aux abeilles & autres infectes.

820. *Turritis hirfuta*. La Tourette velue.

Elle eft inutile dans les pâturages, les vaches n'en veulent point.

821. *Tuffilago farfara*. Le Pas-d'âne.

Le Pas-d'âne eft inutile dans les prairies, mais non dans les pâturages ; les chèvres, les moutons & quelquefois les vaches en mangent ; les chevaux & les cochons n'en veulent point ; on donne comme béchique aux animaux toute la plante en infufion, à la dofe d'une poignée fur une livre & demie d'eau.

822. *Tuffilago petafites*. Le Pétafite.

Les fruits frais de cette plante un peu écrafés plaifent aux beftiaux ; les racines ont été très en ufage dans différentes épizooties ; les abeilles aiment cette plante.

823. *Typha latifolia*. La Maffette à feuilles larges.

824. *Typha anguftifolia*. La Maffette à feuilles étroites.

Les cochons ne veulent point de ces deux plantes ; les vaches les mangent, mais Schreber foupçonne qu'elle leur eft nuifible.

825. *Vaccinium myrtillus*. L'Airelle myrtille.

Les chèvres & quelquefois les moutons en mangent ; les chevaux & les vaches n'en veulent point.

826. *Vaccinum oxicoccos*. L'Airelle canneberge.

Les chèvres, les moutons mangent cette plante, dont les autres beftiaux ne veulent point.

827. *Valantia cruciata*. La Croifette.

La racine teint en rouge les os des volailles qui en mangent.

828. *Valeriana dioica*. La Valériane des marais.

Elle eft inutile dans les prairies, mais non pas entièrement dans les pâturages, car les chèvres & les moutons la mangent.

829. *Valeriana officinalis.* La Valériane des boutiques.

Cette plante eſt inutile dans les prairies ; les vaches, les chevaux & les cochons n'en veulent point ; les chèvres & les moutons la mangent ; l'odeur de ſa racine plaît beaucoup aux chats.

830. *Valeriana locuſta.* La Mâche.

Les chevaux & les moutons en mangent, c'eſt ſur-tout une excellente nourriture pour les agneaux.

831. *Veratrum album.* L'Hellébore blanc.

832. *Veratrum nigrum.* L'Hellébore blanc à fleurs rouges.

Les mulets mangent de ces deux plantes, les autres beſtiaux n'en veulent point ; les fruits & les ſemences font périr les poules & autres oiſeaux domeſtiques.

833. *Verbaſcum thapſus.* Le Bouillon blanc.

La racine pulvériſée, miſe en pâte, engraiſſe très-bien les poulets ; la fleur plaît aux abeilles & autres inſectes, elle enivre les poiſſons ; les beſtiaux n'y touchent point.

834. *Verbaſcum nigrum.* Le Bouillon noir.

Les cochons & quelquefois les moutons mangent cette plante, dont les autres beſtiaux ne veulent point ; on s'en fert dans le nord pour calmer la toux des vaches ; les fleurs plaiſent aux abeilles & font quelquefois recherchées par les moutons.

835. *Verbaſcum blattaria.* L'Herbe aux mites.

Cette

Cette plante n'a point la propriété de chasser les insectes, comme on l'a faussement prétendu.

836. *Verbena officinalis.* La Verveine des boutiques.

Les moutons en mangent, les vaches, les chèvres & les chevaux n'en veulent point; elle est inutile dans les prairies. Cette plante est vulnéraire, très-astringente, fébrifuge; quand on la prescrit comme telle aux animaux, c'est toujours à la dose de deux poignées dans une livre d'eau, & le suc à la dose de deux onces.

837. *Veronica officinalis.* La Véronique des boutiques.

Elle est inutile dans les prairies, mais non entièrement dans les pâturages; les chèvres, les vaches, les moutons, les chevaux & quelquefois les cochons la mangent.

838. *Veronica spicata.* La petite Véronique à épi.

Les vaches & les moutons en mangent; les chèvres & les chevaux n'en veulent point; elle plaît aux abeilles.

839. *Veronica serpyllifolia.* La Véronique à feuilles de serpolet.

Les vaches la mangent.

840. *Veronica beccabunga.* La Véronique beccabongue.

Les chèvres, les chevaux & quelquefois les vaches la mangent, les cochons n'en veulent pas.

P

841. *Veronica anagallis.* La Véronique à feuilles de mouron.

Les vaches, les chèvres & les moutons la mangent, les chevaux & les cochons n'en veulent point.

842. *Veronica scutellata.* La Véronique à écusson.

Les vaches, les chèvres, les moutons & les chevaux en mangent.

843. *Veronica chamædrys.* La Véronique à feuilles de germandrée.

Les chèvres & quelquefois les vaches la mangent, les autres bestiaux n'en veulent point.

844. *Veronica agrestis.* La Véronique champêtre.

Les vaches, les chèvres, les moutons & les chevaux en mangent.

845. *Veronica arvensis.* La Véronique des champs.

Les vaches mangent quelquefois cette plante.

846. *Veronica hederæfolia.* La Véronique en forme de lierre.

Les vaches, les chèvres, les moutons & les chevaux en mangent.

847. *Veronica triphyllos.* La Véronique digitée.

Les vaches, les chèvres & les moutons en mangent.

848. *Viburnum lantana.* La Viorne cotonneuse.

On emploie les branches pour faire des sétons dans les maladies des bestiaux; ses racines macérées dans la terre & pilées, donnent de la glu, qui sert pour attrapper les oiseaux; ceux-ci sont fort friands de ses baies.

849. *Viburnum opulus*. L'Obier.

Les oifeaux aiment beaucoup les baies de cet arbre.

850. *Vicia dumetorum*. La Vefce des buiffons.

Les vaches, les chèvres, les moutons & les chevaux mangent cette plante, qui, de même que toutes les autres efpèces de vefces, forme un excellent pâturage.

851. *Vicia cracca*. La Vefce multiflore.

Tous les beftiaux la mangent, elle fourniroit un très-bon pâturage, fi elle n'étoit pas baffe & blanchâtre dans les près.

852 *Vicia fativa*. La Vefce cultivée.

Les femences fervent de nourriture aux pigeons & aux moutons; toute la plante fournit un excellent fourrage, on la cultive pour nourrir les beftiaux; les tiges des vefces, lorfqu'elles ont été battues, font encore une très-bonne nourriture pour les brebis; on peut femer les vefces avec l'avoine, & les couper en verd, le produit en eft très-avantageux.

853. *Vicia faba*. La Fêve des marais.

Cette plante eft un bon fourrage pour toutes fortes de beftiaux, mais il en faut faire la récolte avant la maturité; les graines, quand elles font bien feches, conviennent aux chevaux, on peut les fubftituer à l'avoine; les moutons en font auffi très-friands.

854. *Vicia sepium.* La Vesce des haies.

On emploie la graine pour les pigeons, & on en donne le fourrage aux bœufs, aux vaches, aux chevaux, aux moutons & aux chèvres.

855. *Viola odorata.* La Violette odorante.

Cette plante est inutile dans les prairies, sa fleur plaît aux abeilles & autres insectes.

856. *Viola hirta.* La Violette hérissée.

Les vaches, les chèvres, les moutons & les chevaux mangent cette plante.

857. *Viola canina.* La Violette sauvage.

Elle est inutile dans les prairies, mais elle ne l'est pas dans les pâturages; car les vaches, les chèvres, les moutons & les cochons la mangent; les chevaux n'en veulent point.

858. *Viola tricolor.* La Pensée.

La fleur plaît aux abeilles & autres insectes; les vaches, les chèvres & rarement les cochons en mangent, mais les moutons & les chevaux n'en veulent point.

859. *Viscum album.* Le Gui du chêne.

Les grives en mangent les baies; on peut en retirer, en les laissant entassés, une excellente glu.

860. *Ulex europæus.* L'Ajonc.

L'extrêmité des branches de cet arbrisseau, lorsque les épines ont été rompues, fournit une bonne nourriture aux vaches & aux chevaux.

861. *Ulmus campestris.* L'Orme.

Tous les bestiaux mangent les feuilles de cet arbre; les vessies qu'on trouve sur leurs feuilles font occasionnées par les piqûres des pucerons; on en exprime une humeur gluante, qu'on regarde comme un bon déterfif dans les plaies récentes.

On trouve fur cet arbre plusieurs insectes : 1°. le stercore rouge à étuis violets; 2°. le lupère noir à pattes rouges; 3°. la coccinelle rouge à onze points & à corcelet jaune; 4°. le puceron de l'Orme; 5°. le kermès de l'Orme; 6°. la cochenille de l'Orme; 7°. la chenille du papillon furnommé la grande tortue; 8°. la chenille du papillon qui s'appelle le porte-queue brun à deux bandes de taches blanches; 9°. la chenille de la phalène hériffonne; 10°. la chenille de la phalène connue fous le nom de la lunule; 11°. enfin, la chenille arpenteufe de la phalène brocatelle d'or.

862. *Urtica dioica.* La grande Ortie.

On cultive beaucoup en Suède cette plante pour la nourriture des bestiaux, on en fait la coupe trois fois par an; lorsqu'elle est sèche, elle fournit un excellent aliment au bétail; mais quand elle est fraîche, les animaux domestiques n'en mangent que l'extrêmité; on la mêle pour lors avec de la paille, du foin & de la luzerne, ou on la laisse macérer dans l'eau chaude. Les Suédois ne donnent aucun fourrage à leur bestiaux, sans y mêler environ une huitième partie d'Ortie; ils en mêlent encore avec le fon, l'orge & les autres farineux, dont ils font boire l'eau; ils ne la donnent jamais feule; ils la regardent comme un remède anti-feptique, & altérant, propre à augmenter la quantité du lait, & à tenir le bétail en bon état. Ils coupent cette plante jeune, car dès qu'elle eft montée en graines, les beftiaux la rebutent & elle les incommode. Cette même plante hachée menue & mêlée avec du fon, donne de la vigueur aux dindonneaux & convient à toute la volaille.

863. *Urtica urens*. La petite Ortie.

On la mêle avec la pâtée de la volaille, fur-tout pour les petites pintades.

864. *Utricularia vulgaris*. La Lentibulaire.

Elle plaît aux canards.

865. *Xanthium ftrumarium*. Le Glouteron commun.

Les vaches & les cochons en mangent, les autres beftiaux n'en veulent point.

866. *Xeranthemum annuum*. La grande Immortelle.

Cette plante nourrit des efpèces d'infeétes qui, dans l'ordre général, trouvent leur place néceffaire & forment une des chaînes abfolument utiles de la grande férie des vers.

867. *Zea mays*. Le Bled de Turquie.

Les feuilles & les tiges fourniffent une bonne nourriture aux beftiaux; fi elles font dures, on les arrofe avec de l'eau; les grains engraiffent parfaitement la volaille & les cochons.

SUPPLÉMENT

---

* ACHILLÆA *millefolium*. La millefeuille.

Cette plante eſt utile dans la galle des brebis. 5.

868. *Aconitum commarum*. Le Tue-loup.

Les animaux ne touchent point à cette plante, pour laquelle ils ont une averſion naturelle ; cependant les chèvres de Fahlun en Suède, broutent le Napel ou Tue-loup, qui y croît dans un ſeul endroit, mais leur eſtomac s'enfle auſſi-tôt, & elles périſſent en peu d'heures ; il leur arrive ſans doute de s'empoiſonner ainſi , parce qu'il eſt étranger dans ce climat ; elles ſont, pour ainſi dire, ſans expérience à cet égard.

869. *Agaricus laricis*. L'agaric de la meleze.

Les habitans des Alpes ont appris par expérience que l'Agaric purge, & s'en ſont fait un remède d'uſage ordinaire pour les maladies du bétail : on s'en ſert, dit Boccone, pour les vaches malades.

* *Alchemilla vulgaris*. Le Pied de Lion commun.

Gleditch vante beaucoup cette plante à titre de fourrage. 41.

* *Aliſma plantago aquatica*. Le grand Plantain d'eau.

Fabregou dit avoir vu périr des vaches qui avoient brouté cette plante, ce qui confirme ce que nous en avons déjà dit. 42.

* *Allium urſinum.* L'Ail d'ours.

Cette plante infecte d'une puanteur inſupportable le lait des vaches qui s'en nourriſſent, ce mauvais goût ſe communique même au fromage. 45.

* *Amygdalus amara.* L'Amandier amer.

Wepfer ayant fait avaler à un jeune renard des amandes amères, il mourut dans les convulſions, il avoit le pylore fermé & l'eſtomac enflammé ; deux gros ont auſſi tué un petit chat ; un demi-gros a fait périr un pigeon dans les convulſions ; une cigogne même, ayant avalé de force gros comme une noix muſcade d'amandes amères, en tomba dans une ſorte d'ivreſſe, ſuivie de convulſions, d'inſenſibilité & même de la mort. Il eſt même arrivé que l'huile d'amandes douces a empoiſonné, ce qui n'eſt pas commun. 60.

870. *Angelica ſylveſtris.* L'Angélique ſauvage.

J. Bauhin a vu guérir par le moyen de cette plante des chevaux, qui avoient une maladie provenant d'une tumeur interne ; on s'en ſert pour les maladies du bétail, entr'autres pour une tumeur de la bouche, qui vient à la mâchoire, en enlevant cette tumeur avec un raſoir, & faiſant boire à l'animal de la tiſane d'Angélique ſauvage.

871. *Anthemis nobilis.* La Camomille romaine.

L'eau diſtillée de cette plante, rend l'appétit aux chevaux.

872. *Apii variæ ſpecies,* Différentes eſpèces d'Ache.

Les abeilles en recherchent quelques espèces.

* *Arctium lappa.* La Bardane.

Quoiqu'en général le bétail ne broute que très-rarement les feuilles de cette plante, cependant Haller observe que les brebis se nourrissent de la Bardane seule au Creux d'Arles, & qu'elles en mangent même beaucoup.

873. *Aristolochia anguicida.* L'Aristolochie anti-serpent.

Son odeur forte fait fuir les serpens venimeux d'Amérique; on se guérit aussi des morsures de la vipère, en faisant usage intérieurement & extérieurement de cette plante.

* *Arthemisia absynthium.* L'Absynthe.

Cette plante est ennemie des vers, elle tue même les anguilles qui naissent dans le vinaigre. 104.

* *Azarum europæum.* Le Cabaret.

Comme cette plante a beaucoup d'odeur, les chats y lâchent leur urine, ainsi qu'ils ont coutume de faire sur toutes les plantes odoriférantes; elle est purgative, on la donne comme telle aux bêtes de somme, à la dose d'un ou de deux gros; on en peut même donner la feuille aux chevaux depuis une demi-once jusqu'à une once.

Des mémoires suédois parlent d'une épizootie très-grave, dans laquelle les bestiaux étoient quelquefois attaqués de manière que les humeurs se jettoient autour des parties génitales; la poudre des feuilles du Cabaret soufflée dans les oreilles de l'animal, a eu, dit-on, dans cette maladie le plus grand succès. Dagnan dit que cette poudre peut guérir l'ulcère malin des chevaux, en la leur soufflant dans les naseaux ; il la conseille aussi pour les vertiges, & en fixe la dose à un gros. 113.

* *Brionia alba.* La Brione.

Quand la racine est fraîche, elle purge les bœufs ; on la leur donne à la dose de deux à trois onces ; ce remède augmente leur appétit, les payfans purgent ainsi leurs animaux, avant de les engraisser. 164.

* *Buxus sempervirens.* Le Buis.

Les chameaux broutent cette plante, mais ils en périssent, selon quelques auteurs. 170.

* *Caltha palustris.* Le Souci des marais.

Il est âcre & corrosif, ce qui n'empêche pas les vaches d'en manger, dit Haller ; on prétend que ses fleurs teignent en jaune la graisse des bœufs qui en mangent ; les Mémoires économiques de Siléfie disent que le bétail ne touche point à cette plante ; Dietrich assure le contraire, & Schreber ajoute que les cygnes s'en engraissent & s'en nourrissent. 176.

* *Chelidonium majus.* La grande Eclaire.

Vitet dit que le suc exprimé de cette plante est bon pour les ulcères sanieux des chevaux ; on la mêle avec de l'alun, & on imbibe de ce mélange de la laine, que l'on applique fur la verge & les bourfes de ces animaux, quand il y a enflure.

On croyoit autrefois que l'hyrondelle guériffoit les yeux malades de fes petits, avec le fuc de cette plante. 221.

* *Chenopodium bonus henricus.* Le bon Henry.

On lit dans Velfch que cette plante employée en bain, eft très-utile pour chaffer les vers des chevaux. 224.

* *Cicuta virofa.* La Ciguë.

Linné dit que cette Ciguë a tué des chevaux & des bœufs, & qu'elle a même occafionné des maladies épizootiques parmi les animaux; Gmelin prétend qu'elle n'eft nuifible qu'aux bœufs & non aux chevaux. Un autre auteur la regarde comme très-pernicieufe pour les bœufs & les vaches; Gunner affure que les chèvres & les cochons s'en nourriffent, les vaches de Barbarie n'y touchent point; le fuc n'a fait aucun mal à un lapin, non plus qu'à un chien, à qui on en avoit fait avaler une once, fi ce n'eft qu'il a eu des vomiffemens & des tremblemens; ce fuc n'a pas pû même tuer un chien, quoiqu'on lui en ait fait avaler quatre onces, & une autre fois jufqu'à deux livres; cet animal fut, il eft vrai, malade & avoit un air ftupéfié; Wepfer en ayant fait avaler deux onces à un aigle, il ne lui arriva rien de plus qu'au chien; la femence donnée dans du lait à un chat, ne lui a point fait de mal, & s'il y a eu des animaux péris, c'est que la dose étoit plus forte que celles dont on vient de parler, ou parce que les animaux n'étoient pas assez robustes pour résister à sa violence, comme cela arriva aux oies. 237.

874. *Colchicum autumnale.* Le Colchique d'automne.

Cette plante, qui tue les loups, est aussi nuisible aux chiens; on en a vu plusieurs qui sont péris pour en avoir avalé la racine; on a même vu périr un dain & un cerf pour en avoir mangé.

* *Conium maculatum.* La grande Ciguë.

Un cochon de lait périt après lui avoir fait avaler du suc de Ciguë, un chien mourut pour lui en avoir donné une demi-once, & lui en avoir injecté trois onces dans le nez. Suivant les expériences d'Haller, les chiens auxquels il en a donné, ont résisté à trois onces, & un renard en a supporté six à huit, il est vrai qu'il a eu l'avantage de pouvoir vomir.

Un chien, dit Beng, en a avalé deux onces & même plus, sans aucun accident; un certain chien a avalé, sans souffrir, de la Ciguë en fermentation; six onces ont enivré une louve, & l'ont fait vomir; un mulet en a supporté deux onces, elle lui a seulement procuré la diarrhée & les sueurs. Tous les symptômes qu'occasionnent cette plante, disparoissent entièrement chez le porc, le chien & la louve par les vomiſſemens, on les a vu ceſſer, auſſi-tôt après la ſortie des urines par les ſelles : auſſi, en pareil cas, ſe trouve-t-on bien d'introduire quelques ſuppoſitoires dans le fondement. 256.

* *Convolvulus ſepium.* Le grand Liſeron.

Sa racine n'eſt point purgative pour les chiens. 259.

* *Corylus avellana.* Le Noiſetier.

Les chatons mâles du Noiſetier ſont un bon purgatif pour les chevaux ; on leur en donne cinq pintes dans une meſure de vin. 273.

875. *Cyclamen europæum.* Le Pain des pourceaux.

Il chaſſe les vers, ſes racines peuvent ſervir de nourriture aux cochons.

* *Cynogloſſum officinale.* La Cynogloſſe.

L'odeur de cette plante chaſſe les poux. 292.

* *Daphne meſereum.* Le Bois gentil.

Ses ſemences écraſées & données à un chien le tuent en très-peu de temps ; les Norwégiens les pilent avec du verre pour empoiſonner les loups ; on emploie ſa racine en guiſe de ſéton pour le pied enflé des chevaux. 299.

* *Datura ſtramonium.* L'Endormi commun.

On a vu un chien enivré par l'eſprit de la ſemence d'Endormi. 301.

* *Daucus carotta.* La Carotte commune.

De la Chanal dit que les racines de cette plante

mangée crue, tue & chasse les vers lombrics & même les vers plats ou ténia. On la sème utilement en Angleterre, pour servir de nourriture au bétail ; & suivant Young, rien n'engraisse mieux les porcs. 302.

* *Epilobium angustifolium.* La Nériète à épi.

Gunner dit que cette plante fournit une bonne nourriture pour le bétail. 321.

* *Equisetum palustre.* La Prêle des marais.

Cette Prêle est un peu moins nuisible que celle des champs, elle l'est cependant encore assez pour ébranler les dents aux bœufs & aux vaches qui en mangent, & leur donner la diarrhée ; Kalm prétend qu'elle leur fait même perdre le lait ; un bouvier suisse, séduit par la belle apparence d'un pré en trefle, mêlé de Prêle des champs, y mena paître une ou deux fois une vache qui avoit fait veau peu de temps auparavant ; cet animal en périt par une diarrhée, qui résista à tous les remèdes ; la Prêle ne nuit ni aux chevaux, ni aux moutons, ni aux rennes ; les cochons suisses refusent de s'en nourrir, quoique ceux de la Suède ne la méprisent pas. 328.

* *Ervum ervilia.* La vraie Ers.

Elle est pernicieuse aux poules, qu'elle tue par la dilatation qu'elle occasionne dans le gosier. 334.

* *Ervum lens.* La Lentille.

La graine de Lentille est si contraire aux chevaux

par sa qualité venteuse, qu'elle les fait périr, s'ils en mangent. 331.

* *Euphorbia lathyris.* L'Épurge.

La graine d'Épurge occasionne aux animaux des superpurgations violentes, & accompagnées de grandes souffrances; Palladius dit que les abeilles meurent, lorsqu'elles ont sucé trop avidement les feuilles de cette plante. 343.

* *Festuca fluitans.* La Fétuque flottante.

Cette plante fournit un bon fourrage aux chevaux. 353.

* *Fraxinus excelsior.* Le Frêne commun.

Les brebis aiment beaucoup ses feuilles. 360.

* *Fumaria officinalis.* La Fumeterre des Boutiques.

Roussey dit avoir chassé les vers plats avec le suc de cette plante. 367.

* *Galium aparine.* Le Grateron.

On dit que les oies mangent cette herbe pour se décrasser l'estomac & augmenter leur appétit. 376.

* *Galium verum.* Le Caille-lait commun.

La racine de cette plante teint en rouge les os des animaux qui en mangent. 373.

* *Gratiola officinalis.* La Gratiole des boutiques.

Les bestiaux refusent de brouter cette herbe, aussi se trouve-t-il aux environs d'Yverdun en Suisse, des prairies d'aucune utilité, à cause de la grande quantité de cette plante qui y croît. 376.

* *Gentiana lutea.* La grande Gentiane.

Elle donne, dit-on, la diarrhée aux vaches qui en mangent trop, & les fait quelquefois vomir; c'eſt l'antidote du venin de la vipère; Vitet dit qu'elle convient aux moutons, lorſqu'ils ſont affectés de quelques maladies, pour avoir mangé dans les pâturages marécageux. 380.

* *Hedera helix*. Le Lierre grimpant.

On peut ſe ſervir des baies de cette plante pour prendre des oiſeaux. 399.

* *Helleborus fœtidus*. L'Ellébore puant.

Les habitans du Dauphiné ſe ſervent de cet Ellébore comme d'un antidote contre les mauvais effets de l'Ellébore blanc, lorſque les moutons ſe ſont empoiſonnés en broutant cette plante, & pour remédier à l'enflure. Un auteur dit que ſa racine ſert à faire des ſétons, qu'on fait paſſer par l'oreille de l'animal. 406.

* *Helleborus viridis*. L'Ellébore verd.

Cet Ellébore purge les chèvres, ſi on s'en rapporte à Pline; il purge auſſi les chiens par haut & par bas; ſa racine chaſſe les poux; les ſétons ſont depuis long-temps en réputation dans l'art vétérinaire pour purger les bœufs d'humeurs pituiteuſes, & remédier à l'épizootie la plus commune parmi les bœufs, en faiſant paſſer les ſétons par l'oreille, ou quelques autres parties de la peau de l'animal, pour y exciter la ſuppuration; ce ſéton réuſſit auſſi dans les maladies des cochons; pour la pouſſe à la

lèpre

lèpre des chevaux ; on a vu les fétons manquer quelquefois d'efficacité dans l'épizootie des bœufs, lorſque le mal provient d'une inflammation d'eſto-mac. 407.

*·*Hieracium murorum*. La Pulmonaire des françois.

·Pline dit que les éperviers expriment le ſuc avec leurs ongles, & le font entrer dans leurs yeux, qui en deviennent plus clairvoyans. 416.

· 876. *Hippophaë*. L'argouſſier.

On emploie dans l'art vétérinaire la gomme que fournit cet arbriſſeau.

* *Hyoſciamus niger*. La Juſquiame noire.

La Juſquiame fait périr les oiſons. On a donné de la décoction de ſa racine à un chien, mais elle n'a rien fait à cet animal robuſte, non plus qu'à des vaches & des porcs ; les grives s'en nourriſſent, les cochons mangent les feuilles. 430.

* *Hypericum perforatum*. Le Mille-pertuis commun.

On trouve en Ruſſie une eſpèce de cochenille qui s'attache à la racine de cette plante, auſſi bonne que celle de Pologne pour la teinture. 432.

* *Juglans regia*. Le Noyer.

Vitet dit que le ſuc des feuilles du Noyer mêlé avec du lait, fournit un onguent ſuppuratif pour les chevaux qui ont la fiſtule. 447.

* *Juniperus communis*. Le Genevrier commun.

Kalm vante les bons effets que l'huile diſtillée des baies du Genevrier a produit dans une épizootie ;

Vitet dit que l'extrait qui se fait avec le suc épaiffi, est préférable à la thériaque, si ufitée dans l'art vétérinaire. 457.

* *Laurus nobilis.* Le Laurier commun.

Son eau diftillée est l'antidote du Laurier cerife, dont nous parlons dans l'article qui le concerne. 475.

877. *Lolium temulentum.* Le vrai Ivroie.

Cette plante est pernicieufe aux chevaux, mais elle engraiffe les poules & les cochons.

* *Lycoperdon bovifta.* La Veffe de Loup.

La fumée de l'amadou qu'on fait avec la grande efpèce, empoifonne les abeilles. 512.

* *Lycoperdon tuber.* La Truffe.

La Truffe d'Arles répand une odeur affez forte pour que les chiens exercés à la fouiller, puiffent la découvrir par l'odorat, & la tirer de terre. 512.

878. *Ornitrophe borbonica.* L'Ornitrophe de bourbon.

Les merles recherchent beaucoup les fruits de cet arbre.

879. *Ofmunda ftruthyopteris.* L'Ofmonde ftrhuthyoptère.

Les brebis & les chèvres la broutent avec plaifir.

* *Parietaria officinalis.* La Pariétaire.

Clerc dit que le lait des chèvres qui ont mangé de cette herbe, fait un très-bon effet chez un malade, auquel on en fait boire après l'opération de la paracenthèfe. 588.

* *Papaver somniferum.* Le Pavot somnifere.

Deux gros d'opium, qu'on tire du Pavot, donnés à un chien, l'assoupirent profondement, il eut ensuite des vomissemens, rendit des selles puantes & mourut. Une once injectée dans les veines d'un autre chien, lui donna des convulsions, & il expira peu après en avoir avalé une demi-once. Vandervelde ayant donné à un chien dix gros de la matière onctueuse qui surnage la dissolution d'opium, cet animal tomba dans l'assoupissement, eut des convulsions qui le tuèrent promptement. 587.

* *Phellandrium aquaticum.* La Phellandrie aquatique.

Linné a prétendu que cette plante étoit un poison pour les chevaux, & il lui a attribué une maladie épizootique particulière à ces animaux; il rejette la qualité nuisible de cette plante, sur une espèce de charanson qui habite sa tige; mais suivant Tauber, cette tige ne loge aucun insecte; d'ailleurs les bestiaux n'y touchent point. Si on en croit Gmelin, cette plante est un poison pour les moutons. 606.

* *Phytolacca decandra.* Le Raisin d'Amérique.

Quelques gouttes du suc de cette plante injectées dans les veines d'un chien, lui ont donné des convulsions & la toux, sans aucun autre symptôme plus fâcheux. 610.

* *Pinus sylvestris.* Le Pin sauvage.

Les palfreniers se servent de l'huile essentielle

qu'on tire de la réfine de cet arbre, pour guérir les bleffures & diverfes maladies des chevaux. 614.

* *Pinus picea*. Le Sapin ordinaire.

L'huile de térébenthine, qu'on tire de cet arbre, tue le vers plat. 615.

* *Polygonum fagopyrum*. Le Sarrafin.

Cette plante donne en automne une très-bonne nourriture aux abeilles. 642.

* *Populus nigra*. Le Peuplier noir.

C'eft fur les boutons de cet arbre que les abeilles recueillent le profpolis. 646.

* *Potentilla anferina*. La Potentille velue.

En général les beftiaux n'aiment pas trop cette plante, à caufe de la pouffière dont elle eft couverte pour l'ordinaire. 653.

* *Pulmonaria officinalis*. La Pulmonaire des boutiques.

Les variétés de cette plante fourniffent beaucoup de miel aux abeilles. 668.

* *Quercus robur*. Le Chêne.

Les bourgeons du Chêne font piffer le fang aux bœufs; les payfans remédient à cet accident en donnant des choux à leurs bêtes. Haller dit que ces bourgeons font nuifibles aux cochons, qu'ils les font même périr; il n'en eft pas de même des glands, c'eft pour eux un mets exquis. 672.

* *Ranunculus fceleratus*. La Renoncule fcélérate.

Schreber dit que le bétail broute cette Renoncule

lorfqu’elle fe trouve mêlée avec d’autres herbes,
ce qui eft très-poffible, puifqu’il mange auffi
d’autres plantes mêlées enfemble, & qu’il ne lui eft
fouvent pas poffible de féparer l’herbe qui ne lui
convient point, d’avec celles qui lui font agréables.
677.

* *Rhamnus frangula.* Le Bourgene.

Les feuilles de cet arbre font venir beaucoup
de lait aux vaches, on en prépare une conferve
falutaire pour les brebis galeufes ; la dofe eft depuis
une demi-once jufqu’à 6 gros ; les abeilles en retirent
beaucoup de miel dès le commencement du printemps. 684.

* *Ribes nigrum.* Le Caffis.

On fait avec la deuxième écorce un féton qui,
s’il en faut croire des témoignages bien avérés,
guérit les bœufs de certaines maladies épizootiques ;
on fait pour cet effet une incifion à la peau de l’animal,
fur le dos, d’environ un pouce de long, & on met
entre cuir & chair un peu de cette écorce, qu’on
affujettit avec un linge en forme de compreffe.
Ce topique attire, dit-on, tout le venin & forme
un gros abcès qui s’écoule par l’incifion, de forte
qu’en fix heures l’animal eft guéri. 693.

880. *Sagus farinifera.* Le Sagoutier farineux.

Rumphe expofe les procédés employés par les
Indiens pour obtenir la fécule du Sagou ; il nous apprend en même temps, que la terre fur laquelle

on répand le réfidu employé ordinairement à la nourriture des animaux, fe couvre bientôt de champignons, dans lefquels une infinité d'infectes dépofent leurs œufs, d'où fortent des vers blanchâtres, qu'on nomme *coffes*, & que les afiatiques regardent comme un mets très-exquis.

* *Scabiofa arvenfis.* La Scabieufe des prés.

Les maréchaux ont recours à la décoction de Scabieufe pour guérir les chevaux des pieds encloués. 731.

* *Scirpus paluftris.* Le Scirpe des marais.

Schreber dit que les beftiaux ne s'accommodent pas de cette plante; il eft donc inutile de la faucher pour en faire du fourrage. 736.

* *Senecio jacobæa.* La Jacobée.

Elle fait tomber le poil aux moutons. 752.

881. *Senecio farracenicus.* Le Séneçon faronique.

Cette plante, appliquée fur le dos d'un cheval, l'a guéri d'une bleffure occafionnée par le frottement.

882. *Sefeli.* Le Sefeli.

Les biches, fuivant la remarque de Cicéron, recherchent la plante nommée Sefeli, avant de faire leurs petits.

* *Sinapis nigra.* La Moutarde.

Les abeilles butinent beaucoup fur cette plante au printemps.

883. *Sifyrinchium.* La Bermudiane.

Les cochons déterrent cette plante pour s'en nourrir.

* *Solanum dulcamara.* La Douce-amère.

Un chien eſt péri pour avoir avalé 30 de ſes baiés; on les trouva encore entières dans l'eſtomac de l'animal. 761.

* *Solanum nigrum.* La Morelle à fruit noir.

On a vu des poules périr pour avoir mangé de ſes baies; ſon ſuc, ou ſon eau diſtillée, chaſſent les rats. 764.

884. *Teucrium chamæpythis.* L'Ivette.

Braſſavole dit que des bœufs & des brebis atta-qués de pourriture, ſe ſont guéris en mangeant de cette plante.

* *Teucrium ſcordium.* La Germandrée aquatique.

Braſſavole l'a employé avec ſuccès dans une ma-ladie vermineuſe des chevaux. 792.

* *Vaccinium myrtillus.* La Brimbelle.

C'eſt un mets friand pour les coqs des bruyères. 825.

Veratrum album. L'Hellébore blanc.

Pallas dit que cette plante eſt nuiſible aux che-vaux qui la broutent, & que s'ils ſont jeunes, ils en meurent; les vaches la broutent dès le com-mencement du printemps, elles en ſont purgées, & pour lors elles s'en abſtiennent, mais l'année ſuivante elles recommencent à en manger; les racines de cette plante tuent ſouvent les chiens; priſe intérieurement, fa décoction à l'extérieur guérit les vaches de la teigne. Les américains cuifent dans l'eau les racines de cette plante ; ils font enfuite macérer dans cette eau le maïs qu'ils deftinent à la femaille ; cette graine acquiert pour lors une qualité enivrante pour les beftiaux.

* *Verbafcum nigrum.* Le bouillon noir.

Sa graine fert à enivrer le poiffon. 834.

885. *Vinca minor.* La petite Pervenche.

Sa poudre eft falutaire aux chevaux attaqués de la morve, depuis la dofe d'une demi-once jufqu'à une once & demie, mêlée avec de l'éthiops minéral.

* *Vifcum album.* Le Gui.

On donne aux vaches une poignée de ce Gui, pour provoquer l'écoulement de leur vidange. 859.

886. *Voua capoua americana.* Aublet. Efpèce d'Angelin.

Les bêtes fauvages s'engraiffent de fon fruit, elles en font même friandes.

OBSERVATIONS

SUR

LES PLANTES

Qui se trouvent dans les prairies naturelles et artificielles, et sur celles qui servent à la pharmacie vétérinaire ;

SUIVIES

D'une Notice sur les végétaux propres à la nourriture des oiseaux.

D'une autre Notice sur les plantes qui servent d'appât aux poissons.

D'une Lettre d'un Docteur sur les abeilles, et de la Liste des Plantes qui leur conviennent, donnée par Contardi, Duchet et Rocca.

SECONDE ÉDITION.

DEUXIÈME PARTIE.

A PARIS,

Chez Pernier, Libraire, rue de la Harpe, n°. 188, vis-à-vis celle St.-Severin.

An IX. — 1801.

La première partie du Traité ou Manuel Vétérinaire des Plantes qui servent de nourriture et de médicamens aux bestiaux, un vol. in-8°. de 248 pages, avec une Table des noms françois qui correspondent aux noms latins des plantes, par des numéros. Prix, 3 francs.

La seconde partie du Manuel Vétérinaire. Prix, 1 fr. 50 c.

La troisième partie du Traité ou Manuel Vétérinaire, contient les deux savantes dissertations de Linné, intitulées, *Pan Suecus*, et *Hospita Insectorum Flora*, qui ont donné l'idée du Manuel Vétérinaire. Prix, 1 fr.

Le prix des trois parties réunies, qui forment en tout 400 pages ou environ, est de 5 fr.

OBSERVATIONS

Sur les plantes qui se trouvent communément dans les prairies, & principalement sur celles qu'on y doit multiplier, lorsqu'on en forme de nouvelles.

LA société d'agriculture de Bretagne indique trèsbien dans un tableau qu'elle a fait dresser, les herbes des prés soit hauts soit bas, qui sont les plus profitables aux Bestiaux & celles qui leur sont nuisibles ; la plupart des plantes qu'on y trouve plus ou moins abondamment sont :

1°. Gramen pratense paniculatum majus angustiore folio ; *cette plante est très-bonne.* 2. Gramen capillatum paniculis rubentibus. 3. Gramen spicatum glumis cristatis ; *ces deux espèces passent pour bonnes.* 4. Gramen pratense paniculatum molle ; *espèce excellente.* 5. Gramen spicatum folio aspero. 6. Gramen typhoïdes maximum spicâ longissimâ ; *ces deux espèces sont mises dans la classe des bonnes.* 7. Gramen loliaceum radice repente ; *chiendent.* 8. Gramen paniculatum majus latiore folio ; *celles-ci sont excellentes.* 7. Gramen anthoxenton spicatum. 10. Gramen tremulum minus paniculâ parvâ ; *ces deux gramens passent pour bons, mais les cinq plantes suivantes sont de nulle valeur dans les prairies, la dernière même de ces cinq plantes est nuisible à la végétation des autres.* 11. Acetosa arvensis lanceolata ; *oseille.* 12.

Bellis fylveftris ; *paquerette* ou *petite marguerite*. 13. Betonica purpurea ; *bétoine*. 14. Buphtalmum vulgare, *œil de bœuf* ou *grande Marguerite*. 15. Cufcuta ; *cufcute*. *On peut mettre auffi parmi les plantes inutiles des prairies celles qui fuivent*. 16. Equifetum minus terreftre ; *prèle*. 17. Euphrafia officinarum ; *euphraife*. Gallium lutéum ; *caillelait*. 19. Hieracium quod pilofella major repens minus hirfuta ; *herbe à épervier*. 20. Hypericum minus erectum ; *millepertuis*. 21. Jacea nigra pratenfis ; *jacée*. 22. Jacobæa fenecionis folio ; *jacobée*. 23. Juncus lævis paniculâ non fparfâ ; *jonc*. 24. Lapathum folio acuto rubente ; *patience , parelle*. 25. Linum fylveftre ; *lin*. 26. Œnanthe aquatica. 27. Pedicularis pratenfis lutea five crifta galli ; *pediculaire*. 28. Rapunculus fpicatus ; *raiponce*. 29. fcabiofa pratenfis hirfuta officinarum , *fcabieufe*. 30. Sphondilium vulgare hirfutum ; *berce*. 31. Tormentilla vulgaris ; *tormentille*. 32. Tragofelinum majus umbellâ candidâ ; *boucage*. 33. Ranunculus pratenfis erectus acris ; *renoncule , bouton d'or fimple , griffe de lion , pied de coq. Les deux plantes fuivantes ne font pas feulement inutiles dans les prairies , elles font même encore fort mauvaifes*. 34. Millefolium vulgare album ; *millefeuille*. 35. Ptarmica vulgaris folio longo ferrato ; *mais en revanche on peut regarder comme très-bonnes les dernières dont nous allons faire mention*. 36. Lathyrus fylveftris luteus , foliis viciæ ; *geffe*. 37. Lotus pentaphylos flore majore luteo fplendente ; *lotier*. 38. Polygala minor vulgaris flore cœruleo. 39.

Trifolium pratenſe purpureum ; *trefle à fleurs rouges* ou *crémeiñe*. 40. Trifolium luteum capitulo lupuli , vel agrarium *; triolet*. 41. Vicia ſylveſtris flore purpureo , *veſce*. 42. Vicia vulgaris acutiore folio , ſemine parvo nigro.

On peut ſe convaincre par le détail dans lequel nous venons d'entrer , que parmi les 42 plantes dont les prairies ſont ordinairement compoſées ; il s'en trouve 21 inutiles , une plante paraſite connue ſous le nom de *cuſcute* , qui nuit à la végétation des autres, trois qui ſont nuiſibles au bétail , & dix-ſept qui fourniſſent une bonne nourriture , parmi leſquelles on compte dix eſpèces de gramen ; par conſéquent quand on veut former des prairies naturelles & même des artificielles , il eſt très-facile de ſe régler là-deſſus : on choiſira par préférence ces dix-ſept bonnes eſpèces , & on rejettera toutes les autres.

Ce qui rend le beurre de la Prévalaye en Bretagne ſi fameux , c'eſt ſans doute le bon pâturage qui s'y trouve ; la plûpart des herbes qui croiſſent dans les prairies de ce canton , ſont preſque toutes des plus ſucculentes & on n'y en voit que très-peu de mauvaiſes ou d'inutiles. On y rencontre , v. g.

1°. Gramen paniculatum majus anguſtiore folio. 2. Gramen capillatum paniculis rubentibus. 3. Gramen ſpicatum glumis criſtatis. 4. Gramen pratenſe paniculatum molle. 5. Gramen ſpicatum folio aſpero. 6. Gramen tiphoïdes maximum ſpicâ longiſſimâ. 7.

Gramen loliaceum radice repente ; *chiendent.* 8. Gramen paniculatum majus latiore folio. 9. Gramen anthoxanton fpicatum. 10. Gramen tremulum minùs pâniculâ parvâ. 11. Daucus vulgaris ; *carotte.* 12. Lotus pentaphyllos flore majore luteo fplendente : *lotier.* 14. Poligala minor vulgaris, flore cœruleo. 15. Trifolium pratenfe purpureum ; *trefle* ou *trémeine.* 16. Vicia fylveftris flore purpureo.

Perfonne ne peut difconvenir que toutes ces plantes ne foient excellentes, & il ne s'en trouve que quelques-unes qui pourroient paffer pour inutiles, telles que la *bétoine*, betonica purpurea ; *l'œil de beuf*, buphtalmum vulgare ; *le piffenlit*, dens leonis latiore folio ; *le caille-lait* gallium luteum ; *la jacée*, jacea nigra pratenfis, hirfuta ; *le lin champêtre*, linum fylveftre ; *le plantain*, plantago quinquenervia ; & *la fcabieufe*, fcabiofa pratenfis hirfuta officinarum.

On ne rencontre point d'ofeille dans cette excellente prairie, mais ce font prefque toutes des plantes légumineufes qui y dominent : celles que nous avons défignées comme inutiles y font très-rares, & il n'y en a que trois de mauvaifes, qui font *l'arrête-bœuf*, *la millefeuille* & *la renoncule des prés.* C'eft à Livoys que nous fommes redevables de la connoiffance des plantes qui s'y trouvent. Si les botaniftes de chaque province s'appliquoient à déterminer la bonté des plantes des prairies, & indiquoient aux habitans les mauvaifes qui peuvent s'y rencontrer, on pourroit parvenir à n'avoir à la fin que d'excellentes prairies, par la précaution qu'on prendroit d'y détruire tout ce qui pourroit s'y trouver de nuifible aux différens genres de beftiaux.

Nous allons rapporter ici une lifte des plantes qui conviennent dans les prairies naturelles, & qu'on peut femer pour les y multiplier.

1°. *Agroftis Spica venti*, l'Agroftis éventé.

2°. *Aira fpicata*, l'Aire en épis.

3°. *Aira cæfpitofa*, l'Aire en gazon.

4°. *Aira flexuofa*, l'Aire réfléchie.

5°. *Aira montana*, l'Aire des montagnes.

6°. *Alopecurus pratenfis*, le Vulpin des prés.

7°. *Alopecurus agreftis*, le Vulpin des champs.

8°. *Alopecurus geniculatus*, le Vulpin articulé.

9°. *Anthoxanthum odoratum*, la Flouve.

10°. *Arundo calamagroftis*, la Lèche.

11°. *Aftragallus glycyphillos*, le faux Régliffe.

12°. *Avena elatior*, le Fromental.

13°. *Avena flavefcens*, l'Avoine jaunâtre.

14°. *Avena pratenfis*, l'Avoine des prés.

15°. *Bromus fecalinus*, la Drove.

16°. *Bromus pinnatus*, le Brome ailé.

17°. *Bromus giganteus*, le Brome gigantefque.

18°. *Bromus fquarrofus*, le Brome raboteux.

19°. *Carex cæfpitofa*, le Caret en gazon.

20°. *Gallium mollugo*, le Caille-lait blanc.

21°. *Hedifarum onobrichis*, le Sainfoin du Dauphiné.

22°. *Holcus lanatus*, la Houque laineuse.

23°. *Isatis tinctoria*, le Pastel.

24°. *Lathyrus pratensis*, la Gesse des prés.

25°. *Medicago sativa*, la Luzerne cultivée.

26°. *Medicago falcata*, la Luzerne cornue.

27°. *Orobus vernus*, l'Orobe du printemps.

28°. *Orobus tuberosus*, l'Orobe tubéreux.

29°. *Phleum pratense*, la Massette.

30°. *Poa pratensis*, le Paturin des prés.

31°. *Poa compressa*, le Paturin comprimé.

32°. *Poa alpina*, le Paturin des Alpes.

33°. *Poterium sanguisorba*, la Pimprenelle.

34°. *Sanguisorba minor*, la petite Pimprenelle.

35°. *Scabiosa arvensis*, la Scabieuse des prés.

36°. *Stellaria graminea*, l'Étoilée.

37°. *Trifolium repens*, le Triolet.

38°. *Trifolium pratense*, le Trefle des prés.

39°. *Trifolium agrarium*, le Thimothy.

40°. *Trifolium Melilotus altissimus*, le grand Mélilot.

41°. *Vicia tetraspermum*, la Vesce des bois.

42°. *Vicia dumetorum*, la Vesce des bruyères.

Toutes ces différentes plantes, au nombre de 42, semées par parties égales, donneront des prairies excellentes, & fourniront un fourrage exquis; aussi ne les avons-nous indiquées ici que pour en conseiller le semis. Dans notre Traité des prairies naturelles & artificielles, nous indiquerons la manière de les cultiver.

OBSERVATIONS

UR LES PRAIRIES ARTIFICIELLES.

Par Prairies artificielles on n'entend , à proprement parler, que les plantes vivaces , qu'on tire des prairies naturelles, & qu'on cultive féparément : elles font de la famille des graminées ou de celle des légumineufes. On pourroit cependant y joindre généralement toutes les plantes qui peuvent fervir à la nourriture des beftiaux, & qu'on cultive pour cet objet ; & par là le nombre en feroit bien plus confidérable. C'eft de toutes ces plantes en général que nous parlerons dans ces Obfervations.

La première dont nous ferons mention eft le Raigrafs, *Lolium perenne*, Linn. On le cultive beaucoup en Angleterre , fpécialement dans les terres froides , où les autres Chiendents ne réuffiffent pas. Il dure en prairies artificielles 9 , 10 & quelquefois 12 ans ; il ne faut pas attendre, pour le couper , qu'il foit parvenu à fon accroiffement ; car le fourrage qui en proviendroit feroit, il eft vrai, abondant, mais dur & d'une mauvaife qualité pour les beftiaux. Un défaut qu'on reproche à fa graine, c'eft d'enivrer les chevaux , fi on en croit l'agriculteur Leblanc : il ajoute que deux de fes chevaux en ont été les victimes, ce qui l'a engagé à en abandonner la culture.

La meilleure manière d'employer le Raigrafs, c'eft de le faire paître ; il a l'avantage d'être précoce ; les animaux peuvent même le pâturer dès le commencement du printemps : il conviendroit très-bien dans les prairies naturelles, en le mêlant avec les autres plantes, & il réuffiroit fans contredit mieux qu'en prairies artificielles.

La feconde eft le Fromental, le Raigrafs de France, *Avena elatior*. Les chevaux ne mangent de cette plante que quand elle a été fauchée avant la faifon de l'épi ; plus tard fes tiges deviennent trop dures & fe trouvent deftituées de la faculté nutritive ; il n'acquiert toute fa force qu'à la feconde & même à la troifième année, depuis qu'il eft femé ; il peut alors être coupé jufqu'à trois fois. On gagneroit beaucoup de le faire paître plutôt que de l'exploiter par la faulx.

La troifième eft le Timothy, *Phleum pratenfe*. Haller prétend que c'eft un des plus grands & des meilleurs Gramens ; il s'élève fans culture jufqu'à trois pieds ; Hartmann l'indique auffi comme très-propre à former des prairies artificielles ; mais Anderfon le regarde comme d'une très-petite valeur.

La quatrième eft la Fétuque rouge, *Feftuca rubra*. Anderfon donne la préférence à ce Gramen fur la plupart des autres, & il la mérite à tous égards : tous les animaux le mangent avec plaifir ; il eft très-précoce, conferve fa verdure pendant tout

l'hiver

l'hiver; eſt très-vivace; il a peu de tiges & beaucoup de feuilles, qui parviennent même quelquefois juſqu'à quatre pieds.

La cinquième eſt la Coquiole, la Fétuque des brebis, *Feſtuca ovina*. C'eſt un des Gramens dont le pâturage eſt le plus utile pour les brebis : ces animaux le recherchent avec avidité ; il paroît être l'aliment que la nature leur a deſtiné plus ſpécialement, ils le broutent juſqu'à la racine. Leblanc aſſure qu'il a trouvé beaucoup d'avantages à le cultiver.

La ſixième eſt la grande Fétuque, *Feſtuca elatior*. On la ſème dans l'Allemagne en prairies artificielles. Hartman la recommande particulièrement pour la nourriture des beſtiaux ; elle mérite d'être cultivée ; elle conſerve long-temps ſa verdure, ſes touffes ſont épaiſſes, formées de feuilles longues, larges de 18 pouces, & fort tendres, ſans preſque aucune tige : on en peut facilement faire deux récoltes.

La ſeptième eſt la Flouve, *Antoxanthum odoratum*. Elle eſt moins bonne que les autres plantes ; cependant elle eſt précoce, mais ſes feuilles ſont plus petites, plus grêles, ſes touffes ſont moins épaiſſes ; ſes tiges ſont très-nombreuſes & s'élevent peu.

La huitième eſt la Fétuque flottante, *Feſtuca fluitans*. Les beſtiaux & ſur-tout les vaches en paroiſſent très-avides ; elle ne vient bien que dans les terrains fort humides & même noyés, ce qui eſt un grand avantage.

La neuvième enfin eſt le Blanchard velouté , *Holcus lanatus.* C'eſt le Gramen qui fournit le plus d'avantages pour les prairies artificielles ; il eſt précoce, ſes tŏuffes ſont épaiſſes, ſes feuilles longues, larges, veloutées, d'un verd doux & conſervent long-temps leur verdure.

Telles ſont les plantes graminées qu'on pourroit élever en prairies artificielles ; elles fourniſſent un excellent fourrage & même en quantité ; nous penſons cependant qu'elles pourroient devenir plus utiles dans les prairies naturelles que dans les artificielles, ainſi que nous l'avons obſervé en parlant des prairies naturelles. Il y a d'autres Gramens qui ſont annuels & qu'on coupe en verd pour les beſtiaux. De ce nombre ſont l'Avoine , l'Orge , le Seigle & le froment lui-même ; les anciens employoient beaucoup de terres à cette culture.

C'eſt ſur-tout pendant l'hiver que ces plantes fourniſſent au bétail les plus grandes reſſources , & préciſément dans un temps où il n'y a plus pour lui de nourriture verte ; on laiſſe auſſi pâturer dans les champs enſemencés de Seigle , de Froment, les beſtiaux juſqu'au commencement de Mars ; ces champs n'en donnent pas moins de blé : mais ſi on les deſtine pour être coupés en verd , on peut les y laiſſer juſqu'en Mai. Le Seigle eſt de tous les graminés celui qui mérite la préférence pour être cultivé en prairies momentanées ; il végète beaucoup, il eſt précoce, il croît ſur les terrains les plus ſecs & les plus arides ; enfin il donne des fourrages en quantité & un des meilleurs, pourvu néanmoins qu'on ne le fauche pas trop tard ; on lui aſſocie quelquefois la Veſce, il lui ſert d'appui, & le fourrage en eſt encore meilleur.

Dans le margraviat de Bade on cultive différentes variétés de Seigle, tels que le Seigle de S. Jean, de Sibérie, d'Allemagne, du nord, &c. On les ſème dans les derniers jours de Juin ou les premiers de Juillet, on les fauche une première fois en automne & une ſeconde fois au printemps ; à moins qu'on ne le laiſſe pâturer par les beſtiaux. Néanmoins ces variétés donnent en Juin une très-bonne récolte.

Le Blé-Maïs ; *Zea-Maïs*, pourroit auſſi très-bien mériter une place parmi les plantes qu'on peut employer en prairies momentanées ; les vaches en mangent le fourrage avec avidité, & il leur donne beaucoup de lait, mais il faut en faire la récolte en verd, il ne faut pas attendre que ſes tiges ſoient trop groſſes : les avantages qu'on en peut retirer comme fourrage ne le cèdent en rien à ceux qu'on retire de ſa graine ; cependant elle n'en eſt pas moins avantageuſe, & celle de ce Blé mérite à tous égards l'attention des cultivateurs.

Nous ne nous étendrons pas plus ſur les plantes graminées ; nous en avons déjà ſuffiſamment parlé dans nos Obfervations fur les prairies naturelles, où elles doivent prédominer, & où elles méritent fpécialement une place, même plutôt que dans les prairies artificielles, ainfi que nous l'avons déjà dit plus haut.

Parmi les plantes légumineufes propres à être employées en prairies artificielles, nous placerons 1°. la Luzerne, *Medicago fativa*. Elle donne régulièrement par an trois récoltes, elle dure neuf ans fans la renouveler, mais il faut qu'elle foit bien aëréé & qu'elle foit femée dans un endroit convenable ; elle languit dans les fables arides, dans les terres froides argilleufes connues affez généralement fous le nom de terres fortes ; elle a néanmoins de petits inconvéniens : nous en parlerons plus au long dans notre *Traité fur les Prairies naturelles & artificielles*, que nous nous propofons de donner inceffamment au public. Les beftiaux aiment beaucoup la Luzerne, mais il ne faut pas leur en donner indifcrètement.

2°. Le Sainfoin, *Hedyfarum onobrychis*. Il l'emporte de beaucoup fur les précédentes : s'il ne donne pas tant de fourrage qu'elles, du moins fon fourrage a plus de qualité ; d'ailleurs cette plante croît narellement par-tout & y réuffit très-bien. Dans la baffe Normandie, la plupart des chevaux ne font nourris qu'avec du Sainfoin, & ils font communément plus gras & plus vigoureux que ceux des contrées voifines, qui font nourris avec du foin des prairies naturelles , ou même la Luzerne.

3°. Le Trefle , *Trifolium*. Il s'en trouve près de soixante efpèces, ou pour mieux dire variétés : les Trefles qu'on préfère pour la culture font le Trefle rouge , *Trifolium pratenfe* , le Trefle blanc , *Trifolium album* , & le Trefle jaune que les botaniftes mettent dans le genre des Luzernes , *Medicago lupulina*. Cette plante n'eft pas délicate, elle ne craint pas la gelée , elle eft précoce , elle indique elle-même le terrain qui lui convient : le plus grand avantage qu'elle nous procure, c'eft qu'elle n'apporte aucun changement dans l'ordre de la culture des terres. On donne aux animaux du Trefle en verd & en fec ; c'eft pour eux une très-bonne nourriture ; ils le mangent avec avidité; il donne aux vaches du lait en abondance ; il engraiffe promptement les cochons.

4°. Le Mélilot , *Trifolium Melilotus*. Cette plante mérite d'être cultivée en prairies artificielles : on la néglige en France, cependant en Allemagne on la cultive; Hartman la met au nombre des plantes propres aux beftiaux ; & en effet les chevaux, les bœufs, les ânes, les chèvres, les moutons mangent très-bien de cette plante ; il n'y a que les cochons qui la refufent, lorfqu'elle eft feule. Les anciens la cultivoient : le Mélilot croiffoit , dit Homère, abondamment dans les états de Ménélas , ce qui les rendoit propres à l'éducation des chevaux. Achille en nourriffoit fes chevaux pour prévenir les douleurs d'articulations qu'auroit occafionné le long repos auquel ils étoient aftreints.

5°. L'Ajonc , *Ulex europeus*. On le donne en hiver aux animaux , & ce n'eft même qu'en hiver. Comme fes tiges confervent leur verdure , on les coupe chaque jour & on les adminiftre fraîches après les avoir écrafées fous un maillet de bois pour émouffer les piquans dont elles font armées. Tous les animaux le mangent avec plaifir, les chevaux fur-tout en font leur aliment favori : au lieu de maillets & de billots , on fe fert dans certains endroits des meules à cidre pour écrafer les piquans. Le Genêt épineux ou l'Ajonc fe tond pour l'ordinaire deux fois , la première coupe fe fait à l'entrée de l'hiver, la feconde à la fortie ; il faut la faire avant la floraifon ; il n'occafionne aucune maladie aux animaux , même aux moutons auxquels les autres efpèces de Genêt font contraires , fpécialement celui d'Efpagne , qu'on cultive néanmoins dans quelques cantons du Languedoc. L'Ajonc fe plaît & croît même très-bien dans les fables gras & humides.

6°. Le Fenu grec , *Trigonella Fænum græcum*. Les anciens fe fervoient de cette plante pour former des prairies artificielles ; les animaux la mangent avec plaifir , & c'eft de toutes les plantes celle qui a le moins befoin d'être cultivée. On ne peut

aſſez en recommander l'uſage en prairies artificielles.

7°. Le Cytiſe, *Cytiſus græcus*. Le Cytiſe eſt
très-eſtimé des anciens agronomes : les chevaux,
les bœufs, les vaches, les moutons, les chèvres,
la volaille, les abeilles trouvent dans cet arbuſte
la nourriture dont ils ſont les plus avides, & qui
convient le mieux à leur conſtitution. Après leur
avoir fourni pendant huit mois de l'année un fourrage verd abondant, ſes tiges deſſéchées forment
un aliment très-ſalubre pour l'hiver ; il croît très-
bien ſur les ſols les plus maigres, il donne à toutes
les femelles nourrices un lait très-abondant ; il prévient & chaſſe toutes les maladies des beſtiaux.
Toutes ces plantes ſont vivaces ; celles dont nous
allons parler ne ſont qu'annuelles.

8°. La Veſce commune des pigeons, *Vicia ſativa*.
De tout temps les plantes légumineuſes ont fourni
aux animaux la nourriture la plus abondante & la
plus ſaine ; auſſi les Romains les cultivoient-ils
beaucoup, ils regardoient ces plantes comme propres
à féconder les terres & à ſuppléer les engrais. Nous
allons examiner ici quelques-unes des plus uſitées.
La Veſce eſt ſur-tout parmi les plantes légumineuſes celle qui mérite la préférence pour la culture.
Les anciens la ſemoient en deux ſaiſons différentes,
en automne pour la faire conſommer en verd, &
au printemps pour la graine. Lorſqu'on manque de

fourrage on la coupe en verd ; les animaux en mangent avec avidité. Cependant on ne la fauche pour l'ordinaire que lorfqu'elle a acquis fa maturité ou qu'elle en approche. A cette époque, quand elle a été bien defféchée, elle fournit à tous les genres d'animaux une nourriture qu'ils aiment beaucoup ; ils en préfèrent fur-tout la graine ; ils la recherchent foigneufement, ils la féparent fouvent des tiges affez dures que peut-être même ils dédaigneroient fi on les leur offroit fans la graine. En Bourgogne on cultive fous les noms de *Jarouffe*, de *Jaroffe*, de *Harouffe*, le Vefceron, *Vicia fepium*.

9°. La Geffe cultivée, la Lentille fuiffe, la Vefce noire, *Lathyrus fativus*. Cette plante plaît beaucoup aux beftiaux : on peut la leur donner en verd ou en fec, ils font très-avides de l'une & de l'autre : on ne la cultive pas beaucoup en France, mais fa culture s'eft répandue dans la Suiffe ; elle pourroit fervir à l'engrais des terres.

10°. L'Ers, *Ervum Ervilia*. L'Ers qu'on cultive en prairies momentanées dans différens départemens de France, préfente les mêmes avantages que la Lentille dont il fera parlé ci-après, croît dans les mêmes endroits & exige la même culture.

11°. La Lentille, *Ervum Lens*. La Lentille eft une plante légumineufe très-peu délicate. Son fourrage coupé en verd eft très-recherché des animaux, qui font auffi extrêmement avides de fes graines.

On affure qu'elles engraiffent promptement les bœufs, & donnent aux vaches beaucoup de lait. En plufieurs endroits on l'emploie pour engraiffer les cochons, celles qu'on sème en automne fe confomment en verd.

12°. Le Pois chiche, *Cicer arietinum*. Les moutons en font fort avides; on l'emploie fpécialement à nourrir ces animaux pendant l'hiver, & il fert à engraiffer les agneaux; il fournit par fon feuillage un abri impénétrable aux rayons du foleil.

13°. Le Lupin, *Lupinus albus*. Quoique cette plante foit mangée par les cinq efpèces d'animaux domeftiques, elle ne plaît pas également à tous, il n'y a même que le mouton qui la mange feule avec avidité. Les anciens en nourriffoient les bœufs pendant l'hiver, après qu'on l'avoit fait macérer dans l'eau pour le ramollir & fur-tout pour en enlever l'amertume. Le Lupin eft de tous les végétaux celui qui demande le moins de culture; fa paille n'eft propre qu'à être employée en litière.

14°. L'Orobe, *Orobus vernus*. Cette plante peut être cultivée en prairies artificielles; elle fournit une excellente nourriture aux beftiaux : elle croît dans les endroits les plus fecs & les plus arides.

15°. La Féverole, *Faba equina*. Tous les animaux font très-avides de fes graines; il n'y a aucun aliment qui plaife autant au cheval & qui lui donne plus de force & d'embonpoint; le printemps est la vraie saison où on doit le femer.

Après avoir parlé même assez pertinemment des plantes papilionacées ou légumineuses, nous dirons un mot des autres plantes qu'on peut encore employer dans les prairies artificielles, & dont l'usage n'est pas totalement inutile.

La 1re est la grande Pimpinelle, *Sanguisorba major, rigida*. On a offert de cette plante à des chevaux, des vaches & des moutons ; les uns l'ont mangée avec plaisir, d'autres n'y touchoient que du bout des dents ; cependant aucun animal ne la dédaigne lorsqu'elle n'est pas trop grande ou desséchée ; car lorsqu'elle approche de sa maturité, elle devient dure & les animaux n'y touchent que lorsqu'ils sont pressés par la faim. Les moutons sont de tous les animaux domestiques ceux qui la mangent avec plus de plaisir, ils la distinguent, ils la recherchent dans les prairies, ils en mangent même jusqu'à la racine. En général la Pimpinelle convient mieux pour les prairies naturelles que pour les artificielles.

La seconde est l'Espargoute, *Spergula arvensis*. Dans les livres agronomiques l'Espargoute offre à tous les animaux domestiques sans exception, quadrupèdes volatiles, insectes même, la nourriture la plus abondante, la plus appétissante, la plus salubre ; elle donne de la vigueur aux chevaux, du lait aux vaches, de la graisse aux cochons, du miel aux abeilles, & favorise puissamment la ponte des oifeaux de baſſe-cour : la culture, la qualité du ſol, la température de l'atmoſphère lui font ſi indifférens, qu'elle ſemble, dit le Guide des fermiers, avoir été donnée par la nature pour qu'il ne reſtât pas ſur le globe un ſeul angle de terre inutile.

La troiſième eſt le Plantain lancéolé, *Plantago lanceolata*. Cette plante eſt indigène dans les prairies fraîches ſans être humides; elle s'y élève juſqu'à la hauteur de 18 pouces : tous les animaux en ſont avides, & la diſtingent très-bien des autres plantes. Un des meilleurs cultivateurs anglais en fait le plus grand cas.

La quatrième eſt la grande Biſtorte, *Polygonum Biſtorta*. On cultive cette plante en prairies artificielles, elle croît ſur les côtes montagneuſes; on en voit des champs entiers ſur le Mont Jura; elle y vient à la hauteur de 28 pouces, & y donne un fourrage un peu dur, mais aſſez abondant.

La cinquième & dernière eſt la grande Ortie grièche, *Urtica dioica*. On cultive cette plante en Suède; voyez la diſſertation que nous avons publiée à ſon ſujet dans notre grande collection d'hiſtoire naturelle. On peut l'employer, comme le Mélilot, à la nourriture des animaux; les vaches la mangent verte ou sèche avec plaiſir, elle leur donne beaucoup de lait & de bonne qualité; les Suédois lui attribuent la rareté des épizooties dans leur pays.

Nous avons encore une infinité de plantes dont on pourroit tirer beaucoup d'avantage par la culture pour les beſtiaux, même parmi les arbres ; les Aſpalathes, les Robinia, les Acacias & différentes autres dans les papilionacées peuvent fournir par leurs feuiłes d'excellent fourrage aux beſtiaux ; mais nous ne nous arrêterons pas ici à toutes ces plantes, nous réſervant d'en traiter ſpécialement dans un ouvrage que nous ſommes ſur le point de publier au ſujet des prairies naturelles & artificielles ; nous finirons ſeulement ces obſervations en rapportant une notice ſur les différentes plantes qu'on peut cultiver en grand & dont les racines peuvent ſervir de nourriture aux beſtiaux.

Parmi ces plantes nous placerons en premier lieu le Turneps, *Braſſica napus ſativa*. Les Navets ou Turneps ont toujours été en poſſeſſion de tous les temps de fournir aux animaux une nourriture abondante & ſaine ; pluſieurs départemens de France trouvent dans les racines de ces plantes une grande reſſource pour la nourriture & l'engrais de leurs beſtiaux, elles ſont ſur-tout d'un très-grand ſecours pendant la ſaiſon de l'hiver, elles augmentent beaucoup le lait des vaches, mais elles lui communiquent un goût déſagréable qui diſparoît par l'ébullition.

La Carotte, *Daucus Carotta*, occupe le ſecond

rang parmi les plantes dont les racines conviennent aux beftiaux. Tous les animaux, fans exception, en mangent avec plaifir, il n'eft point néceffaire de tromper en quelque forte leur inftinct pour les habituer à cette nourriture : on les employe fpécialement dans le Cambraifis & l'Artois pour cet ufage.

Le Panais, *Paftinaca fativa*, eft une autre racine dont on fe fert pour la nourriture des beftiaux ; cependant les chevaux qui en font nourris dépériffent pour l'ordinaire, auffitôt qu'on les met à d'autre nourriture. Ils font communément mous, pefans, ont la tête groffe, & font très-fujets aux fluxions périodiques qui fouvent les privent de l'ufage de la vue ; mais la même caufe qui produit fur le cheval des effets fi nuifibles, en produit de très-avantageux fur tous les animaux & fur toutes les femelles nourrices & laitières.

Une quatrième plante dont on a accrédité depuis peu la culture pour la nourriture des beftiaux, eft la Betterave champêtre ; nous avons publié une differtation à fon fujet dans notre grande *Collection d'hiftoire naturelle*, voyez cette Collection. La racine de Betterave champêtre offre fans contredit un bon aliment aux beftiaux, principalement aux vaches dont elle augmente confidérablement le lait.

Cinquièmement, on peut encore recourir aux Choux pour les beftiaux, parmi lefquels on diftingue fpécalement le Chou cavalier , *Braffica semper virens* , le Chou Rave , *Braffica oleracea gongiloides* , & le Chou Navet , *Braffica Napo-Braffica*. D'Aubenton a fait fur le Chou cavalier des expériences qui le lui ont fait regarder comme un des meilleurs alimens qu'on puiffe offrir aux moutons. Le Chou Rave & le Chou Navet offrent le premier dans fa tige & le feçond dans fes racines une reffource infiniment précieufe pour la nourriture des animaux.

La fixième & dernière plante dont les racines peuvent s'employer pour la nourriture des beftiaux , eft la Pomme de terre , *Solanum efculentum ;* car quant au feuillage , les beftiaux n'en veulent pas plus que de celui de la Cynogloffe , de la Jufquiame , de la Mandragore & d'autres plantes fomnifères. Les Pommes de terre font d'abord diminuer le lait aux vaches , & le rendent plus féreux ; ces animaux ne s'habituent qu'avec peine à ces racines , il faut les mêler avec d'autres alimens pour pouvoir mieux les y accoutumer. Si on en donne aux chevaux & aux moutons , il faut les mêler avec du fon pour vaincre la répugnance naturelle que ces animaux ont pour ces fortes de racines. Tous les animaux qui en mangent paroiffent prendre de l'embonpoint , mais ils perdent en force , fur-tout les chevaux. Voyez pour toutes ces plantes , notre Traité fpécial fur les *Prairies naturelles & artificielles.*

OBSERVATIONS
EN FORME DE LETTRE,

Sur les Plantes qui peuvent servir pour les maladies des Bestiaux.

QUOIQUE nous ignorions encore beaucoup de choses dans la matière médicale vétérinaire, je me propose néanmoins aujourd'hui de faire passer en revue les végétaux qu'on peut employer pour les maladies des chevaux. J'en désignerai les doses d'après Bourgelat, qui mérite, à tous égards, d'être consulté sur cette matière. Je me restreindrai aux plantes exotiques, ayant suffisamment parlé des indigènes dans l'ouvrage même.

L'Agaric blanc, qui est une espèce de champignon qu'on trouve sur le tronc & les branches principales du Mélèze, est purgatif, désobstruant & diurétique. On le fait prendre à l'animal, depuis la dose d'une demi-once jusqu'à deux onces en infusion, & en substance, depuis un demi-gros jusqu'à deux gros, mêlé avec d'autres purgatifs convenables.

L'Aloës dont on distingue quatre espèces ; le Socotrin qui nous vient de l'Isle de Socotora ; l'Hépatique qu'on tire de l'Amérique ; le Caballin qui est celui dont on se servoit anciennement pour les chevaux, que Bourgelat rejette pour s'en tenir à l'Aloës Hépatique ; & le quatrième enfin, l'Aloës Callebasse ou des Barbades, est un suc épaissi de la plante qui porte le même nom. Il eft purgatif , fondant ; il raréfie le fang ; il eft vermifuge & fortifiant. On le prefcrit à l'animal, depuis deux gros jufqu'à une once & demie ou deux. A l'extérieur il confolide les plaies ; il déterge : il peut empêcher & retarder la pourriture, la gangrène & la carie, &c.

L'Affa-fœtida eft fort en ufage pour les chevaux. C'eft une gomme réfine ou fuc concret que l'on tire principalement de la racine d'une plante qui vient dans les Indes , & dont les feuilles font femblables à celles de la Rhue. L'odeur de cette réfine approche de celle de l'Ail ; cependant elle eft fupportable. On attribue à l'Affa-fœtida une vertu incifive, apophlegmatique, déterfive & diaphorétique. Sa dofe eft depuis une demi-once jufqu'à deux onces pour l'animal.

On tire par incifion , d'un arbre du Bréfil qu'on nomme *arbor Balfamifera*, un baume ou une réfine liquide dont la couleur eft d'un jaune pâle : fon odeur aromatique eft affez agréable , & fa faveur un peu amère. Cette réfine eft connue fous le nom de *baume de Copahu*, & paffe pour déterfive. Elle confolide les plaies , & convient dans les ulcères intérieurs, comme dans ceux du poumon, des reins & de la veffie : elle eft diurétique. On donne le baume de Copahu à l'animal, à la dofe d'un gros, de deux ou de trois en bol , ou dans quelque liqueur appropriée. Le baume noir du Pérou , qui fe prépare par l'ébullition de l'écorce des rameaux & des feuilles

de

de certains arbuftes qui croiffent dans l'Amérique méridionale, fe prefcrit à la même dofe & dans les mêmes cas que le baume de Copahu.

On donne le nom de *Benjoin* à une réfine qui découle du tronc d'une efpèce de laurier qui croît dans les forêts du Royaume de Siam, au moyen des incifions qu'on fait à cet arbre. Il y en a de deux efpèces, l'une en larmes & l'autre en forte. On prétend que le Benjoin eft chaud, defficatif, incifif, propre aux maladies du poumon, à la pouffe, & falutaire dans la toux opiniâtre. Sa dofe eft depuis un gros jufqu'à trois pour l'animal.

De tous les bois le plus précieux que nous ayions c'eft le véritable bois d'Aloës : il eft très-rare; il nous vient de la Chine. On en diftingue de trois couleurs. Le bois qui fe trouve immédiatement fous l'écorce de l'arbre eft d'une couleur noire ; il eft compacte, pefant & affez femblable à l'ébène ; attendu fa couleur, on lui a donné le nom de *bois d'Aigle.* Le deuxième eft le bois de Calambouc, ou le vrai bois d'Aloës : il eft léger, veineux, femblable à du bois pourri, & d'une couleur tannée. Le troifième, qui eft le cœur du tronc, eft le bois précieux connu fous le nom de *Tombac* ou *Colembac :* il eft d'un grand prix.

Il faut choifir le bois de Calambouc d'un tanné luifant, bien jafpé extérieurement, poreux en quelque manière, & d'une couleur d'un blanc jaunâtre en dedans. Le goût en doit être amer, principalement quand il a été tenu pendant quelque temps dans la bouche. Il faut qu'il foit léger, & que, brûlant au feu comme de la cire, il répande une odeur agréable. Ce bois eft aromatique, cordial, céphalique & vermifuge. On l'emploie depuis la dofe d'une once jufqu'à quatre pour les animaux. Il entre dans quelques compofitions galéniques.

Le bois Néphrétique eft apéritif & défobftruant : fa dofe en fubftance pour les animaux eft depuis une demi-once jufqu'à trois onces, & en infufion, depuis une once jufqu'à cinq.

Le Camphre eft du plus grand fecours dans les maladies contagieufes & inflammatoires du bétail : il eft calmant, antifpafmodique, diaphorétique, cordial, antiputride & antiphlegmatique. Sa dofe eft depuis un gros jufqu'à quatre ; on le donne en fubftance. On le diffout auffi dans l'efprit-de-vin : on en met dans des gargarifmes. On tire le Camphre d'un arbre qui croît au Japon, & qui eft de la famille des Lauriers.

On emploie quelquefois la Canelle dans la Médecine vétérinaire : elle eft tonique, cordiale, ftomachique, carminative, antiputride. Bourgelat en confeille la dofe pour les animaux, depuis un gros jufqu'à cinq. Cette fubftance eft la feconde écorce d'un arbre qui croît dans l'Ifle de Ceylan. La plus vantée eft celle que les Naturels du pays appellent *Vafce corunda.*

Le *Caffia lignea* eſt la ſeconde écorce du tronc de certains arbres aſſez ſemblables à ceux qui portent la Canelle, & qui croiſſent auſſi dans l'Iſle de Ceylan. Il n'eſt pas abſolument d'un grand uſage : cependant il entre dans quelques compoſitions comme ſtomachique & carminatif. La doſe eſt depuis deux gros juſqu'à ſix.

On ſe ſert encore dans l'Art vétérinaire de Colophane. On en diſtingue de deux eſpèces : la véritable & la meilleure ſe fait avec de la térébenthine fine qu'on fait cuire dans l'eau juſqu'à ce qu'elle ſoit devenue ſolide. La ſeconde eſpèce eſt connue ſous le nom vulgaire d'*Arcanicon* ou *Brai ſec*. C'eſt une matière noire, ſèche, caſſante ou friable, luiſante, reſſemblante à de la poix noire, mais plus dure & plus nette. Cette dernière eſt digeſtive, réſolutive : elle fait partie des emplâtres & des onguens. Quant à la première eſpèce, elle eſt apéritive, réſolutive, déterſive, conſolidante, ſarcotique. On l'emploie extérieurement ; & quand on en uſe à l'intérieur pour les animaux, c'eſt depuis une demi-once juſqu'à deux.

Le Contrayerva eſt une racine noueuſe, compacte, inégale : elle nous vient du Pérou. Il faut l'avoir nouvelle, bien nourrie, peſante, de belle couleur, & d'un goût aſſez aromatique. On en rejette la partie fibreuſe, & l'on n'emploie dans l'Art vétérinaire, de même que dans la Médecine humaine, que ſa partie tubéreuſe & compacte. Elle est tonique , légèrement déterfive , alexitère , dia-phorétique , fudorifique & vermifuge. On la prefcrit à l'animal en fubftance, depuis quatre gros jufqu'à une once, & en infufion , à la dofe de trois onces.

La Diagrède n'eft que la Scammonée préparée & réduite en poudre. Pour parvenir à avoir cette fubf-tance , on fait recevoir à la Scammonée, au travers d'un papier gris, la vapeur de foufre qu'on brûle dans un réchaud de fer l'efpace d'environ un demi-quart d'heure , en la remuant de temps en temps avec une fpatule. La Scammonée , qui fert à faire cette diagrède , eft un fuc réfineux un peu gommeux, tiré par incifion , & quelquefois par expreffion , non-feulement de la racine , mais des tiges & des feuilles d'une efpèce de Liferon qui croît à Alep & à Smyrne. La Scammonée qu'on tire d'Alep eft la meilleure : on la falfifie quelquefois, en y mêlant le fuc de quelques autres plantes laiteufes & autres, tel que celui de Tithymale ; & pour en augmenter le poids, on y met encore du charbon & autres plantes étrangères. Pour s'affurer de cette plante, il faut rompre les morceaux de ce fuc , les choifir brillans à l'intérieur, & profcrire ceux qui paroiffent noirs, brûlés , & dont le goût eft extrêmement âcre. On prétend, avec raifon, que la Scammonée a une vertu purgative, fondante & hydragogue. On la prefcrit en fubftance au cheval , depuis la dofe d'un gros jufqu'à celle d'une demi-once.

Le Dictamme est aussi une plante d'usage dans la Médecine des animaux : il croît naturellement dans l'Isle de Crète & de Candie. Il passe pour céphalique, aromatique ; il accélère la circulation. Sa dose est depuis un gros jusqu'à quatre.

Par le mot *Galbanum* on entend une gomme résine qui découle de la racine d'une plante qui porte le même nom, & qui vient naturellement dans l'Arabie heureuse. Il y en a de deux sortes, le Galbanum en larmes & le Galbanum en masse. Cette gomme résine, donnée intérieurement, est antispasmodique, nervine, apéritive & résolutive. Extérieurement, elle est pareillement résolutive, digestive & émolliente : on la dissout facilement dans le vinaigre ; on l'emploie pour les onguens & les emplâtres. On l'administre intérieurement aux animaux, depuis la dose d'un demi-gros jusqu'à celle de deux gros.

Tout le monde connoît le Gayac ; c'est un bois assez en usage : il nous vient de l'Amérique & de l'Isle de Saint-Domingue. Il est atténuant, stimulant & sudorifique. On le donne aux animaux en substance & rapé, depuis une demi-once jusqu'à deux, & en décoction, depuis deux onces jusqu'à huit. On tire du Gayac une espèce de gomme qui est incisive, atténuante & résolutive. On s'en sert à l'intérieur depuis la dose de deux gros jusqu'à celle d'une demi-once, & même d'une once. On l'emploie aussi extérieurement dans les emplâtres.

L'Agaric de chêne qu'on a employé de nos jours avec tant de fuccès pour les hémorrhagies des artères dans l'homme, n'eft pas moins utile pour le même cas dans les animaux. C'eft un très-bon ftyptique. On l'applique immédiatement fur l'orifice du vaiffeau ouvert ; il le refferre & le force à fe contracter.

La Carline, qui eft la racine d'une plante à fleurs radiées, & qu'on nous apporte des Alpes, de l'Amérique & de l'Allemagne, eft en même temps & fudorifique & alexipharmaque. Sa dofe, fuivant Bourgelat, eft, pour les animaux, depuis deux gros jufqu'à fix ; elle fe met quelquefois en poudre. Comme cette racine eft fujette à fe moifir & à fe carier, il faut avoir foin de choifir celle qui eft faine, dont l'odeur eft un peu aromatique, & la faveur légèrement âcre & amère.

L'éponge d'Églantier eft une efpèce d'excroiffance qui vient fur cet arbriffeau : elle eft abforbante, aftringente & déterfive. Elle fe donne aux animaux depuis deux gros jufqu'à fix.

Le Gingembre eft une racine tubéreufe, légèrement applatie, dont la couleur extérieure eft d'un brun cendré, quelquefois blanchâtre, & dont l'intérieur eft jaunâtre. Cette racine, comme on fait, a une odeur forte, mais d'ailleurs affez agréable. Sa faveur eft aromatique, très-âcre & brulante : nous la tirons des Indes orientales. On la prefcrit

aux animaux comme difcuffive, ftimulante, ftomachique & carminative chaude, & cela depuis la
dofe de trente grains jufqu'à trois gros ; mais il faut
l'interdire totalement, lorfqu'il y a quelque irritation à craindre. Pour que cette racine foit bonne,
il ne faut pas qu'elle foit molaffe, filandreufe &
vermoulue.

On vend dans les boutiques une fubftance gommo-
mo-réfineufe, jaunâtre en dehors, blanche en
dedans, qui approche pour l'odeur de celle du
Galbanum, & qui a un goût tirant fur l'amer.
Cette fubftance fe nomme *Gomme ammoniac*. Elle eft
apéritive, fondante, & lève les obftruftions. Sa dofe
pour les animaux eft depuis deux gros jufqu'à fix.

La Gomme Arabique eft trop connue, pour en
donner ici la defcription. Il fuffit d'obferver qu'elle
a une qualité adouciffante, peftorale & humeftante.
Bourgelat la prefcrit aux animaux, depuis deux
onces jufqu'à fix.

Il découle, par le moyen des incifions du tronc
& des groffes branches d'un arbre de l'Arabie heu-
reufe, qui eft à-peu-près femblable à un Olivier
fauvage, une réfine d'un blanc tirant fur le verdâtre, qu'on appelle *Gomme élémi*, qui eft un très-
bon baume pour les plaies. On l'emploie extérieurement dans les emplâtres & onguens.

La Gomme gutte, qui nous vient de la Chine
& du Royaume de Siam, & qui, pour qu'elle foit

bonne, doit être dure, caffante, nette, haute en couleur, & d'un beau jaune, purge violemment les humeurs féreufes & bilieufes : elle s'emploie pour les animaux, depuis un gros jufqu'à quatre.

Le Gui - de - chêne eft une plante parafite & indigène. On prétend qu'il eft fortifiant, anti-épileptique, antifpafmodique, vermifuge & réfolutif. Quand on en fait prendre aux animaux, c'eft ordinairement depuis deux onces jufqu'à huit.

L'Ipécacuanha, quoiqu'il foit vomitif pour l'homme, ne l'eft pas pour les animaux : il les purge par bas à la dofe d'une once ; & quand on diminue cette dofe, il n'agit que comme altérant.

La feconde enveloppe de la Noix Mufcade, qu'on nomme *macis*, & qui eft un aromate actif & chaud, fe donne aux animaux, depuis deux gros jufqu'à une once. La noix mufcade a la même vertu, & fe prefcrit à pareille dofe.

On donne à la réfine, qui découle par incifion du tronc du lentifque, le nom de *maflic*. Cette réfine eft tonique, confolidante, légèrement aftringente & fortifiante. La dofe pour les animaux eft depuis quatre gros jufqu'à deux onces.

Un purgatif très-eftimé en Médecine eft le Mechoacam, qui eft une racine légère, blanchâtre au-dehors & au-dedans, & couverte d'une écorce ridée. On donne cette racine en décoction, depuis une once jufqu'à quatre aux animaux.

L'Oliban ou l'encens eſt une réſine qui vient du Levant. Il eſt vulnéraire, conſolidant & déterſif; il entre dans pluſieurs onguens & emplâtres : intérieurement, il eſt ſudorifique, fortifiant, & convient dans les maladies de poitrine. Quand on le preſcrit aux animaux, c'eſt depuis une demi-once juſqu'à trois.

Une gomme réſine à-peu-près ſemblable au Galbanum quant aux vertus, eſt l'Opoponax. Cette gomme réſine découle d'une plante férulacée qui croît dans la Macédoine : elle eſt très-vantée extérieurement pour les plaies. Intérieurement, elle paſſe pour apéritive & réſolutive. Sa doſe pour les animaux eſt depuis un gros juſqu'à une demi-once.

On a donné le nom de *Pariera brava* à une racine ligneuſe, tortueuſe, brune en-dehors, ronde, & ſillonnée dans ſa longueur, & d'un jaune obſcur intérieurement, à-peu-près ſemblable à la racine de *Thymœlea*. Cette racine eſt apéritive, & propre dans les maladies qui proviennent du calcul & du gravier. Sa doſe en poudre dans du vin blanc eſt depuis quatre gros juſqu'à une once & demie, ou en infuſion depuis une once juſqu'à quatre; ce qui s'entend toujours pour les animaux dont il eſt uniquement queſtion dans cette Lettre.

L'on fait infuſer du Poivre dans le vin, depuis la doſe d'un demi-gros juſqu'à trois gros, & on le fait prendre aux animaux comme inciſif, ſtimulant &

ftomachique. Le Polypode de chêne eft un très-
bon laxatif, apéritif & diurétique. On l'ordonne aux
animaux, dans quelques liqueurs appropriées, depuis deux onces jufqu'à fix.

Le Quinquina eft reconnu pour chaud, incifif,
defficatif, fébrifuge, antifpafmodique; il eft fur-tout
très-recommandé pour détruire & arrêter les mouvemens convulfifs : c'eft un antiputride; il eft mer-
veilleux dans la gangrène, les maladies putrides &
contagieufes du bétail. Il fe prefcrit en fubftance,
en décoction, en infufion, dans le vin & dans
d'autres liqueurs. La dofe eft depuis deux gros
jufqu'à fix.

La Rhubarbe eft fort ufitée dans les Pharmacies :
elle eft purgative & en même temps aftringente ;
elle eft très-bien indiquée pour rétablir le ton des
fibres de l'eftomac & des autres vifcères. Sa dofe en
infufion eft depuis une demi-once jufqu'à une once
& demi, & en fubftance, depuis deux gros jufqu'à
fept.

La Manne eft un autre purgatif, mais très-doux.
On peut la donner aux animaux depuis une once
jufqu'à une demi-livre.

L'Opium eft, comme on ne l'ignore pas, fom-
nifère, calmant & fudorifique. Lorfqu'on l'ordonne
aux animaux, c'eft pour l'ordinaire depuis trois grains
jufqu'à huit.

L'Art vétérinaire emploie encore le Safran. On

estime le Safran oriental comme le meilleur, &
ensuite celui du Gâtinois. Sa vertu est d'être cordial,
stomachique, alexitère, antispasmodique, résolutif
& anodin. Sa dose est depuis une once jusqu'à quatre
en infusion, & depuis une demi-once jusqu'à une
once & demie en substance.

On nous apporte de Perse une gomme résine qui
découle d'une plante férulacée, & qui se nomme
Sagapenum. Cette gomme résine est tonique, incisive,
fondante, & extérieurement atténuante & maturative. Sa dose est depuis un gros jusqu'à quatre.

On associe pour l'ordinaire au Gayac la Salsepareille : elle a la même vertu. C'est une racine qui
vient du Pérou & de la Nouvelle-Espagne. Elle se
donne comme sudorifique, diaphorétique & dé-
tersive, en décoction, depuis la dose de deux onces
jusqu'à six, & même plus.

Le Saffafras, qui est un bois qui nous vient des
Provinces de l'Amérique, est encore de la même
classe que le Gayac & la Salsepareille. Il a les mêmes
vertus, & se prescrit à la même dose. On peut
encore y associer la Squine, qui est une racine qui
nous vient de la Chine. Ces quatre substances font
ce qu'on apelle communément les quatre bois.

Il croît dans les Isles Canaries & de la Jamaïque
une espèce d'arbre qu'on nomme *Draco arbor*, d'où
l'on tire par incision une résine qui est connue sous
le nom de *Sang de dragon.* La vertu de cette résine

eft d'être aftringente & defficative. Elle eft extérieurement & intérieurement d'ufage depuis la dofe d'une
once jufqu'à quatre.

Le Séné eft trop ufité , tant dans la Médecine
que dans l'Art vétérinaire , pour le paffer ici fous
filence. On fe fert de fes feuilles & de fes follicules :
elles nous viennent de l'Égypte , de l'Arabie & de la
Syrie. Les meilleures feuilles font étroites , fermes ,
douces au toucher , d'un verd un peu jaunâtre ,
d'une odeur qui n'a rien d'agréable , d'une faveur
âcre & amère, & fe terminent en pointe à la manière
du fer d'une lance.

Les Follicules font des filiques ou gouffes affez
larges , recourbées à leurs extrémités , compofées
de deux membranes liffes , dont la couleur eft
d'un verd pâle , rouffâtre , noirâtre en quelques
endroits : elles renferment des femences plates , affez
femblables au pepin des raifins. Les feuilles & follicules de Séné font purgatives ; on les donne au
bétail dans les breuvages purgatifs, depuis la dofe
d'une demi-once jufqu'à une once & demie , &
dans les lavemens auffi purgatifs , depuis la dofe
d'une once jufqu'à trois , & en fubftance feule &
avec du miel, depuis la dofe d'une once jufqu'à deux.

On prétend que la racine de Serpentaire de Virginie eft cordiale , diaphorétique, alexitère & carminative, propre à réfifter au venin ; & on la prefcrit
en cette qualité aux animaux en fubftance , depuis

deux gros jufqu'à une demi-once, & en infufion, depuis une demi-once jufqu'à quatre.

La Térébenthine, qui eft le fuc réfineux du Mélèze, du Sapin, eft vulnéraire, diurétique, déterfive, confolidante, tonique intérieurement. Sa dofe pour l'animal eft depuis une demi-once jufqu'à deux onces en bol, ou délayée dans des jaunes d'œufs. On s'en fert auffi en lavemens pour les rendre diurétiques, & dans les ulcères des inteftins, à la dofe de trois onces, auffi délayée dans des jaunes d'œufs, qu'on fait entrer dans une décoction émolliente.

Le Turbith, qui eft une racine qui nous vient des Indes orientales, eft un purgatif violent. Sa dofe eft pour les animaux, depuis 2 gros jufqu'à 1 once.

La Bufferole que j'ai donnée pour l'homme comme fpécifique dans les maladies du calcul & de la gravelle, n'eft pas moins bonne pour les animaux. Sa dofe eft pour eux depuis une demi-once jufqu'à une once & demie.

La racine de Zédoaire, qui, par fes vertus, approche du Camphre, eft alexipharmaque, diaphorétique, carminative, chaude, difcuffive, atténuante & fortifiante. Sa dofe en fubftance eft depuis un gros jufqu'à une demi-once pour l'animal; & en infufion dans le vin, elle eft triple.

Les dofes des végétaux que j'ai fixées ici, font d'autant plus certaines, qu'elles ont toutes été défignées ainfi par Bourgelat, parfaitement verfé dans cette connoiffance.

NOTICE

Sur les végétaux qui peuvent servir de nourriture aux oiseaux.

———————

LES oies se nourrissent le plus souvent de graminées ; on les conduit en bandes dans les paquis, pour y paître l'herbe ; on leur donne aussi très-souvent des feuilles de laitues montées & autres feuillages des jardins potagers : cela ne les empêche pas de se nourrir de grains ; elles aiment beaucoup le blèd de Turquie, le sarrasin, les féveroles, les pois ; pour rendre ces grains plus tendres, on les fait quelquefois tremper ou même cuire dans de l'eau, avant de les leur donner.

Les paons, les dindons, les poules & autres oiseaux de la même famille, se nourrissent des grains de froment, de seigle, d'orge, de sarrasin, & même quelquefois d'avoine ; on leur donne aussi souvent une espèce de pâtée avec de la farine d'orge, de son, &c.

Les oiseaux granivores, tels que les serins, les linottes, les pinsons, les chardonnerets, les verdiers, les tarins, les pivoines, aiment beaucoup la graine de sénevé, de navette, de millet, d'alpiste, de plantain, de bourse à pasteur, & on est souvent obligé de mettre dans les jardins des épouvantails, pour les empêcher de manger la semence

de laitue, de choux, de raves, de panais, de carotte, & d'autres plantes potagères & légumineuses.

Les pigeons & tous les oifeaux de cette même
famille, font fur-tout friands des grains de vefce,
de farrafin, de cumin ; & pour les attirer dans
leur colombier, on y met des odeurs fortes,
telle que l'huile d'afpic & autres, qu'ils aiment
beaucoup.

Le perroquet mange avec plaifir les grains de
carthame, & les étournaux, les grains de raifins.
Voyez, pour un plus grand détail, ce que nous en
avons dit dans l'ouvrage même.

NOTICE.

Sur les plantes qui fervent d'appâts aux poiffons.

LA plupart des poiffons fe nourriffent dans les
rofeaux, & fe mettent fouvent deffous les feuilles des
plantes aquatiques, moins pour s'en nourrir, que
pour fe mettre à l'ombrage de ces plantes, & pour
pouvoir être à même d'attraper les petits infectes qui
s'y retirent pour l'ordinaire ; cependant ils mangent
des grains de différentes plantes, qui les engourdiffent
& les enivrent : nous en avons rapportés plufieurs
dans le catalogue qui compofe cet ouvrage, il eft
inutile de les rappellér ici ; nous obferverons

feulement que les végétaux ou parties de végétaux, peuvent nous fournir d'excellentes amorces pour attraper les poiſſons ſans les enivrer, & leur porter même aucun préjudice : de ce nombre ſont le pain ordinaire, la tourte ou pain de ſénevé, de navettes ; les grains de féveroles, de bled, ſur-tout d'orge, de ſarraſin. On fait cuire ces grains avec des plantes odoriférantes, telles que la lavande, la ſarriette, le ſerpolet, pour que leur odeur puiſſe plus facilement les attirer à l'amorce.

L'huile & le marc exprimé du myrobolan, des griottes sèches, de la farine, de la lie de vin, de la lie d'huile d'olive, du nard celtique, du ſouchet de Smyrne, du cumin, de la ſemence d'anis, peuvent auſſi former d'excellens appâts. Une préparation très-commune eſt la ſuivante : on pile de l'ortie & de la quinte-feuille, on y ajoute du ſuc de joubarbe & du bled cuit dans de l'eau, dans laquelle on aura fait bouillir auparavant de la marjolaine & du thym ; on s'en frotte les mains, après quoi on jette le marc dans un endroit où on ſaura qu'il y aura beaucoup de poiſ-ſons ; on pourra les prendre à la main.

La fleur du ſouci les étourdit ; les différentes eſpèces de tithymales les enivrent ; l'ariſtoloche ronde broyée, ou ſon eau diſtillée, attire le poiſſon, mais en même temps le fait mourir ; elle n'eſt

pas

pas moins défendue que la coque du levant. Le meilleur appât que nous faifions pour attraper du poiffon, eft le fuivant; nous en avons vu les effets avantageux pour la pêche, fans nuire à ces animaux.

Nous prenions des grains d'orge & de feigle, les plus récemment récoltés que nous pouvions avoir; nous les faifions cuire dans un chaudron, avec des fommités hachées d'hyfope, de lavande, d'origan, de farriette & de romarin; quand les grains étoient prêts à fe crever, nous y ajoutions de la tourte, ou pain de fénevé, par petits morceaux, à pareille quantité que l'orge & le feigle; nous mêlions bien le tout enfemble, & une heure avant le foleil couché, nous jettions deux à trois poignées de cette amorce, dans les endroits où nous pouvions prévoir que le poiffon pouvoit fe rendre; une heure après nous jettions l'épervier dans ces endroits, & nous étions fûrs de faire toujours une bonne pêche, fans qu'il en arrive aucun accident aux poiffons, bien différente de celle des autres efpèces.

LETTRE DE L'AUTEUR,

SUR les Plantes qui conviennent aux Abeilles & sur celles qui leur sont nuisibles, à laquelle on a ajouté, par Post-scriptum, la liste de celles qu'a indiquées Della-Rocca, dans son Traité sur les Abeilles.

LES abeilles sont des insectes, qui sont autant profitables, que dignes d'admiration ; c'est d'elles que nous tirons la cire & le miel ; qu'on peut regarder comme de vrais extraits des végétaux. Un économe entendu ne doit rien négliger pour placer à la portée de ses ruches, les plantes les plus propres pour fournir aux abeilles la matière de ces deux substances si utiles dans l'usage de la vie. Il est vrai que ces insectes vont quelquefois chercher bien loin leurs provisions ; mais par des courses trop éloignées, elles consomment nécessairement un temps qui leur est précieux, & ne peuvent par conséquent recueillir & travailler autant, que si elles avoient dans leur voisinage tout ce qui leur est nécessaire. Il leur faut d'ailleurs, quand elles sont forcées d'aller au lointain, un temps calme & serein ; le moindre vent ou la plus petite pluie en font périr une infinité.

Parmi les plantes il y en a plusieurs, sur lesquelles les abeilles recueillent leur cire, elles mettent même

à contribution, fi on peut fe fervir de ce terme, les
étamines de la plupart des fleurs. On voit au printemps des efpèces d'effains d'abeilles fur les fleurs des
plantes crucifères, notamment fur celles du Chou,
de la Roquette, de la Moutarde & du Navet; elles
trouvent fur ces fleurs de quoi faire un approvi-
fionnement abondant. Rien n'eft préférable dans la
faifon du printemps pour les abeilles, à des champs
enfemencés de Navette, on les voit fe vautrer fur les
étamines de cette plante, en fucer avec avidité le
fuc, ce qu'elles font avec d'autant plus de plaifir,
que c'eft précifément dans un temps où la terre fe
trouve encore prefque entièrement dénuée de fleurs;
les Pavots fimples qui ont un nombre infini d'étamines, font auffi pour elles des plantes très-délicieufes.
Quelle fatisfaction ne reffent pas un cultivateur,
lorfqu'il voit les mouches à miel couvertes d'une
pouffière jaune, la raffembler avec leurs pattes en
deux efpèces de petits ovales, que ces infectes portent
enfuite en forme de paniers à chaque côté d'elles !
mille fois j'ai admiré cette petite manœuvre fur les
Lys dont les étamines ont de même leurs pouffières
jaunes; j'ai auffi obfervé les abeilles paîtrir leur
cire fur les feuilles de l'Olivier fauvage, connu fous
le nom d'*Eleagnus.* Au rapport de Virgile, le Thym
eft une de ces plantes qui fournit la récolte la
plus abondante aux abeilles; les Saules & les Gro-
feilliers, dont les fleurs font très-printannières, leur

plaifent auffi beaucoup. Le Marfeault , autrement
la Sauffelange , efpèce de Saule, eft fur-tout l'arbre
des fleurs duquel les abeilles font les plus friandes ;
ces infectes réuffiffent à merveille dans les bois
peuplés de ces arbres. Le Genêt n'eft pas moins bon
pour les mouches à miel, elles tirent des fleurs de
cet arbriffeau , un miel excellent & d'un très-bon
goût ; la Bruyère leur fournit auffi du miel en
abondance. On a toujours obfervé que le voifinage
des jardins potagers, étoit en général toujours avantageux pour les abeilles ; elles s'attachent fouvent à
la rofe , elles la préfèrent même à plufieurs autres
plantes ; elles y trouvent cependant fort peu de
miel , mais auffi en revanche, y ramaffent - elles
beaucoup de cire , fur-tout lorfque fa fleur eft fimple.
Si l'on pouvoit perpétuer la faifon des fleurs, en
les faifant fuccéder les unes aux autres , on pro-
cureroit toujours aux abeilles de la nourriture ; les
plantes bulbeufes paroiffent très-propres pour cela,
on fera donc bien d'en planter beaucoup & de
différentes fortes , aux environs des ruchers. Une
plante dont la culture fera encore très-avantageufe
pour les abeilles , c'eft le Saffran ; j'invite d'en planter
par conféquent beaucoup à leur portée ; cette plante
procurera un double avantage. Outre la récolte que
l'on fait de fes étamines qui font fi recherchées
dans le commerce, on procure encore aux mouches
une excellente nourriture ; elles ramaffent fur cette

plante une grande quantité de miel d'une belle couleur & d'un excellent goût. C'eſt dans les nectaires des fleurs comme dans des eſpèces de réſervoirs, que ſe trouve ordinairement ce qui fournit le miel aux abeilles; c'eſt dans ces glandes qu'elles le ſucent. La plupart des plantes papillonnacées & labiées, ſont celles qui ſont ordinairement pourvues de nec-taires, auſſi ces plantes ſont-elles recherchées par pré-férence par les abeilles; le Jonc marin, le Pois, la Lavande, le Tuſſilage, le Jaſmin, la Ronce des haies, le Ceriſier, la Jonquille, la Tubéreuſe, le Sarraſin, les groſſes Fèves, la Méliſſe, le Serpolet, la Marjolaine, la Bourahe, le Marum, la Conyſe, le Mélilot, le Romarin, la Sauge, l'Origan, le Sain-foin, la Luzerne, le Chevre-feuille, l'Aube-épine, la Veſce, ſont des plantes que l'on ne peut aſſez multiplier pour elles. La fleur de Tourneſol leur eſt auſſi très-profitable, ſur-tout dans l'arrière ſaiſon, lorſque la plupart des fleurs ſont paſſées.

D'habiles Obſervateurs ont remarqué que les abeilles étoient très-avides des fleurs de Tilleul, elles s'y gorgent même au point de contracter une dyſen-terie, qui deviendroit pour elles mortelle, ſi la nature n'y avoit pourvu, en donnant à ces inſectes l'inſtinct d'y remédier. Ces abeilles ſe tiennent ſur-tout dans la ſaiſon de cette fleur, dans les endroits humectés d'urine, ce qui eſt pour elles un antidote; le Chêne, ainſi que le Tilleul, abonde en ſuc mielleux.   T 3

J'ai remarqué plusieurs fois, une liqueur semblable à celle du miel, qui s'épanche quelquefois sur le fond des fleurs, & même aussi sur les feuilles des plantes; rien n'est plus commun que de voir au printemps des Érables, des Frênes, des Peupliers, des Mélèzes, dont les feuilles se trouvent enduites d'un suc doux, qui y forme comme une couche de vernis luisant. Les abeilles recueillent ce suc; la Chenevière batarde, autrement la Verge d'or annuelle de Virginie, est une plante qui mérite encore d'être cultivée par rapport aux abeilles qui l'aiment éperduement. Il n'est pas douteux que nos différens arbres à fruits qui se trouvent dans nos jardins, dans les bois & ailleurs, ne leur fournissent une nourriture mielleuse. Les fleurs dont nos prairies sont émaillées, & dont nos parterres sont ornés, leur deviennent d'autant plus avantageuses, qu'elles se succèdent souvent les unes aux autres; peut-être de toutes les plantes, il n'y en a aucune sur lesquelles l'abeille fasse une meilleure récolte que sur le Sarrasin. M. Bafin qui nous a donné un Traité sur les abeilles, prétend que ces insectes ne trouvent presque point de nourriture sur le Bled; il est cependant obligé de convenir que les fleurs de nos Bleds, même de toutes espèces, de nos légumes, de nos arbres fruitiers, donnent cependant un miel, qui, quoique moins agréable pour l'odeur, n'est pas moins pour cela capable de nous servir d'aliment salutaire

que le miel des plantes aromatiques, fi même . ajoute
cet auteur , il n'eft pas meilleur. Le miel que les
abeilles récoltent dans les pays les plus gras, eft le
moins bon ; il fe trouve de certaines terres maigres,
dont les fruits , le gibier, la volaille & généralement
toutes les productions, font d'un fuc plus fin & d'un
goût plus relevé , le miel y eft alors exquis. Telles
font , par exemple , les terres des environs de
Corbière, à quelques lieues de Narbonne, & une
grande partie de la Champagne ; le miel de ces deux
pays eft le plus eftimé. On remarque même , &
c'eft d'après Pluche que je parle , une chofe affez
fingulière dans les cantons de la Champagne qui
font le long des rivières, & qui font plus gras que
le refte ; c'eft que les abeilles qu'on y élève, font de
longs voyages dans les pays voifins, & préfèrent
les fleurs qu'elles trouvent dans les terres sèches
& maigres, fouvent même fort éloignées, aux fleurs
du pays où elles habitent ; auffi les voyons-nous
tous les jours fortir de nos jardins, traverfer les
prairies, méprifer pour ainfi dire, l'huile & la graiffe
de nos vallées, pour gagner les monts & les plaines
arides, où elles trouvent même le long des chemins
fecs & fablonneux, du Thym, de la Lavande, du
Serpolet, de la Marjolaine, du Sarrafin, & plufieurs
autres plantes peu nourries, mais dont la sève eft
plus délicate. Plus un pays eft aride & abonde
en ces efpèces de plantes aromatiques, meilleur eft

T 4

le miel que nous fourniffent les abeilles qui l'habitent. Si l'on veut élever dans ces cantons beaucoup d'abeilles, il faut y multiplier les plantes aromatiques ; femer en différentes faifons, aux environs des ruchers, des Fèves, du Sarrafin, de la Navette & d'autres plantes, enforte qu'à mefure que les unes fortiront de fleurs, d'autres y entrent. J'ai vu dans le jardin d'un fameux agriculteur, une quantité de Méliffe & de groffes Fèves de marais ; il fe fervoit des feuilles fraîches de ces deux plantes pour frotter les ruches qu'il deftinoit aux jeunes effains, l'odeur de ces plantes leur rendoit cette nouvelle habitation plus agréable.

Les Égyptiens chargent leurs ruches fur des bateaux, & les conduifent le long des rives du Nil, pour que les abeilles y jouiffent fucceffivement des fleurs, à mefure que la faifon plus ou moins avancée devient favorable pour un canton, après avoir avantagé celui qui le précédoit. Ce voyage dure trois mois, pendant lefquels la partie d'Égypte, d'où on les embarque, eft dans un état d'épuifement ou d'aridité.

Maillet, en parlant de l'Égypte, donne la defcription de cette ingénieufe pratique des Égyptiens pour les abeilles. Il y a auffi une faifon où les riverains du Pô voiturent fur ce fleuve leurs ruches jufqu'aux pieds des montagnes de Piémont ; on dit que ces voyages par eau font auffi d'ufage à la

Chine : tel eſt l'avantage d'être voiſin d'une grande rivière. On peut par ce moyen réunir en faveur des abeilles, le printemps d'un pays ſec, avec l'automne d'un pays gras & ombragé, & ſuppléer par-là abondamment à la diſette naturelle du canton qu'on habite.

Au défaut de navigation, on peut encore faire voyager par terre ces abeilles. Nous liſons dans Co!u-melle, que les Grecs de l'Achaïe voituroient ainſi les leurs en Afrique, où la ſaiſon des fleurs étoit tardive. On aſſure que certains habitans du pays de Juliers ont adopté le même uſage, pour que leurs mouches euſſent à diſcrétion les herbes odorifé-rentes des montagnes. Réaumur a éterniſé, dans ſes écrits immortels, l'habileté avec laquelle feu Ponteau, ſavoit entretenir parfaitement une mul-titude de ruches, aux dépens des provinces voi-ſines du Gâtinois, où étoit ſa réſidence, dans le voiſinage de Péthiviers. Ce canton ſe trouvoit-il peu diſpoſé à fournir une abondante récolte aux abeilles de cet économe attentif, il les tranſportoit dans la Sologne, où elles trouvoient beaucoup de Sarraſin en fleur, depuis le commencement du mois d'Août, juſques ſur la fin de Septembre ; la plupart des habitans du pays ont retenu de cet économe, l'uſage de continuer de faire en petit, ce qu'il exécutoit en grand.

Les fleurs nuiſibles aux abeilles, ſont celles de

l'Orme & du Narcisse; dès les premiers jours de printemps & à leur première sortie, elles se jettent avec avidité sur ces fleurs, ce qui leur occasionne aussi-tôt des maladies qui les font périr. Le Sureau, l'Arroche puant, le Cornouiller sanguin, le Lauréole des bois, & sur-tout l'Apocin, sont pour les abeilles des plantes encore plus funestes que les précédentes; lorsqu'elles se trouvent empoisonnées par le suc de ces plantes, il faut leur donner à l'instant de la terre du Japon mêlée avec un peu de miel; on a éprouvé que ce remède les guérissoit. Si l'on veut élever des abeillles, on fera bien d'éloigner ces plantes de leur voisinage. Les fleurs de Tithymale sont aussi fort à craindre pour les mouches à miel; on peut encore mettre dans la classe des plantes venimeuses pour ces insectes, la fleur d'Ellébore; toutes ces fleurs, de même que celles d'Orme & de Tilleul, leur occasionnent le flux. Simon donne alors l'urine comme spécifique, ainsi que je l'ai dit il y a un instant. Suivant plusieurs observations bien constatées, on est très-assuré que les abeilles dépérissent dans des cantons où l'Ormeau se trouve trop multiplié; il n'y a point de fleurs comme celles de Sureau & de Rhue, pour empoisonner les abeilles; les odeurs fortes & puantes, comme celles d'Ail, de Matricaire, de Sabine, d'Armoise, leur déplaisent aussi beaucoup. Lorsque les jeunes abeilles sont trop paresseuses pour quitter la mère

ruche, & que les jeunes eſſains s’aſſemblent en pe-
leton autour de la vieille ruche plutôt que de la
quitter, on fait rentrer ces mouches le ſoir dans la
mère ruche, par le moyen de la fumée, enſuite on
frotte avec de la Rhue, de l’Ail, de la Sabine, de
la Matricaire, les environs de la Ruche où ces jeunes
abeilles ont coutume de ſe placer; l’odeur forte de ces
plantes les éloigne de ce lieu pour le lendemain, &
ne pouvant contenir dans la mère ruche, les jeunes
abeilles ſont pour lors forcées de la quitter, on eſt
ſûr d’avoir un eſſain. Auſſi-tôt que l’eſſain eſt ſorti
de la ruche, on frotte ſes environs avec la Méliſſe & toutes ſortes de bonnes herbes aromatiques.

Les abeilles font peu de diſtinction entre les plantes
qui peuvent avoir des effets nuiſibles par rapport à
l’homme, il leur ſuffit d’y trouver la matière de leur
récolte; vraiſemblablement certains ſucs, dont nous
n’avalons pas le miel, ne cauſent aucune altération
dans l’état des abeilles. Bazin ſoupçonne que la
Juſquiame, les Tithymales, la Ciguë, & autres plantes
dont le ſuc eſt reconnu pour dangereux, peuvent
communiquer leur malignité au miel qui en ſeroit
extrait. Dioſcoride, Pline, Xénophon, Diodore
de Sicile, & le P. Lambert, miſſionnaire Théatin,
parlent des effets pernicieux de certains miels de
Grèce; leurs obſervations, comparées avec les connoiſſances de la Botanique & avec les opinions
vulgaires, ont donné lieu à Tournefort, d’en

attribuer la caufe au fuc de certaines efpèces de Lauriers Rofes, mis à contribution par les abeilles.

Il y a des années, dit Pline, que le miel eft très-dangereux autour d'Héraclée du Pont. Les Anciens n'ont pas connu de quelle fleur les abeilles le tiroient; voici ce que nous en favons. Il y a une plante dans ces quartiers appelée *Ægolethron*, dont les fleurs, dans les printemps humides, acquièrent une qualité très-dangerèufe, lorfqu'elles fe flétriffent. Le miel que les abeilles en font, eft plus liquide que l'ordinaire, plus pefant & plus rouge. Son odeur fait éternuer; ceux qui en ont mangé fuent horriblement, fe couchent à terre & ne demandent que des rafraîchiffemens. On trouve fur les mêmes côtes du Pont, une autre forte de miel qui eft nommé *Mænomenon*, parce qu'il rend infenfés ceux qui en mangent; on croit que les abeilles l'amaffent fur les fleurs des *Rhodendros*, qui s'y trouvent communément dans les Forêts.

Tournefort, dans fon voyage du Levant, prétend que la Plante que Pline nomme *Ægolethron*, eft une efpèce de Chamærodendros, connue en Botanique fous le nom de *Chamærodendros pontica maxima, Mefpili folio flore luteo. Tour. Cor.* 42, & que celle à qui Pline donne le nom de *Rhodendros*, eft le *Chamærodendros pontica maxima, folio laurocerafi, flore cæruleo purpurafcente, Tour. Cor.* 42.

Quand l'armée des Dix mille approcha de Trébisonde, il arriva un accident fort étrange pour avoir mangé du miel qui se trouvoit dans le pays, & qui causa parmi eux une grande consternation, suivant le rapport de Xénophon, qui en étoit un des principaux chefs. Diodore de Sicile parle aussi de cet accident; il y a toute apparence, dit Tournefort, que ce miel avoit été sucé sur quelques-unes des fleurs du Chamærodendros, dont les environs de Trébisonde sont très-garnis.

Le Propolis est une substance brune, noire, rouge, verte ou jaune, selon les endroits d'où elle vient; elle sert aux abeilles d'enduit pour boucher les plus petites ouvertures qui se trouvent à leur ruche; le sentiment le mieux reçu à l'occasion du Propolis, c'est de penser que les abeilles trouvent cette matière dans l'espèce de résine que fournissent les Sapins, les Ifs, diverses écorces, les jeunes bourgeons du Peuplier, du Saule & de plusieurs autres arbres, avant qu'ils soient épanouis; on prétend cependant que l'If n'est pas favorable aux abeilles. Voilà tout ce qui concerne les Végétaux qui doivent servir de nourriture à ces Insectes.

Nous ne pouvons mieux finir ce qui regarde les abeilles, qu'en rapportant ici d'après Contardi, Duchet & Rocca, la liste qu'ils ont donnée des plantes qui leur conviennent.

1°. L'Amandier. Les abeilles y font une récolte copieuse.

2°. Le Cerisier. C'est un des arbres qui plaisent le plus aux abeilles ; ses fleurs donnent beaucoup de miel, une seule en contient assez, suivant Contardi, pour remplir la vessie d'une abeille.

3°. L'Abricotier. Sa fleur est fréquentée par les abeilles.

4°. Le Noisetier. Ses fleurs mâles ou chatons contiennent beaucoup de miel ; elles font les premières qui fournissent de la nourriture aux abeilles.

5°. Le Prunier. Les abeilles s'arrêtent volontiers sur ses fleurs.

6°. Le Peuplier. Il est extrêmement recherché des abeilles.

7°. Le Tremble. Les abeilles font d'amples provisions sur les chatons de cet arbre ; elles en tirent peut-être leur propolis avec lequel elles bouchent les fentes de leurs ruches.

8°. Le Saule. Les abeilles font sur les chatons de ses fleurs une récolte abondante.

9°. Le Buis, 10°. l'Arbousier, 11°. le Cornouiller, 12°. l'Orme, 13°. le Pêcher, 14°. le Tilleul, 15°. l'Olivier, 16°. le Chamærodendron, font toutes autant de plantes dont les fleurs rendent malades les abeilles : les fleurs de Tilleul leur font souvent très-nuisibles ; quoi qu'en puissent dire Contardi, Duchet & Rocca, nous sommes persuadé,

& nous en avons la preuve bien certaine , qu'elles leur caufent la dyfenterie : nous n'ignorons pas que les abeilles en font très - friandes , mais elles n'en font pas moins malades pour en avoir mangé.

17°. Le Sureau. Quelques perfonnes prétendent que les abeilles reçoivent beaucoup de miel des fleurs du Sureau, mais point de cire ; cependant Duchet & Rocca n'ont jamais vu d'abeilles fur ces plantes.

18°. La Bruyère. Cette plante donne beaucoup de miel aux abeilles. Les plantes polypétales & monopétales plaifent en général , fuivant Contardi , aux abeilles ; la liqueur miellée s'y fait appercevoir diftinâement. Les plantes les plus agréables à ces infeâes font encore les campaniformes, les cruciferes & les ombèllifères ; la Bruyère , le Liferon , la Mauve ; la Citronelle , le Houblon, & d'autres qui font de la claffe des campaniformes ou fleurs en cloche fourniffent beaucoup de nourriture aux abeilles ; le Chou , la Roquette , la Rave font de la claffe des crucifères ; le Perfil , le Fenouil de celle des ombellifères. Les plus petites de toutes les fleurs contiennent, fuivant le fentiment de Diorna , une grande quantité de miel ; les fleurs de toutes les différentes efpèces de Choux plaifent beaucoup aux abeilles.

19°. La Bourrache. Ses fleurs contiennent beaucoup de miel, les abeilles qui viennent s'y nourrir forment autour de cette plante une espèce d'essaim du matin au soir.

20°. La Bétoine. Les abeilles aiment beaucoup cette plante : si on en croit Galla, elle est la plus parfaite de toutes les herbes.

21°. L'*Althæa frutex*. Notre Gombo de Syrie qui, suivant un Cultivateur, est une plante annuelle de serre chaude, & qui, selon nous, n'est que le *Ketmia Syrorum* des jardiniers ; voy. notre Dictionnaire universel du règne végétal, article *Liseron*, porte pendant trois mois, à commencer du mois de Mai, des fleurs qui plaisent beaucoup aux abeilles.

22°. Le Melinot des François, la Cerinthe. Il donne beaucoup de cire aux abeilles.

23°. La Vipérine. Elle est très-agréable aux abeilles.

24°. Le Lierre. Les abeilles en tirent beaucoup de miel.

25°. Le Tournesol, l'Héliothrope. On ne voit jamais aucune abeille sur cette plante.

26°. Le Framboisier. Les abeilles en sont fort avides.

27°. Le Lin. Lorsque cette plante est en fleurs, les abeilles y abondent & en tirent beaucoup de miel.

28°. La Mauve. Ses fleurs sont très-utiles aux abeilles.

abeilles. Dans l'Archipel on croit que ces infe&tes tirent beaucoup de cire de cette plante.

29°. La Luzerne. Sa fleur eft très-utile aux abeilles.

30°. Le Creffon. Il donne en juillet & août une bonne nourriture aux abeilles.

31°. L'Origan. Les abeilles en tirent une excellente nourriture.

32°. Le Pouillot. Les fleurs de cette plante plaifent aux abeilles.

33°. La Rave. Cette plante, ainfi que nous l'avons dit des plantes crucifères, donne des fleurs très-bonnes pour les abeilles.

34°. La Roquette. Il en eft de même de cette plante.

35°. Le Romarin. On en plante dans les jardins près les ruches, d'autant que les abeilles aiment fes fleurs.

36°. Le Sénevé, principalement le fauvage, eft très-recherché des abeilles.

37°. Le Trefle. Celui à fleurs rouges contient du miel ; les enfans cueillent des fleurs de cette plante pour les fucer, ils fucent pareillement les fleurs de Chèvre-feuille : les abeilles préfèrent le Trèfle à fleurs blanches. Dans le levant, le Trefle à fleurs jaunes, le Thym & la Sauge donnent dans les fleurs une des meilleures nourritures pour les abeilles.

38°. L'Aubépine. Ses plantes plaifent aux abeilles.

V

39°. La Vefce. Sa fleur produit beaucoup de miel ; fouvent on voit les abeilles fur les coffes de la Vefce, fans toucher même aux fleurs. On croit qu'elles y recueillent une grande quantité de miel; & en effet les abeilles en recueillent quelquefois fur les feuilles.

40°. Le Bouillon blanc. Il donne en juin & juillet beaucoup de fleurs qui contiennent une grande quantité de miel; les enfans les cueillent pour les fucer.

41°. Le Concombre. 42°. Le Melon & autres plantes du même genre fourniffent une abondante récolte aux abeilles, fpécialement en molividhe. Rocca, qui a fréquenté beaucoup au grand Montreuil le jardin botanique du médecin Lemonnier, rapporte plufieurs plantes exotiques & indigènes fur les fleurs defquelles il a remarqué beaucoup d'abeilles. Nous allons les répéter, en fuivant la férie des numéros ci-deffus.

43°. L'Ancholie. La fleur plaît aux abeilles.

44°. Les Andromèdes ; fpécialement celui en grappes, l'Andromède Manfiane, celui à picots larges, font très-fréquentés par les abeilles.

45°. L'Agripaume. Sa fleur plaît aux abeilles.

46°. L'Apocin Gobe-mouche. L'abeille retire, bien différente des autres infectes, le miel de cette fleur fans aucun danger.

47°. L'Apocin à feuilles d'Androfænum donne

auffi dans fes fleurs une bonne nourriture aux abeilles.

48°. L'Afclépias de Syrie & celui à larges feuilles du même endroit ou du Canada, donnent des fleurs très-utiles & très-agréables aux abeilles ; mais il eft à craindre que le miel qu'elles en tirent ne foit pas des plus fains, on le croit même très-purgatif.

49°. Le Kalmia à feuilles larges, & celui à feuilles étroites font très-fréquentés par les abeilles lors de la fleur.

50°. La Campanule. Toutes les Companules, ainfi que nous l'avons déjà obfervé, donnent des fleurs qui font les vraies délices des abeilles.

51°. La Clématite. Ses fleurs ne plaifent pas moins à ces infeétes, elles en font continuellement environnées.

52°. Le Cornouiller. Plufieurs efpèces de cet arbre, fur-tout le blanc de Virginie, font fréquentées par les abeilles.

53°. Clethra. Cet arbriffeau eft utile pour la nourriture des abeilles qui le fréquentent avec beaucoup d'avidité.

54°. Le Plaqueminier, dont il y a trois efpèces, celui à feuilles étroites & à petit fruit, celui à petit fruit & celui à gros fruit, plaît auffi aux abeilles.

55°. L'Hydrangée, arbriffeau qui nous vient de la Virginie.

56°. L'Hyppophaë d'Europe & celui du Canada. Ces trois arbriſſeaux donnent des fleurs qui plaiſent beaucoup aux abeilles.

57°. Le Millepertuis ne leur plaît pas moins par ſes fleurs.

58°. La Méliſſe. Elle eſt d'un grand uſage dans la culture des abeilles. Ces inſectes fréquentent beaucoup cette plante.

59°. Le Mélilot. Il produit beaucoup de miel; les abeilles recherchent le Mélilot avec empreſſement, ſur-tout celui à fleurs blanches, elles ne le quittent même pas de toute la journée pendant les mois de juillet & août.

60°. L'Itea de Virginie fournit auſſi de la pâture aux abeilles, dans les mois de juin & juillet, ainſi & de même que

61°. Le Muguet ou Pouillot. 62°. L'Olivier de Bohême, en juin. 63°. Le Troëne, en mai & juin. 64°. La Saphore du Japon, en août. Cet arbre, que Rocca a remarqué couvert d'abeilles, doit leur être utile ſur-tout dans une ſaiſon où la campagne manque de fleurs.

65°. Les eſpèces & variétés de Spirée. L'eſpèce à fleurs blanches, celle à fleurs rouges, celle d'Eſpagne, & celle à feuilles d'Obier, méritent d'être cultivées pour les abeilles, de même que la Reine des prés qui en eſt une eſpèce.

66°. Le Sumac, *Rhus coriaria*. Les abeilles fré-

quentent pareillement cet arbrisseau; il y en a un
de Virginie & un du Canada. Nous en dirons autant de

67°. la Filipendule. 68°. du Thalictron commun. 69°. du Prinos verticillé. 70°. de la Viorne.
71°. du Caprier; les abeilles aiment beaucoup les
fleurs de cette plante. 72°. la Schlarée est toujours couverte d'abeilles : on en voit aussi sur
73°. le Statice de Sibérie. 74°. la Véronique de
Virginie. 75°. la Bourgène & 76°. l'*Agnus castus.*
Nous ne parlerons pas ici de 77°. la Salicaire ni
du Ketmia ; celui à fleurs blanches est sur-tout fréquenté par les abeilles, aux mois d'août & septembre, où les autres fleurs manquent.

Rocca dit qu'en Syrie il ne se trouve que les
fleurs de Scille qui produisent du miel amer, mais
ce miel, dit-il, n'a jamais nui à la santé des
abeilles ni des hommes ; il rapporte ensuite les
plantes que nous avons annoncées comme nuisibles
aux abeilles, entre autres les fleurs de Tilleul ;
nous y avons déjà répondu ci-dessus. Au surplus
nous n'avons rien avancé sur les mauvaises qualités de cette plante, que sur les expériences que
nous avons faites dans la maison paternelle.

Il est démontré en outre que le miel a des bonnes
& des mauvaises qualités, suivant les plantes dont
les abeilles se nourrissent. On distingue très-bien
le miel de l'Archipel d'avec celui de France pour
la bonté ; & en France, celui de Narbonne &

de Provence d'avec celui des autres départemens.

Pour prouver la vérité de ce que nous avançons, & combien les plantes influent fur le miel, nous ne ferons que rapporter ce qui eft arrivé auprès de Trébifonde, lorfque l'armée des dix mille approcha de cet endroit ; il lui arriva un accident fort étrange & qui caufa un grande confternation parmi les troupes, au rapport de Xénophon, qui en étoit un des principaux chefs.

Comme il y avoit plufieurs ruches d'abeilles, dit cet auteur ; les foldats n'en épargnèrent pas le miel ; il leur prit un dévoiement par haut & par bas fuivi de vertiges, enforte que les moins malades reffembloient à des perfonnes ivres, & les autres à des perfonnes furieufes & moribondes. On voyoit la terre jonchée de corps comme après une bataille ; perfonne néanmoins n'en mourut, & le mal ceffa le lendemain, exactement à la même heure qu'il avoit commencé, de forte que les foldats fe levèrent le troifième jour dans l'état d'affoibliffement où l'on eft après une forte médecine. Diodore de Sicile rapporte les mêmes effets dans les mêmes circonftances ; il y a toute apparence que ce miel avoit été fucé fur les fleurs de quelques efpèces de Chamærodendron ; tous les environs de Trébifonde en font pleins, & le P. Lambert, miffionnaire théatin, convient que le miel que les abeilles fucent fur un certain arbriffeau

de la Colchide ou Mingrélie, eſt dangereux &
fait vomir. Ils appellent cet arbriſſeau *Oleandro
Griallo*, c'eſt-à-dire, Laurier roſe jaune, lequel
ſans contredit eſt le *Chamærodendron pontica maxima,
Serpilli folio, flore luteo*. La fleur, dit ce miſſionnaire, tient le milieu entre l'odeur du muſc &
celle de la cire jaune; cette odeur paroît appro-
cher de celle du Chèvre-feuille, mais elle eſt in-
comparablement plus forte.

En parlant des qualités nuiſibles de certaines
plantes pour les abeilles, nous obſerverons avec
Contardi qu'il eſt inutile de chercher à détruire
ces plantes dans les champs, comme les anciens
le prétendent, puiſque les abeilles, ainſi que tous
les autres animaux, ne courent jamais aux herbes
qui leur ſont pernicieuſes & qui leur déplaiſent.
Si quelquefois ils le font, ce qui eſt rare, c'eſt
lorſqu'ils ſont abſolument preſſés par la faim,
comme les quadrupèdes domeſtiques, à la ſuite
de l'hiver.

Fin de la seconde partie.

PAN

SUECUS;

AUCTORE

CAROLO LINNEO.

SECONDE ÉDITION.

TROISIÈME PARTIE.

A PARIS,

Chez PERNIER, Libraire, rue de la Harpe, n°. 188,
vis-à-vis celle St.-Severin.

AN IX. — 1801.

PAN SUECUS;

AUCTORE

Carolo Linneo.

---

1 **V**ETERES vitam paſtoriam P A N I , quemadmodum herbas *Floræ*, Venationem *Dianæ*, Segetumque culturam *Cereri* tribuerunt. Nos, qui non niſi unicum Numen cuncta gubernans agnoſcimus, hiſce Deorum nominibus ſæpè utimur, ad deſignandam certam aliquam rem, quam tractandam ſuſcepimus. Quid hodiè apud Botanicos notius quam *Flora*, per quam intelligunt omnes plantas, quæ certo ambitu creſcunt, ſicut *Faunâ* noſtrâ *Suecicâ* omnia animalia Suecica? Eâdem ratione nos hanc opellam P A N I S S U E C I C I titulo inſignire audemus, quo indicamus quinque apud nos communiter domestica quadrupedia, quæ illis paſcuntur plantis, quæ per Regnum Sueciæ creſcunt, adeóque *Panis exercitum inhoſpitatum per Floræ Sueciæ Provincias.* Evitare hoc modo voluimus prolixam definitionem, quæ ſemper eſt odioſa, ubi libri cujuſdam titulum indigitabit.

2 Vita paſtoritia eſt quidem, teſte tàm ſacrâ quàm profanâ hiſtoriâ, mortalibus fermè coæva, adeò ut libenter hanc, quam profitear ſcientiam, derivarem ab antiquiſſimis temporibus; ſed etſi Plantæ omnium oculis fuerint expoſitæ, fateri tamen cogor, in ſcientiis ante hoc tempus nihil de eſu plantarum pecoribu roprio

nos habere; adeòque certus sum crambem bis coctam a me non proponi ; sed prorsùs novam scientiam. Primum periculum , quod invenire potui, fecit Cel. Præses in itinere Dalekarlico anno 1734, teste Flor. Lapp. pag. 159 , ubi hæc habentur verba : *Cum in itinere Dalekarlico , Alpibus superatis , in Norvegiam perveniremus , altè dormientibus lassis sociis, obambulans in tristi sylvá , advertebam etiam Equos distinguere posse alimenta salubria à noxiis , ingerebant enim famelici omnes sine discrimine herbas , intactas omninò relinquin- tes : Filipendulam 405 , Valerianam 30 , Convallariam 213 , An- gelicam 233 , Epilobium 304 , Comarum 422 , Geranium 572 , Helle- borum 474 , Aconitum 441 , & varios frutices. Dedit hoc ansam , ut curioso rerum naturalium scrutatori commendemus observationes insti- tuendas circa plantas , quæ scilicet ab animalibus Pytivoris , ut Bove , Ove , Caprá , Cervo , Equo , Sue , Simiá , eorumque speciebus , non devorentur , quod ritè observatum suá utilitate non caret.* Nihilominùs res intacta relinquebatur , usque dum Cel. Præses ab exteris regio- nibus in patriam rediret , ibique per provincias itinera institueret , quem etiam dignissimus tanto Magistro Discipulus Prof. *Kalm* imi- tatus est , adeo ut in ejus itinere barnusiensi quasdam inveniamus herbas , quas devorant aut respuunt pecora. Anno autem 1747 & 1748 cœpit Cel. Præses omni industriá non solum ipse experimenta instituere , sed etiam excitare auditores & discipulos ad experimenta facienda, inter quos ego etiam eram. Hoc pacto plurima experimenta facta sunt ; atque iterata præcipuè a *D. D. Hagstræm*, Mag. *E. G. Liidbeck , E. Ekelund , J. G. Walhbom , L. Muntin , F. Olbers , J. C. Forskáohl , A. Fornander* , ut alios taceam , qui quasi per æmulationem inter se certabant , de inquirendis certis plantis cui- que animali in cibum propriis.

3. Difficultas autem omnes investigandi plantas Sueciæ indige- nas , & conquirendi animalia ad experimenta , quæ cuncta iterari debebant, idonea, fecit ut opus omnibus numeris absolutum præs- tare non valeamus. Suppleri tamen paulatim potest , determinatis priùs a nobis plerisque & communissimis in Sueciá vegetabilibus. Diximus ad experimenta hæcce requiri idonea animalia e Bobus, Capris, Ovibus, Equis, Suibus: nam inter experiendum variæ se offerunt difficultates ; quum quædam herbæ , verno tempore , dùm teneræ sunt ; comedantur , quæ posteà per totam æstatem non tanguntur ; cum eo tempore sapore , odore , aliisque adfec-

tionibus obdurefcant; quemadmodùm nos *Urticâ* vere vefcimur, fed quis eam pofteà adpeteret? Ab aliis flores comeduntur, non caules aut folia; ab aliis iterùm folia, non caules. Dùm folia a pecoribus devorantur, noftra eft fententia, quod devorari herba dici poffit, alioquin pauca ederentur Gramina. *Œcon. Nat.* pag. 81. Neque pecora & Jumenta fame laborare debent nimia, fi rite inftituatur experimentum; fic enim plurima deglutiunt avidè, cùm vehementia famis ea fufferat, quæ a ventre faturato fpernerentur. Sic ineptum etiam eft huic negotio omne pecus aut jumentum, quod ftabulis primùm prodit, quum fame preffum virides plantas avidè expetat. Optimum autem eft experimentum inftituere, quando faturata funt animalia, quæ vix unquam plenè faturantur. Herbæ de cetero manibus fudantibus non funt tractandæ; nam hoc pacto etiam optimæ & fapidiffimæ ab aliis fæpè repudiantur. Sed humi plantas objicere oportet, & faftiditæ a nonnullis, aliis funt admifcendæ herbis fapidis, quæ fi tum etiam fpernuntur, perfpicuum habemus documentum, præfertim, fi in diverfis individuis fuerit iteratum.

4. Non ultra plantas Suecas fcopus nofter fefe extendit, idque ob Œconomiam noftram Suecicam; ceteras curent exteri, qui indè peculiarem habent utilitatem, ne opus nobis in infinitùm crefcat. Poffumus nunc ultra duo millia experimenta certiffima exhibere, quæ fæpè decies, immo fæpè bis decies funt iterata. Si autem fumamus FLORAM SUECICAM *Holmiæ* 1745, & ad quamlibet herbam, ut chartæ parcatur, nomen adponimus genericum, numerum Floræ Sueciæ & epitheton quodam loco differentiæ, negotium in compendium facile mittitur.

5. Manifeftum eft regnum vegetabile inftitutum effe, ut alimento fit regno animali, quod exinde plane fuftentatur, adeo ut, licet haud pauca animalia carne vefcantur, neceffe tamen fit ipfis vegetabilia comedere, quæ ceteris carnem præbeant. In hac meditatione mirabundi deprehendimus infiniti Creatoris fapientiam, quæ fecit ut quædam vegetabilia prorfùs infipida fint certis Phytivoris, ita tamen, ut quæ ingrata funt illis, ceteris fint in deliciis; quæ uni venenofa exiftunt, aliis fint faluberrima, & vice verfâ. Hoc ipfum cafu non factum eft, fed ordinatione infinitè Sapientis. Si enim naturæ Opifex feciffet omnes herbas omnibus Pecoribus æque fapidas, indubie fuiffet fecuturum, ut multiplicatâ infigniter unâ

fpecie, ex magno terrarum tractu vegetabilibus confumptis , alia
fpecies fame in ejufmodi loco periret , antequam in meliora pro-
diret pafcua ; jam verò ex adverfo quælibet fpecies relinquat ,
neceffe eft , certas herbas certis animalibus , ut faltèm aliquid re-
periant alia, quo Pecoribus vitam fuftentent, donec uberio a pafcua
inveniant. Pari modo comparatum eft cum ipfis herbis , quæ non
in eâdem terrâ eodemque climate omnes crefcunt & vigent ; fed
quælibet locum , ab Auctore naturæ fibi deftinatum obtinet , in
quo vividiffime provenit. Unde etiam animalia , quæ certas herbas
fibi deftinatas præcipuum agnofcunt nutrimentum ; maxime certis
in locis fefe continent. Sic LICHEN Fl. 980 , imprimis crefcit
in frigidis Alpibus , quam ob rem *Rangiferi* , quibus hoc per hiemem
præcipuum eft alimentum , in ejufmodi locis commorari neceffum
habet. FESTUCA Fl. 94 , quæ optime viget atque maxime crefcit
in campis aridis , *Oves* , quibus eft in deliciis , allicit. BETULÆ
NANÆ Fl. 777 femina , quæ optimam præbent efcam *Lagopodi*
Fn. 169 , & *Muri* Fn. 26 faciunt , ut ad frigidum feptentrionem
morentur. LAGURUS , Mat. med. 312 , quæ unice in arenâ
volatili crefcit , *Camelos* impellit ad arenofa loca eligenda , cum
illos ea optime nutriat , ut plura taceam. ARBORES , quæ fuos
erigunt apices , ita ut Quadrupedia non æque facile illas poffint
tangere , eo majori *Infectorum* exercitui præbent alimenta , ut *Salix* ,
Alnus , *Quercus* , *Pyrus* ; &c. Creator qui hanc legem fapientiffimè
fanxit , ipfis etiam animalium organis fenforiis eam infcripfit , ne
ignorantia contra eam peccent ; & ut omnis tranfgreffio pœnam
habet , ita etiam peccatum contra legem naturæ certiffime punitur.
Quam ob rem animalia , quæ hanc legem violant , morbis aut
morte plectuntur ; unde etiam cum admiratione videmus animantia
bruta, quibus ad ejufmodi inftinctum vivere licuit, ne verberibus quidem impelli poffe , ut adverfùs ipfum quidquam committant. Si fortè
etiam accidat , ut animal quoddam in hac re offendat , & ob vio-
latam legem pœna adficiatur , vulgò dicimus hoc vel illud venena
fumpfiffe , adeo ut mirentur imperiti , ne dicam altercentur adverfùs fapientiffimam Creatoris fui difpofitionem , quod tot herbas
venenatas produxerit. Etenim nulla per totum orbem planta in
univerfum eft venenofa , fed omnia bona funt , quæ a Creatore
ducunt originem. Medici monent fæpius hanc vel illam herbam
peftiferam , idque ideo , quod particulæ fint afperiores , quæ

lacerant fibras aut pervertunt humores. Sed omnia hæc refpecti-
ve dicuntur ad fpeciem animalium e. g. *Euphorbia* Fl. 436 lacteum
habet humorem , qui cutem noftram in veficulas elevat, fibras-
que noftras corrumpit , hanc ideo venenatam nuncupamus: *Phalæna*
autem Fn. 825 , eft Infectum , quod unice fere & folum hac herbâ
vefcitur , eamque fapore & alimento præfert cunctis aliis , cum
inde optime valeat. Sic animal unum venenum fibi mortiferum
relinquit alteri , quod inde ļautiffime pafcitur. CICUTA *Vaccæ*
moritur , *Capra* vero eam adpetit avide. ACONITUM *Capram*
necat , non *Equum* ; AMIGDALÆ AMARÆ *Canem* perimunt ,
non *Hominem.* PETROSELINUM *Pafferes* interficit, non *Suem* ;
PIPER *Suibus* lethale eft , non *Gallinis* ; *itaque fuum cuique eft*
tributum. Animalia guftu & odoratu a noxiis utilia difcernunt.
Juniores hos fenfus habent fortiores, hinc magis herbas noxias a
falutaribus feligunt. Venter inanis animantia fæpe impellit ad
plura confumenda , quam quæ ipfis funt adfignata. Quod fi hoc
pacto fe læfa fentiant, curatius cavent in pofterum & aliquam quafi
experientiam adquirunt. E. g. *Aconitum* , quod prope Falhunam
crefcit , plerumque ab omnibus animalibus his locis adfuetis re-
linquitur ; fed fi peregrinum pecus eo accefferit & hoc vegetabile
offendat, audet plerumque exinde nimis magnum affumere bolum ;
quapropter etiam plerumque moritur. Pecora tantum in planitie
Scaniæ aut Weftrogotiæ educata, dyfenteriam communiter incur-
runt, ubi in filveftria deveniunt loca, ex eo, quas eas devorent herbas
quas fueta animalia vitare didicerunt. Cum fub aquâ *Cicuta* crefcat,
ut Vaccæ adhuc illam , verno tempore , olfacere nequeant , turma-
tim ex eâ moriuntur ; poftea vero dum æftas terram ficcavit , cavent
fedulo. Verum etiam eft , quod non omnia vegetabilia certis animantibus per naturam prohibita , æque fint noxia ; unde etiam neceffitas & fames efficit ut a fingulis non ftatim moriantur : hoc
autem certum eft , quod talia vix ac ne vix quidem bonum ipfis
fubminiftrent alimentum.

6. Utilitas hujus fcientiæ non eft nuda curiofitas , etfi fcientia ,
quæ nobis ftupenda Creatoris opera monftrat , nunquam non magni
fit facienda : neque per eam intendimus peculiarem ufum medi-
cum , ut nempe concluderetur hanc vel illam herbam homini effe
noxiam , cum ab hoc vel illo animali bruto non comedatur. Necque
adprobamus Wepferi experimenta in canibus aliifque animantibus

facta, ad defignandum quænam homini fint lethalia, fed ufus a nobis intentus imprimis eft Œconomicus.

(α) Ex hifce obfervationibus concludere poffumus, an pafcua
quædam bonum præbeant paftum huic vel illi animalium fpeciei.
Videmus e. g. fæpius *Vitulos* in fuis feptis, ubi ULMARIA
Fl. 405, copiofe luxuriat & locum ita tegit, ut vix fit ipfis meandi
poteftas, prorfus tabefcere; miratur rufticus & putat vegetabilia
hæc nimis effe illis pinguia, nefciens Ulmariam Vaccis non effe
nutrimentum; *Capra* vero quæ extra fepimentum balat, nec in-
tromittitur, Ulmariam delicatiffimam, utiliffimamque judicat
efcam.

(β) Ab hifce experimentis propemodum dijudicare poffumus,
per adfinitatem & analogiam : an prata vel pafcua utilia aut noxia
fint huic vel illi animali? E. g. OVES noftras, in paludibus venena
capere, longa docuit experientia, quamvis nemo, ante hoc tempus noverit, quodnam præcipuum fuit venenum, etfi *Anthericum*
267, *Myofotis* 149, *Mercurialis* 823, *Drofera* 257, 258, *Juncus* 287,
Flammula 458, & *Pinguicula* 21, non optimè fint notæ. Proponam igitur novum experimentum. ANDROMEDA *foliis ovatis
obtufis, corollis corymbofis infundibuliformibus, genitalibus decli-
natis*, Fl. *Virgin.* 160. in Virginiâ Ovium eft præfentaneum venenum; ANDROMEDA noveborafenfibus *Dwarf Laurell. Cold.
Act. Upf.* 1743, *pag.* 123, funt in Noveboraco Ovibus maxime
peftiferæ. Hæ funt ex uno genere naturali (*) differentis fpeciei,
adeoque 'eamdem habent virtutem. Apud nos, præfertim in terris
borealibus, paffim crefcit in paludibus. ANDROMEDA 335, quæ,
ut maxime offingere naturali, tanquam ex eodem genere noftris nocet
Ovibus. Hoc accedit, quod, quoniam tres aliæ fpecies ANDRO-
MEDÆ, 336, 337, 338, crefcunt in Lapponiæ Alpibus, ibi
nullæ bene valeant Oves, & tandem licet *Ledum* 341, non eft
fpecies ANDROMEDÆ, fed ex eâdem tamen claffe naturali, cre-
dibile eft *Ledum* non optimum præbere Ovibus nutrimentum. Hæc
fententia inopinatam dat paftoribus noftris occafionem experimenta
cum Ovibus inftituendi, utpote qui fine ejufmodi periculis nunquam culpâ vacare poffunt, cum in hoc fitum fit totius gregis
commodum. Eftque notatu digniffimum, quod Botanica americana,

---

(*) Kalmia, 1 & 2.

vel in terrâ remotiffimâ , det nobis anfam cogitandi de rebus uti-
liffimis , de quibus antiquus orbis ne quidem fomniavit.

(γ) Inde Œconomus jufte judicare poteft de pratis fuis & difcat
certa prata aliis animalibus magis proficua in efcam fore , præ aliis.
Licet enim pecora , cogente neceffitate & fame , etiam adprehen-
dat vegetabilia minus grata , indubium tamen eft , hæc non æque
illis prodeffe atque fapida. Pari ratione quâ Dalekarli noftri inopiâ
frumentorum coguntur pane e corticibus pini confecto vitam fuf-
tentare , ex quo tamen non fequitur hoc optimum ipfis effe nutrimentum. Vidimus Equos , belli tempore ultimâ preffos fame ,
vetera comediffe fepimenta ; fed inde non tuto concludimus , ligna
ipforum effe alimentum.

(δ) Induftrius Paterfamilias ex hoc judicât , quando in pratis fuis
fœni femina ferat in paftum pecudum , non ipfi perinde effe , quaf-
nam plantarum fpecies eligat , ut vulgo fuit creditum ; aliæ enim
aptæ funt Equis , aliæ Vaccis , &c. EQUI magis eligunt , quàm
cetera noftra pecora ; præfertim plantæ ex Tetradynamiâ minime
ipfis fapiunt. CAPRÆ devorant quidem plures herbas quam reliqua , fed maxime fummitates Plantarum & flores adpetunt. OVES
contra omittunt flores , & folia comedunt ; ut taceam difparem in
creaturis indolem , prope terram herbas decerpendi. Agricola , qui
hæc intelligit , & novit fecundum ea , terram fuam difponere &
quamlibet pecudum fpeciem aptiffimis pafcere herbis , neceffario
habebit faniora & pinguiora pecora , quam alii , his principiis
deftituti. Idem de fuo fœno bonus obfervabit Œconomus. Nam etfi
multæ herbæ comedantur arefactæ , quæ virentes refpuuntur , inde
tamen non fequitur , quod pari nutrimento fuftententur.

Multa hæc commemorari poffent de fingulari pecudum propen-
fione in hoc vel illud vegetabile , quæ tamen exponere brevis opella
non permittit. E. g. quod *Oves* præ omnibus eligant *Feftucam* 95,
e quâ pinguefcunt magis , quam ex quocumque alio ; quod *Capræ*
certis delectentur herbis , fed proprio inftructæ adpetitu , varietates
ciborum magis quærant , nec diu facile uno vefcantur genere ; quod
Anferes præcipue exprimant femina *Feftucæ Fl.* 90 ; quod *Sues* avide
quærant radices *Scirpi* 40 , dum virent , fed aridas ne guftent quidem ;
hinc vanum eft machinas inftituere ad radices *Scirpi* ex aquis extra-
hendas & torrendas in ufum horum animalium per hiemem. Quod
hæc animantia corrumpant prata , ubi *Scorfonera* crefcit , ut radicem

ejus, fuas colligant delicias, & exarent agros, ad perquirendas radices *Stachyos* 490. Agricola credit eos prodeffe agris fuâ volutatione, tollendo radices *Tritici Fl.* 105, quas tamen nunquam comedunt, nifi fumma cogat neceffitas.

7. Ut brevibus cunéta proponam, difpofui herbas Florae Sueciae fecundum fuos numeros, & ut brevitati ftudeam, adhibere neceffum fuit nomen genericum & breve atque minus fufficiens epitheton, quod tamen ex ipfâ Florâ illuftratur. Diftinxi pecora ad quamlibet herbam in V Columnas, quarum I, BOVES; II, CAPRAS; III, OVES; IV, EQUOS; V, SUES continet. Per fignum (1) eas notavi herbas, quæ comeduntur; per fignum (o) quæ non eduntur; utroque hoc numero, ubi interdum devorantur & interdum refpuuntur, vel eduntur, ubi pecora fc. iis magis funt adfueta & magis famelica, fed aliàs non item.

8. Ad primum hujus argumenti intuitum deprehendet Leétor non effe illud numeris omnibus adfolutum, ita ut quævis planta Suecica indicata fit & a quibus animalibus illa comedatur. Accidit hæc, ut plerumque fieri folet, eum quis novalia inftituit, quod non primis annis habeat purum agrum hortis confimilem, fed patiatur primo cefpites & glebas, nifi agrum pluribus annis fterilem voluerit relinquere. Crediderim me apud Leétorem in eo majorem inituram gratiam, dum aperio nuper deteéta, quam fi detegenda in pofterum præftolarer. Cum enim plures hîc fint Botanices atque fimul Œconomiæ amatores, fpero fore ut omnes mihi auxiliatrices porrigant manus, ad opus aliâ & perfeétiori editione magis completum exhibendum.

FLORA SUECICA.

I. MONANDRIA.

	Boves.	Capræ.	Oves.	Equi.	Sues.
1 Salicornia *maritima*	0	—	0	0	1
2 Hippuris *aquatica*	0	1	0	0	0
3 Callitriche *palustris*	—	—	—	—	—

II. DIANDRIA.

	Boves.	Capræ.	Oves.	Equi.	Sues.
4 Ligustrum *vulgare*	1	1	1	0	—
5 Circæa *utraque*	—	—	1	—	—
6 Veronica *ternifolia*	1	1	1	0	0
7 *spicata*	1	0	1	0	—
8 *mas*	1	1	1	1	—
9 *scutellata*	1	1	1	1	—
10 Beccabunga *oblong.*	1	1	1	0	0
11 *rotund.*	1	1	—	1	0
12 Pseudochamædrys	1	1	0	0	0
13 *alpina*	1	1	1	—	—
14 *femina*	—	—	—	—	—
15 *clinopodifolia*	—	1	—	—	—
16 *caulic. adhærent.*	—	—	—	—	—
17 *oblongis caulic.*	1	1	1	1	—
18 *cymbalarifolia*	1	1	1	1	—
19 *rutæfolia*	1	1	1	—	—
20 *minima*	—	—	—	—	—
21 Pinguicula *vulgaris*	0	0	0	0	—
22 *alba*	0	0	0	0	—
23 *minima*	0	0	0	0	—
24 Utricularia *major*	—	—	—	—	—
25 *minor*	—	—	—	—	—
26 Verbena *vulgaris*	●	0	1	0	—

		B.	C.	O.	E.	S.
27	Lycopus *paluftris*	o	I	I	o	—
28	Salvia Horminum	o	I	I	o	—
29	Anthoxanthum *vulgare*	I	I	I	I	—

III. TRIANDRIA.

		B.	C.	O.	E.	S.
30	Valeriana *vulgaris*	o	I	I	o	o
31	*dioica*	—	I	I	—	—
32	Locufta	—	I	I	—	—
33	Iris *paluftris*	o	I	o	o	o
34	Schœnus *vulgaris*	—	I	—	—	—
35	Marifcus	—	—	—	—	—
36	*nigricans*	—	—	—	—	—
37	*minimus*	—	—	—	—	—
38	Scirpus *fylvaticus*	I	I	I	I	o
39	*maritimus*	—	—	—	—	—
40	*lacuftris*	o	I	o	—	I
41	*paluftris*	o	I	o	I	I
42	*cefpitofus*	—	I	—	—	—
43	*minimus*	—	—	—	—	—
44	Eriophorum *polyftachyon*	o	I	I	o	o
45	Schœnolagurus	—	o	—	—	—
46	*triqueter*	—	o	—	—	—
47	Nardus *pratenfis*	10	I	I	I	o.
48	Phalaris *arundinacea*	I	I	I	I	o
49	*Phleiformis*	—	I	I	—	o
50	Phleum *vulgare*	I	I	—	I	o
51	*alpinum*	—	—	—	—	—
52	Alopecurus *erectus*	10	I	I	I	10
53	*infractus*	I	I	I	I	o
54	Panicum *adhærens*	—	—	—	—	—
55	Melium *fuaveolens*	I	I	I	—	—
56	Melica *ciliata*	—	I	—	I	—
57	*nutans*	I	I	—	I	—
58	Agroftis *fpica venti*	—	I	o	I	—
59	*enodis*	—	o	—	11	—
60	*pyramydalis*	—	o	I	I	—
61	*ftolonifera*	I	—	I	I	—
62	*tenuiffima*	I	I	—	I	—

X

	B.	C.	O.	E.	S.
1138 Agrostis *supina*	I	—	—	I	—
63 Aira *dalekarlica*	I	I	I	10	I
64 *flexuosa*	I	I	I	I	—
65 *alpina*	—	—	—	—	—
66 *miliacea*	I	—	I	I	—
67 *lanata*	—	I	I	—	—
68 *xerampelina*	—	—	II	—	—
69 *avenacea alpin.*	—	I	—	I	—
70 *Mariæ borussorum*	—	o	I	—	—
71 *spica lavendulæ*	—	I	I	—	—
72 *radice jubata*	I	I	—	—	—
73 Poa *gigantea*	I	—	I	I	—
74 *compressa repens*	I	I	I	I	—
75 *annua*	I	I	I	I	I
76 *vulgaris magna*	I	I	I	I	I
77 *angustifolia*	I	I	I	I	I
78 *media*	I	I	I	I	I
79 *alpina variegata*	I	I	I	I	—
80 Briza *vulgaris*	I	I	I	—	—
81 Cynosurus *cristatus*	—	—	I	—	—
82 *cæruleus*	—	I	I	I	o
83 *paniculatus*	o	I	I	I	—
84 Bromus *vulgaris*	I	I	I	I	—
85 *upsaliensis*	I	I	I	I	—
86 *tectorum*	I	I	I	I	—
87 *hordeiformis*	I	I	I	I	—
88 *perennis maxima*	I	I	I	I	—
89 *spica Brizæ*	—	I	I	I	—
90 Festuca *natans*	o	I	I	I	10
91 *margin. agrorum*	I	I	I	I	—
92 *triticea*	—	—	—	—	—
93 *rubra*	—	I	—	I	—
94 *vivipara*	I	—	—	I	—
95 *ovina*	I	I	II	I	—
96 Avena *pratensis*	I	I	I	I	—
97 *volitans*	—	I	I	I	—
98 *nodosa*	I	I	I	—	—

		B.	C.	O.	E.	S.
99	Arundo *lacustris*	1	1	0	1	0
100	*ramosa*	—	1	—	—	—
101	*petrea*	—	—	—	—	—
102	*arenæ mobilis*	—	—	—	—	—
103	Lolium *temulentum*	—	—	10	—	—
104	*perenne*	1	10	—	—	—
105	Triticum *rad. officinarum*	1	1	1	1	0
106	Elymus *maritimus*	1	1	0	1	—
107	Hordeum *murinum*	—	—	1	1	—
108	Montia *palustris*	0	—	0	0	0

IV. TÉTRANDRIA.

		B.	C.	O.	E.	S.
109	Globularia *gotlandica*	—	—	—	—	—
110	Scabiosa *vulgaris*	10	1	1	1	0
111	*gotlandica*	—	1	1	1	—
112	*Succisa*	1	1	1	1	0
113	Sherardia *scanica*	0	11	0	1	—
114	Asperula *odorata*	1	1	1	1	—
115	*rubeola*	1	1	1	1	0
116	Galium *luteum*	10	1	1	0	0
117	*Stækense*	1	1	1	1	1
118	*quadrifolium*	10	1	1	1	0
119	Cruciata	1	0	1	1	0
120	Aparine *vulgaris*	1	1	1	1	0
121	*Parisiensis*	1	1	1	1	—
122	Plantago *vulgaris*	0	1	1	0	1
123	*incana*	0	1	1	0	1
124	*lanceolata*	0	1	1	1	—
125	*radice lanata*	—	1	1	0	—
126	Coronopus	—	1	1	—	—
127	*linearis maculatus*	10	1	1	—	—
128	*monanthus*	—	—	—	—	—
129	Centunculus *minimus*	—	—	—	—	—
130	Sanguisorba *gotlandica*	1	1	1	1	—
131	Cornus *femina*	0	1	1	1	—
132	*herbacea*	0	1	1	1	1
133	Evonymus *vulgaris*	1	1	1	0	—

	B.	C.	O.	E.	S.
134 Trapa *aquatica*	-	-	-	-	-
135 Alchemilla *vulgaris*	10	1	1	1	0
136 Alchemilla *alpina*	1	1	0	0	0
137 Aphanes *smolandica*	-	-	-	-	-
138 Cuscuta *parasitica*	1	01	1	0	1
139 Potamegeton *natans*	1	1	0	0	0
140 *perfoliatum*	0	0	0	0	0
141 *plantaginis*	0	-	0	-	0
142 *crispum*	0	-	-	-	-
143 *caule compresso*	-	-	-	-	-
144 *lineare*	-	-	-	-	-
145 *pectiniforme*	-	0	-	-	-
146 *fluitans*	-	-	-	-	-
147 *capillaceum*	-	-	-	-	-
148 Sagina *minima*	-	-	1	-	-

V. PENTENDRIA.

	B.	C.	O.	E.	S.
149 Myosotis *pratensis*	0	0	0	0	0
palustris	0	1	0	-	0
150 Lappula	0	-	0	0	-
151 Lithospermum *officinarum*	0	1	-	0	-
152 *annuum*	10	1	1	0	0
153 Anchusa Buglossum	1	1	1	1	10
154 Cynoglossum *vulgare*	0	1	0	0	0
155 Symphitum *majus*	1	0	1	0	0
156 Pulmonaria *immaculata*	10	1	1	0	0
157 Lycopsis *arvensis*	1	1	1	1	0
158 Echium *scanense*	1	0	1	0	-
159 Asperugo *vulgaris*	10	1	1	1	-
160 Androface *minor*	0	1	1	0	0
161 Primula *vulgaris*	0	1	1	-	-
162 *purpurea*	01	1	1	1	0
163 Menyanthes *trifoliata*	0	1	10	0	0
164 Hottonia *palustris*	1	-	-	-	0
165 Samolus *maritima*	1	1	1	0	-
166 Lysimachia *vulgaris*	1	1	10	0	0
167 *axillaris*	01	1	10	0	0
168 Nummularia	1	10	1	0	-

		B.	C.	O.	E.	S.
169	Anagallis *rubra*	I	I	O	—	—
170	Azalea *fruticosa*	—	—	—	—	—
171	Azalea *supina*	—	—	—	—	—
172	Diapensia *lapponica*	O	O	O	O	—
173	Convolvulus *arvensis*	I	I	I	I	O
174	*maximus*	O	I	I	I	—
175	Polemonium *glabrum*	I	I	I	10	—
176	Campanula *vulgaris*	I	I	I	I	O
177	*uniflora*	—	—	—	—	—
178	*fennonica*	—	—	—	—	—
	falunensis	—	—	—	—	—
179	*magno flore*	—	I	10	I	—
180	*gigantea*	—	I	I	I	—
181	Trachelium	I	O	—	O	—
182	*glomerata*	—	—	—	—	—
183	*echioides*	—	—	—	—	—
184	Hyoscyamus *vulgaris*	O	OI	O	O	—
185	Datura *erecta*	O	O	O	O	O
186	Verbascum *hirsutum*	O	O	O	O	O
187	*nigrum*	O	O	10	O	I
	scanicum	O	O	O	O	O
188	Solanum *vulgare*	O	O	O	O	O
189	Dulcamara	O	I	I	O	O
190	Hedera *repens*	O	O	I	I	—
191	Lonicera Caprifolium	I	I	I	O	—
192	Xylosteum	O	I	I	O	—
193	Rhamnus *catharticus*	O	I	I	I	—
194	Frangula	O	I	I	—	—
195	Ribes Grossularia	O	I	10	I	—
196	*rubra*	I	I	I	10	—
197	*nigra*	—	I	—	I	—
198	*alpina*	I	I	I	I	—
199	Glaux palustris	I	—	—	—	—
200	Asclepias *vulgaris*	O	I	—	O	—
201	Gentiana *officinarum*	—	—	—	—	—
202	Pneumonante	—	—	O	—	—
203	Amarella	—	—	I	O	—

		B.	C.	O.	E.	S.
204	Gentiana *Alpinula*	—	—	—	—	—
205	*Centaurium*	10	—	—	—	—
206	Salsola *pungens*	0	0	0	0	0
207	Herniaria *glabra*	1	0	1	1	0
208	Chenopodium Henricus	0	10	10	0	0
209	*Upsaliense*	0	1	1	0	—
210	*purpurascens*	1	1	1	0	1
211	*Lundinense*	1	—	—	—	—
212	*Segetum*	1	1	1	0	11
213	*Stramonifolium*	1	0	1	0	0
214	*viride*	—	1	1	—	1
215	*repandifolium*	1	—	—	1	—
216	*Vulvaria*	1	1	1	1	0
217	*polyspermum*	1	0	1	0	—
218	*Kali femine*	—	—	—	—	—
219	Ulmus *campestris*	1	1	1	1	1
220	Eryngium *maritimum*	—	—	—	—	—
221	Hydrocotile *aquatica*	—	—	—	—	0
222	Sanicula *filvatica*	—	10	1	0	—
223	Daucus *fylvestris*	1	1	1	1	—
224	Tordylium *rubrum*	—	—	—	11	—
225	Caucalis *carolina*	—	—	—	—	—
226	Conium *arvense*	0	0	1	0	—
227	Selinum *palustre*	1	1	—	1	—
228	Oreofelinum	0	—	1	1	—
229	Athamanta *Daucoides*	0	—	1	1	1
230	Laferpitium *majus*	1	1	1	—	—
231	Heracleum *vulgare*	1	1	1	10	1
232	Ligusticum *fcoticum*	0	1	1	1	—
233	Angelica *alpina*	1	1	1	0	1
234	*fylvatica*	1	1	—	0	1
235	Sium *majus*	0	0	01	1	1
236	Œnanthe *aquatica*	0	—	—	0	—
237	*fucco crocante*	0	—	1	0	—
238	Phellandrium *aquaticum*	0	1	1	1	01
239	Cicuta *aquatica*	0	1	1	1	—
240	Æthufa *arthedii*	1	1	1	1	1

		B.	C.	O.	E.	S.
241	Scandix *hispida*	I	I	I	–	–
242	*sativa*	II	I	I	0	–
243	Chærophillum Cicutaria	10	10	10	10	0
244	*geniculatum*	–	–	–	–	–
245	Carum *officinarum*	10	I	I	10	I
246	Pimpinella *officinarum*	I	I	I	I	I
247	Ægopodium *repens*	I	I	I	10	–
248	Apium *palustre*	10	I	I	0	–
249	Opulus *palustris*	I	I	I	0	–
250	Sambucus *arborea*	0	0	I	0	–
251	Ebulus	0	0	0	0	0
252	Parnaffia *vulgaris*	0	I	10	I	0
253	Statice *capitata*	0	I	I	I	0
254	Limonium	–	I	I	–	–
255	Linum *Catharticum*	–	I	I	I	–
256	Rhadiola	–	–	–	–	–
257	Drofera *rotundifolia*	–	–	–	–	–
258	*oblongifolia*	–	–	–	–	–
259	Craffula *minima*	–	–	–	–	–
260	Sibbaldia *lapponica*	–	–	–	–	–
261	Myofurus *campestris*	–	–	–	–	–

VI. HEXANDRIA.

		B.	C.	O.	E.	S.
262	Tulipa *fcanenfis*	–	I	–	–	–
263	Allium *urfinum*	I	–	–	–	–
264	Cepa *fectilis*	I	0	0	–	0
265	*pratenfis*	I	I	I	–	I
266	Porrum *anceps*	–	–	–	–	–
267	Anthericum *album*	–	I	10	–	–
268	*offifragum*	I	–	0	I	0
269	*calyculatum*	–	0	0	–	–
270	Ornithogalum *majus*	0	I	I	I	10
271	*minus*	0	I	I	–	0
272	Afparagus *fcanenfis*	I	I	I	0	0
273	Convallaria Lil. convall.	0	I	I	0	0
274	Polygonatum	0	I	I	0	0
	altiffimum	I	I	I	–	–

	B.	C.	O.	E.	S.
275 Convallaria *verticillatum*	—	—	—	—	—
276 *cordifolia*	I	I	I	I	I
277 Acorus *palustris*	O	O	O	O	O
278 Juncus *capit. laterali*	—	I	—	—	—
279 *Panicul. laterali.*	—	I	—	—	—
280 *filiformis*	—	—	—	—	—
281 *trifidus*	—	—	—	—	—
282 *cespitosus*	—	—	—	I	—
283 *bufonius*	—	—	—	I	—
284 *valantii*	I	I	I	I	—
285 *articulosus*	—	—	—	—	—
286 *triflorus*	—	—	—	—	—
287 *sylvaticus*	O	I	I	I	—
288 *psyllii*	—	I	I	I	—
289 *spicatus alpinus*	—	—	—	—	—
290 Berberis *spinosa*	I	I	I	O	O
291 Peplis *palustris*	—	—	—	—	—
292 Rumex Britannica	O	O	I	O	O
crispa	O	O	—	—	—
293 *granulata*	—	—	—	—	—
294 *emarginata*	—	I	—	—	—
295 Acetosa *prat.*	I	I	I	I	I
296 *lanceolat.*	—	I	I	I	I
297 Scheuchzeria *palustris*	—	—	—	—	—
298 Triglochin *tricapsularis*	I	I	I	I	I
299 *sexlocularis*	I	I	I	I	I
300 Alisma *erecta*	O	I	O	I	O
301 *natans*	—	—	—	—	—

VII. HEPTANDRIA.

	B.	C.	O.	E.	S.
302 Trientalis *Thalii*	O	I	I	I	—

VIII. OCTANDRIA.

	B.	C.	O.	E.	S.
303 Acer *platanoides*	I	II	I	O	O
304 Epilobium *irregulare*	I	II	I	O	O
305 *hirsutum*	10	I	I	I	O
306 *montanum*	—	I	—	10	—
307 *palustre*	—	I	I	I	O
308 *lapponicum*	—	—	—	—	—

	B.	C.	O.	E.	S.
309 Erica *vulgaris*	I	10	10	I	o
310 Tetralix	–	I	–	–	–
311 Daphne *rubra*	o	I	I	o	–
312 Vaccinium *maximum*	I	I	I	I	o
313 *nigrum*	o	I	10	o	–
314 Vitis idæa	o	I	o	o	–
315 Oxycoccus	o	I	o	o	I
316 Mœhringia *lapponica*	–	–	–	–	–
317 Chryfofplenium, *fylvaticum*	10	–	o	o	o
318 Perficaria *amphibia*	o	I	I	I	I
319 *mitis*	o	I	I	I	o
320 *urens*	o	o	o	o	o
321 Biftorta *minor*	I	I	10	o	I
322 Polygonum *vulgare*	I	I	I	I	I
323 Helxine *fcandens*	I	I	o	o	o
324 *fativum*	–	I	I	o	o
325 Paris *nemorum*	o	I	I	o	o
326 Adoxa *mofchata*	–	I	–	–	–
327 Elatine *minima*	–	–	–	–	–

IX. E N N E A N D R I A.

	B.	C.	O.	E.	S.
328 Butomus *paluftris*	o	o	o	o	o

X. D E C A N D R I A.

	B.	C.	O.	E.	S.
329 Monotropa *parafitica*	–	–	–	–	–
330 Pyrola *irregularis*	o	I	o	o	o
331 *Halleri*	–	–	–	–	–
332 *fecunda*	–	I	o	–	–
333 *umbellata*	–	–	–	–	–
334 *uniflora*	o	I	o	–	–
335 Andromeda *vulgaris*	o	I	I	o	–
336 *cœrulea*	o	oI	o	o	–
337 *mufcofa*	o	oI	o	o	–
338 *triquetra*	–	–	–	–	–
339 Arbutus Uva urfi	o	o	o	o	–
340 *alpina*	–	o	–	–	–
341 Ledum *graveolens*	o	I	o	o	o

		B.	C.	O.	E.	S.
342	Dianthus *vulgaris*	1	1	1	1	0
343	*scanensis*	1	–	1	1	–
344	*chemensis*	–	–	–	–	–
345	*gotlandicus*	1	–	1	–	–
346	Saponaria Gypsophyton	–	0	1	–	–
347	*foliis knawel*	–	–	–	–	–
348	Scleranthus *annuus*	0	1	–	1	–
349	*perennis*	–	–	–	–	–
350	Saxifraga *officinarum*	0	1	0	0	0
351	*bulbifera*	–	–	–	–	–
352	*fol. palmatis*	–	–	–	–	–
353	*tradactylites*	–	–	–	–	–
354	*capitata*	–	–	–	–	–
355	*stellata*	–	–	–	–	–
356	*lingulata*	–	–	–	–	–
357	*pallida*	–	–	–	–	–
358	*smolandica*	–	–	–	–	–
359	*cærulea*	–	–	–	–	–
360	Cucubalus Behen	1	1	1	1	0
361	*dioicus*	1	1	1	1	1
362	Ocymoides	–	–	–	–	–
363	*lapp. uniflorus*	–	–	–	–	–
364	Silene Viscaria	0	–	1	10	1
365	*alpina*	–	–	–	–	–
366	*nutans*	0	1	1	1	1
367	*W-gothica*	–	–	–	1	–
368	*acaulis*	–	–	–	4	–
369	Alsine *vulgaris*	1	0	10	1	1
370	*pentagyna*	–	–	1	1	1
371	*serrata*	–	–	–	–	–
372	*graminea*	1	1	1	1	1
373	Arenaria *multicaulis*	–	–	0	–	–
374	*plantaginis*	–	–	10	–	–
375	*Portulacæ*	0	–	–	1	–
376	*purpurea*	–	0	1	–	–
377	Spergula *verticillata*	0	1	1	1	1
378	*germanica*	–	–	–	–	–

		B.	C.	O.	E.	S.
379	Cerastium *viscosum*	o	1	o	1	–
380	*lapponicum*	1	–	1	–	–
381	*canicum*	–	–	–	–	–
382	*pentandrum*	–	–	–	–	–
383	Agrostemma *agrestis*	–	1	1	1	–
384	Lychnis *aquatica*	–	1	1	1	–
385	Oxalis *sylvatica*	o1	1	1	o	1
386	Sedum Telephium	1	1	1	o	1
387	S. Tel. *album*	–	1	o	–	–
388	*rupestre*	–	–	–	–	–
389	*acre*	o	1	o	o	o
390	*sexangulare*	–	1	–	–	–
391	*annuum*	–	–	–	–	–

XI. DODECANDRIA.

		B.	C.	O.	E.	S.
392	Asarum *officinarum*	–	–	–	–	–
393	Lythrum *palustre*	1	1	1	1	o
394	Agrimonia *officinarum*	o	1	1	o	o
395	Sempervivum *tectorum*	–	1	1	–	–

XII. ICOSANDRIA.

		B.	C.	O.	E.	S.
396	Padus *fol. deciduo*	10	1	1	o	1
397	Prunus *spinosa*	–	1	1	1	–
398	Cratægus *scandica*	–	1	1	–	–
399	Oxyacantha	1	1	1	1	–
400	Sorbus *aucuparia*	1	1	1	1	1
401	Pyrus Pyraster	1	1	1	1	–
402	Malus	1	1	1	1	–
403	Mespilus Cotoneaster	1	1	1	1	–
404	Filipendula Molon	1	1	1	o	1
405	Ulmaria	o	11	1	o	1
406	Rosa *major*	1	1	1	o	1
407	*minor*	1	1	1	o	1
408	Rubus *idæus*	o1	1	1	o	1
409	*maritimus*	–	1	1	–	–
410	*cæsius*	1	1	1	o	–
411	*saxatilis*	1	1	1	o	1

		B.	C.	O.	E.	S.
412	Rubus *norlandicus*	1	1	1	1	1
413	Chamæmorus	1	1	1	—	—
414	Fragaria *vulgaris*	10	1	1	0	0
415	Potentilla Anferina	1	1	1	1	1 rad
416	*fruticofa*	1	1	1	1	0
417	*argentea*	0	1	0	0	1
418	*reptans*	1	1	1	1	—
419	*adfcendens*	1	1	1	1	—
	Potentilla *fragifera*	1	1	1	1	—
420	*norvegica*	1	1	1	1	1
421	Tormentilla *officinarum*	1	1	1	0	1
422	Comarum *paluftre*	01	1	10	0	0
423	Geum *fuaveolens*	1	1	1	10	1
424	*rivale*	01	1	1	10	10
425	Dryas *lapponica*	0	0	0	0	0

XIII. POLYANDRIA.

		B.	C.	O.	E.	S.
426	Nymphæa *lutea*	0	01	0	0	1
427	*alba*	0	01	—	0	1
428	Papaver *glabrum*	1	1	1	0	—
429	*hifpidum*	—	1	1	0	—
430	Chelidonium *vulgare*	0	0	0	0	0
431	Actæa *nigra*	0	1	1	0	0
432	Tilia *communis*	1	1	1	1	—
433	Ciftus *vulgaris*	—	1	1	1	0
434	*œlandicus*	—	—	—	—	—
435	Fumana	—	—	—	—	—
436	Euphorbia *folifequia*	0	01	01	1	—
437	Peplis	0	—	—	10	—
438	*fruticofa*	0	1	10	0	0
439	Refeda Luteola	0	0	1	0	0
440	Delphinium *fegetum*	0	1	1	10	0
441	Aconitum *lapponicum*	0	1	10	0	—
442	Napellus	0	0	0	0	0
443	Aquilegia *officinar.*	0	1	01	0	0
444	Stratiotes *aquatica*	—	0	—	—	1
445	Hepatica *verna*	0	01	1	0	0

		B.	C.	O.	E.	S.
446	Pulsatilla *vulgaris*	o	I	I	o	o
447	*reflexa*	–	–	–	–	–
448	*dalekarlica*	–	–	–	o	–
449	Anemone *œlandica*	–	–	–	–	–
450	Nemorosa	10	I	I	o	o
451	*lutea*	–	–	–	–	–
452	Thalictrum *canadense*	I	I	I	I	–
453	*striatum*	I	I	I	I	10
454	*arvense*	–	–	–	–	10
455	Thalic. *lapponicum*	–	–	–	–	–
456	Adonis *perennis*	–	–	–	–	–
457	Ranunculus *dannemorensis.*	–	–	–	–	–
458	Flammula	o	o	o	I	o
459	*reptans*	–	–	–	–	–
460	Chelidon. *min.*	o	I	I	o	–
461	*luteus Lappon.*	–	–	–	–	–
462	*vernus*	I	I	o	o	–
463	Scelerata	o	I	o	o	–
464	*purpur. alp.*	–	–	–	–	–
465	*luteus alpin.*	–	–	–	–	–
466	*acris*	o	I	I	o	o
467	*polyanthes*	–	–	–	–	–
468	*repens*	–	I	–	I	–
469	*bulbosus*	o	–	–	–	–
470	*echinatus*	–	–	–	–	–
471	*trifolius*	–	–	–	–	–
472	*aquatilis*	o	o	o	o	o
473	Caltha *palustris*	o	I	I	o	o
474	Helleborus Trollius	o	I	I	o	I

XIV. DIDYNAMIA.

		B.	C.	O.	E.	S.
475	Ajuga *verna*	10	I	I	o	o
476	Teucrium Scordium	o	I	I	o	o
477	Thymus Serpyllum	–	I	I	–	o
478	Acinos	10	o	10	I	–
479	Clinopodium *montanum*	–	I	I	o	–
480	Origanum *vulgare*	o	I	I	I	–

		B.	C.	O.	E.	S.
481	Mentha *arvenfis*	O	I	OI	I	O
482	*aquatica*	—	—	—	I	O
483	Glechoma Hedera *terreftr.*	O	O	I	10	O
484	Ballota *fcanenfis*	O	O	O	O	
485	Marrubium *vulgare*	O	O	O	O	—
486	Nepeta *vulgaris*	O	O	I	O	O
487	Betonica *cfficinarum*	—	O	I	—	—
488	Sideritis Marubiaftrum	—	—	—	—	—
489	Stachys *fœtida*	O	I	I	O	O
490	*arvenfis*	O	O	I	O	O
491	Galeopfis Tetrahit	O	I	I	O	O
492	Ladanum	I	I	I	O	—
493	Lamium *perenne*	10	I	I	O	O
494	*rubrum*	O	I	I	I	—
495	*amplexicaule*	—	I	I	I	—
496	Leonurus Cardiaca	OI	I	I	I	O
497	Galeobdolon	—	—	—	—	—
498	Brunella *vulgaris*	I	I	I	10	—
499	Scutellaria *vulgaris*	I	I	I	O	O
500	*integrifolia*	—	—	—	—	O
501	Antirrhinum Linaria	O	10	OI	O	O
502	*Upfalienfe*	I	O	I	O	OI
503	Rhinantus	10	I	I	10	—
504	Pedicularis *cal. angulato*	O	—	—	—	O
505	*cal. tuberculofo*	O	I	O	O	OI
506	Sceptrum Carolin.	I	I	—	O	—
507	*alp. lutea*	—	I	I	—	—
508	*villofa*	—	—	—	—	—
509	*flammea*	—	—	—	—	—
510	Melampyrum *tetragonum*	I	I	I	—	—
511	*arvenfe*	I	I	I	—	—
512	*cœruleum*	I	I	I	I	—
513	*vulgare*	II	I	I	O	O
514	*ringens*	I	I	I	—	—
515	Bartfia *lapponica*	—	I	I	—	—
516	Euphrafia *vulgaris*	I	I	I	I	O
517	Odontites	I	I	I	I	—

		B.	C.	O.	E.	S.
518	Lathræa Squamaria	O	I	I	O	I
519	Orobanche *ælandica*	—	—	—	—	—
520	Scrophularia *fœtida*	O	I	O	O	O
521	Limofella *paluftris*	O	—	—	—	—
522	Linnæa	—	I	I	O	O

XV. TETRADYNAMIA.

		B.	C.	O.	E.	S.
523	Draba *nudicaulis*	10	I	I	I	O
524	*lapponica*	—	—	—	—	—
525	*muralis*	—	—	—	—	—
526	*intorta*	10	I	—	—	—
527	Subularia *aquatica*	—	—	—	—	—
528	Alyffum *fcanenfe*	10	I	I	O	—
529	Lunaria *fcanenfis*	—	—	—	—	I
530	Thlafpi *arvenfe*	I	I	O	O	I
531	*campeftre*	10	I	O	O	I
532	Burfa paftoris	I	I	I	I	I
533	Lepidium *perenne*	I	I	I	O	—
534	Ofyris	I	I	O	O	—
535	*ælandicum*	—	—	—	—	—
536	Iberis *pinnata*	—	—	—	—	—
537	Cochlearia *vulgaris*	I	O	O	O	—
538	*danica*	I	O	O	O	—
539	Coronopus	—	—	—	—	—
540	Armoracia	O	O	O	O	O
541	Myagrum *fativum*	I	I	I	I	—
542	*holmenfe*	—	—	—	—	—
543	Ifatis *maritima*	I	O	O	O	—
544	Turritis glabra	I	I	I	O	O
545	*hirfuta*	O	—	—	—	—
546	Braffica *perfoliata*	I	I	I	O	I
547	Napus	I	I	—	—	I
548	Sinapis *arvenfis*	I	I	I	10	I
549	*culinaris*	—	—	—	—	—
550	Sifymbrium *ferratum*	I	OI	OI	—	I
551	*pinnatifidum*	I	—	I	I	I
552	Nafturt. aquat.	—	—	—	—	O

		B.	C.	O.	E.	S.
553	Sifymbrium Sophia	I	0I	I	I0	0
554	Erysimum *vulgare*	0	I	I	0	0
555	*leucoji folio*	I	I	I	I	I
556	Irio	—	—	—	—	—
557	Barbarea	I	I0	I0	0	0
558	Alliaria	I	I	0	0	0
559	Cardamine *pratensis*	I0	I	I	0	0
560	*ftolonifera*	I0	—	I	—	—
561	Impatiens	—	—	—	—	0
562	Scanica	—	—	—	—	—
563	*trifolia*	—	—	—	—	—
564	*bellidis folio*	—	—	—	—	—
565	Dentaria *bulbifera*	—	—	—	—	0
566	Arabis *alpina*	—	—	—	—	—
567	*annua*	—	—	0I	—	0
568	Raphanus Raphaniftrum	—	—	—	I	—
569	Bunias Cakile	—	—	—	I	—
570	Crambe *maritima*	I	I	I	I	I

XVII. MONADELPHIA.

		B.	C.	O.	E.	S.
571	Geranium *fanguineum*	I	I	—	I	0
572	*batrachioides*	I	I	I	0	I
573	Gratia dei	I	I	I	I	I
574	*lucidum*	—	—	—	—	—
575	*malvaceum*	0	—	I	I	0
576	*pedunc. longiffimis*	—	I	I	—	0
577	*fruct. hirfuto*	—	I	I	—	—
578	Robertianum	—	I	0	I	0
579	*cicutarium*	I	—	I0	I	—
580	Malva *repens*	I0	0	I	0	0
581	*fcanica*	I	—	—	—	—
582	Alcea	I	I	I	I	—
583	*fuaveolens*	I	—	0	I	—

XVIII. DIADELPHIA.

		B.	C.	O.	E.	S.
584	Fumaria *officinarum*	I	I0	I	0	0
585	*bulbofa*	I	I	—	—	—

		B.	C.	O.	E.	S.
586	Polygala *vulgaris*	I	I	I	—	O
587	Genista *tinctoria*	I	I	I	I	—
588	procumbens	I	I	I	—	—
589	Spartium *procumbens*	—	—	—	—	—
590	Coronilla Emerus	—	—	—	—	—
591	Astragalus *dulcis*	I	I	I	I	O
592	lapponicus	O	I	I	—	—
593	ælandicus	—	—	—	—	—
594	Anthyllis *pratensis*	I	I	—	—	—
595	Orobus *vernus*	I	I	I	I	—
596	tuberosus	I	I	I	I	—
597	niger	I	I	I	I	O
598	Lathyrus *collium*	I	I	I	I	—
	Latyhrus *W-gothicus*	I	I	I	I	—
599	pratensis	I	I	I	I	O
600	Clymenum	I	I	I	I	—
601	Vicia *sativa*	I	I	I	I	—
602	sepium	I	I	I	I	I
603	fœtida	I	I	I	I	—
604	scanica max.	I	I	I	I	—
605	Cracca	I	I	I	I	OI
606	Ervum *arvense*	I	I	I	I	—
607	Cicer *arvensis*	I	I	I	I	—
	Pisum *W-gothicum*	I	I	I	I	—
608	maritimum	I	I	I	I	—
609	Lotus *vulgaris*	I	I	I	I	IO
610	maritimus	—	—	—	—	—
611	Trifolium *montanum*	I	I	I	I	—
612	album	I	I	I	I	O
613	vesicarium	I	—	—	—	—
614	glomeratum	—	—	—	—	—
615	purpureum	I	I	I	I	I
616	Lagopus	—	I	—	—	—
617	Lupulinum	I	I	I	I	—
618	anglicum	I	I	I	I	—
619	Melitotus	I	I	I	I	I
620	Medicago *nostras*	I	I	I	I	—

		B.	C.	O.	E.	S.
621	Medicago *biennis*	1	1	1	1	-
622	Ononis *inermis*	1	1	11	0	0
623	*spinofa*	1	1	1	0	0

XIX. POLYADELPHIA.

		B.	C.	O.	E.	S.
624	Hypericum *quadrangulare*	1	1	1	0	0
625	*anceps*	1	1	1	0	0
626	*teres*	-	-	1	0	-

XX. SYNGENESIA.

		B.	C.	O.	E.	S.
627	Leontodon Taraxacum	01	1	10	0	1
628	Taraxaconoides	-	-	-	-	-
629	Chrondrilloides	0	1	0	1	1
630	Hyoferis *fcanica*	-	-	-	-	-
631	Hypochæris *pratenfis*	1	1	10	1	1
632	Hieracium *Lapponicum*	-	-	-	-	-
633	Pilofell. *officin.*	0	1	10	0	-
634	*maj. multif.*	-	-	1	-	-
635	*min. multif.*	-	-	-	-	-
636	*thalii upfal.*	1	-	1	-	-
637	Pulmonaria	-	-	-	1	-
638	*Cichoraceum*	-	-	-	-	-
639	*fruticofum*	1	1	1	1	1
640	Crepis *tectorum*	1	1	1	1	1
641	Picris *fcanica*	-	-	-	-	-
642	Sonchus *repens*	1	1	-	11	-
643	*lævis*	-	1	1	11	1
644	*lapponicus*	1	1	11	11	1
645	Prenanthes *umbrofa*	1	1	11	1	-
646	Lactuca *carolina*	-	-	-	-	-
647	Scorzonera *pannonica*	1	1	1	1	11
648	Tragopogon *luteum*	1	10	1	1	11
649	Lapfana *vulgaris*	1	0	1	1	1
650	Cichorium *fcanenfe*	0	1	1	0	1
651	Arctium Lappa	1	1	0	0	0
652	Carlina *fylveftris*	0	1	-	-	-
653	Onopordon	0	-	0	0	-
654	Carduus *lanceolatus*	01	01	0	1	0

	B.	C.	O.	E.	S.
655 Carduus *nutans*	10	0	0	1	—
656 *acaulis*	0	—	—	—	—
657 *helenii folio*	1	1	1	1	0
658 *crispus*	1	1	1	1	—
659 *palustris*	—	—	—	11	—
660 Serratula *tinctoria*	0	1	1	10	0
661 *lapponica*	—	—	—	—	—
662 Carduus *avenæ*	10	1	11	1	0
663 Bidens *tripartita*	1	0	1	0	0
664 *nutans*	—	1	—	0	—
665 Eupatorium *cannabin.*	0	1	0	0	0
666 Tanacetum *vulgare*	1	0	1	0	0
667 Artemisia *vulgaris*	1	10	0	1	0
668 *campestris*	—	—	0	—	—
669 *carolina*	1	0	1	1	0
670 Absinthium	1	10	1	1	—
671 Seriphium	0	0	0	1	—
672 Gnaphalium *dioicum*	0	0	1	1	1
673 *lapponicum*	—	—	—	—	—
674 Stœcas	—	—	—	—	—
675 Filago *sylvatica*	—	1	—	—	—
676 *palustris*	0	0	—	—	—
677 *impia*	0	0	—	—	—
678 *upsaliens.*	0	0	1	—	—
679 *scanensis*	0	—	—	—	—
680 Tussilago Farfara	10	1	1	0	0
681 *albo flore*	—	—	—	—	—
682 *lapponica*	—	—	—	—	—
683 Petasites	1	1	1	1	—
684 Doronicum Arnica	0	1	1	10	—
685 Solidago Virga aurea	1	1	1	1	1
686 *scanica*	—	—	—	—	—
687 *maritima*	—	—	—	—	—
688 Senecio Jacobæa	1	—	—	—	—
gothoburgensis	—	—	—	—	—
689 *sylvatica*	—	—	—	—	—
690 *vulgaris*	1	1	0	0	1

		B.	C.	O.	E.	S.
691	Erigeron *acre*	o	o	–	–	–
692	*lapponicum*	–	1	–	–	–
693	Inula *palustris*	o	o	1	o	o
694	*dysenterica*	01	o	o.	o	–
695	Helenium	o	1	o	1	o
696	*salicis folio*	1	1	1	1	–
697	Aster *tripolium*	1	1	10	1	o
698	Buphthalmum *tinctorium*	o	1	01	1	o
699	Chrysanthemum *luteum*	–	–	–	o	o
700	Leucanthemum	o	1	1	1	o
701	Matricaria Chamom. *nob.*	o	1	1	1	o
702	Chamomil. *vulg.*	1	1	1	o	o
703	Anthemis *fœtida*	o	01	01	o	o
704	*arvensis*	1	–	1	10	–
705	Achillea Millefolium	10	10	1	1	1
706	Ptarmica	1	1	1	1	1
707	Bellis *officinarum*	–	–	–	–	–
708	Centaurea *maxima*	o	1	1	1	1
709	Jacea	1	1	1	1	10
710	Cyanus	1	1	1	o	o
711	Cnicus *acanthifolius*	o	1	o	11	1
712	Calendula *arvensis*	1	10	1	10	o
713	Jasione *campestris*	–	–	–	–	–
714	Lobelia Dormanna	–	–	–	–	–
715	Viola *officinarum*	–	–	–	–	–
716	*canina*	1	1	1	o	1
717	*palustris*	1	–	10	–	–
718	*trachelifolia*	1	1	1	1	–
719	*apetala*	1	–	1	o	–
720	*lutea*	–	1	–	–	–
721	*tricolor*	1	1	o	o	10
722	Impatiens *nemorum*	o	1	o	o	–

XXI. GYNANDRIA.

		B.	C.	O.	E.	S.
723	Orchis *bifolia*	–	–	–	–	–
724	*morio*	–	1	–	o	–
725	*hians*	–	–	–	–	–

		B.	C.	O.	E.	S.
726	Orchis *uftulata*	–	–	–	–	–
727	*calc. oblongis*	1	1	–	0	–
728	*fambucina*	1	–	–	0	–
729	*maculata*	10	0	1	0	–
730	Satyrium *viridi flore*	–	1	–	–	–
731	*jemtium*	0	0	0	0	–
732	*pyroliforme*	–	–	–	–	–
733	*fcanenfe*	–	–	–	–	–
734	Serapias *fylvatica*	–	–	–	–	–
735	Cypripedium Calceolus	–	1	–	–	–
736	*Lapponicum*	–	–	–	–	–
737	*myodes*	–	–	–	–	–
738	Ophrys *major*	1	1	–	–	–
739	*minor*	–	–	–	–	–
740	Herminium Monorchis	–	–	–	–	–
741	*bifolium*	–	–	–	–	–
742	Neottia Nidus. avis	–	–	–	–	–
743	Corallorrhiza	–	–	–	–	–
744	Calla *paluftris*	–	0	–	0	0
1037	Zoftera *maritima*	01	–	–	1	1

XXII. MONOECIA.

		B.	C.	O.	E.	S.
745	Zanichellia	–	–	–	–	–
746	Carex *dioica*	–	–	–	–	–
747	*Sp. monoclin. fimpl.*	–	–	–	–	–
748	*paludofa*	–	–	–	–	–
749	*arenaria*	–	–	–	–	–
750	*ferruginea*	–	1	–	1	0
751	*lagopoides*	–	–	–	–	–
752	*echinata*	–	1	–	1	–
753	*racemofa*	–	–	–	–	–
754	*canefcens*	–	–	–	–	–
755	*Sp. diclin. flavefcens*	–	–	–	–	–
756	*atra*	–	–	–	–	–
557	*hirta*	–	–	–	–	–
758	*dactyloidea*	–	–	1	–	–
759	*globulofa*	–	1	–	–	–

	B.	C.	O.	E.	S.
760 Carex *filiformis*	I	–	I	–	–
761 *obesa*	–	–	–	–	–
762 *limosa*	–	–	–	–	–
763 *capillacea*	I	–	I	–	–
764 *pallida*	–	–	–	–	–
765 *panicea*	I	I	I	–	–
766 *cyperoides*	I	I	I	–	–
767 *cespitosa*	I	I	I	I	–
768 *inflata*	I	I	I	–	–
769 *caerulea*	I	I	I	I	O
770 Sparganium *erectum*	OI	O	O	I	I
771 *natans*	I	–	–	–	–
772 Typha *palustris*	I	–	–	–	O
773 Urtica *perennis*	O	O	O	O	–
774 *annua*	O	O	O	O	–
775 Alnus *glutinosa*	I	I	I	I	O
776 Betula *vulgaris*	I	I	I	I	O
777 *nana*	I	I	I	I	–
778 Xanthium *inerme*	O	I	O	I	O
779 Amaranthus Blitum	–	–	–	–	–
780 Sagittaria *aquatica*	OI	I	–	I	I
781 Myriophyllum *vulgare*	–	O	O	–	–
782 *verticillatum*	–	–	–	–	–
783 Ceratophyllum *aquaticum*	–	–	–	–	–
784 Quercus *longo pedunculo*	I	I	I	I	–
785 Fagus *auctorum*	–	I	I	–	–
786 Carpinus *arbor*	–	–	–	–	–
787 Corylus Avellana	–	I	O	–	O
788 Pinus *arbor*	–	IO	OI	O	–
789 Abies *rubra*	–	I	O	–	–
790 Bryonia *alba*	O	I	O	O	O

XXIII. DIOECIA.

	B.	C.	O.	E.	S.
791 Najas *marina*	–	–	–	–	–
792 Salix *pentandra*	–	I	I	–	–
793 *fol. phylicae*	–	–	–	–	–
794 *stipul. trapeziformibus*	–	I	–	I	–

		B.	C.	O.	E.	S.
795	Salix *stipul. latissimis*	—	—	—	—	—
796	*fol. citri*	—	—	—	—	—
797	*fol. auritis*	—	—	—	—	—
798	*fol. lantiol. diaphan.*	—	—	—	—	—
799	*flore cæruleo*	—	—	—	—	—
800	*fol. Betulæ nanæ*	—	—	—	—	—
801	*fol. subtus reticulato*	—	—	—	—	—
802	*fol. vitis idææ*	—	—	—	—	—
803	*fol. myrti tarentini*	—	—	—	—	—
804	*fol. vaccini maximi*	—	—	—	—	—
805	*fœnimessorum*	—	1	—	1	—
806	*pratensis argentea*	—	—	—	—	—
807	*pratensis repens*	—	—	—	—	—
808	*fol. salviæ auritis*	—	—	—	—	—
809	*latifolia erecta*	—	—	—	—	—
810	*fol. rotundo minore*	—	—	—	—	—
811	*latifolia rotunda*	1	1	1	1	—
812	*glabra arborea*	1	1	1	1	0
813	*viminalis*	1	1	1	1	0
814	*minima turfacea*	—	—	—	—	—
815	Hippophaë *maritima*	0	1	1	1	—
816	Viscum *arboreum*	—	—	—	—	—
817	Myrica *brabantica*	0	1	0	1	—
818	Humulus *salictarius*	1	1	1	1	1
819	Populus *tremula*	—	1	1	0	0
820	*alba*	10	1	1	1	—
821	*nigra*	1	1	1	1	—
822	Hydrocharis *palustris*	—	—	—	—	—
823	Mercurialis *perennis*	0	1	1	—	—
824	Juniperus *frutex*	—	1	1	1	—
825	Taxus *arborea*	0	1	1	0	—

XXIV. POLYGAMIA.

		B.	C.	O.	E.	S.
826	Atriplex *laciniata*	1	—	—	—	—
827	*deltoides*	1	—	—	—	—
828	*vulgaris*	1	1	1	—	1
829	Halimus	1	1	1	—	—

	B.	C.	O.	E.	S.
830 Fraxinus *apetala*	1	1	1	0	0
831 Rhodiola *lapponica*	0	1	1	–	0
832 Empetrum *nigrum*	0	10	0	0	–

XXV. CRYPTOGAMIA.

	B.	C.	O.	E.	S.
833 Equisetum *arvense*	0	1	10	0	–
834 *sylvaticum*	–	1	–	11	–
835 *palustre*	–	1	–	–	–
836 *fluviatile*	10	1	11	1	1
837 *glabrum*	–	–	–	–	–
838 *scabrum*	0	1	0	–	10
839 Ophioglossum *sylvaticum*	–	–	–	–	–
840 Osmunda *florida*	–	–	–	–	–
841 Struthiopteris	–	–	–	–	–
842 Lunaria	–	–	–	–	–
843 Pteris Filix *femina*	0	01	0	0	0
844 Lonchitis	–	–	–	–	–
845 Polypodium *officinarum*	–	10	0	–	–
846 Filix *mas*	–	1	0	–	–
847 Filix *angustata*	–	–	–	–	–
848 *coadunata*	–	0	–	–	–
849 *saxatilis*	1	1	–	1	–
850 *Ilvensis*	–	–	–	–	–
851 *deflexa*	–	–	–	–	–
852 *ramosa*	–	–	–	–	–
853 Asplenium Lingua cervi	–	–	–	–	–
854 Trichomanes	0	–	0	–	0
855 Ruta *muraria*	–	–	–	–	–
856 Acrostichum *rupestre*	–	–	–	–	0

Sic Experimenta dedimus 2314. Ex hisce constat

Boves edere	276	negligere	218	plantas
Capras	449		126	
Oves	387		141	
Equos	262		212	
Sues	72		171	

adeoque hæc animalia plantas
intactas relinquere   868

MUSCI , vix ac ne vix ulli , ab hifce animalibus eduntur.

ALGÆ præprimis *Capris* efculentæ , & fapidæ funt.

FUNGI ab aliis avide devorantur , ab aliis plane refpuuntur ; fed de his experimenta aliis commendamus.

RANGIFEROS (Pecora Lapponum ,) plurimas plantas inta&as relinquere, nuper conftitit ex obfervatis *Dni. O. Hagstrœm M. D.* qui plurima experimenta cum his inftituit. E. gr. Rangiferi minime guftant plantas fequentes.

Fl.	29	83	96	173	208	252	309
	312	313	314	325	336	337	340
	369	405	415	419	421	425	431
	441	445	466	473	474	489	501
	505	506	522	530	631	662	666
	670	682	692	730	731	733	734
	735	768	788	789	817		

Lucret. V. 897. *Videre licet pinguefcere fœpe Cicutâ Barbigeras pecudes , homini quæ eft acre venenum.*

HOSPITA
INSECTORUM
FLORA;

AUCTORE Carolo LINNEO.

§. I.

Qui oculos primum in orbem noftrum conjecerit, altiffimos quidem Montes, vaftas Rupes, fpatiofos Campos, ramofas Arbores, & ingentia ubique Animalia ftatim obfervaverit; mox vero, accuratius naturæ miracula contemplando, minimæ Herbæ, Animalcula & Lapides confpectui fefe offerunt; crebris enim obfervationibus cognitio noftra augetur, quæ eo ampliora incrementa capit, quo magis ad minutiffimas etiam res ftudiofâ indagine penetraverit. Nam quemadmodum fedulus quifpiam Telluris defcriptor majora delineando Regna, omnium primo eam uno velut intuitu confpiciendam præbet, deinde vero in Provincias, Urbes, Parœcias & Pagos dividendo ad penitiorem ejus notitiam, viam commonftrat; ut hofpes fere mundi & alienigenas is fit cenfendus, qui nihil, præter magnorum imperiorum fitum, nofcere didicit; ita eundem quoque in Naturæ Regnis ordinem cernere licet. Plurimi mortalium fatis fibi oculati videntur, cum terram aquis divifam, viridi habitu decoram, floribufque mille colorum, tanquam totidem gemmis, exornatam intuentur, in quâ animantia gradiuntur, aves volant, amphibia ferpunt, infecta currunt, vermefque repunt : Sed hi erunt fere, qui talpæ domi vocari merentur. Neque enim negari poteft, ineptum effe dominum ac poffefforem, qui prædii fui non omnes & fingulas partes accuratiffime noverit, ut, inde calculis rite fubductis, rebus fuis providere, commodaque quæ unquam fperari poffunt, univerfa procurare valeat.

Benevoli igitur Lectoris favorem fi non mereri, faltem opperiri liceat, cum eam nunc Hiftoriæ naturalis particulam attrectare in animum induximus, quam plurimi hominum hucufque neglexerunt. *Infeda* loquor, quorum circumvagantibus *Flora* noftra *Suecana* agminibus domicilia offert & fuppeditat. Opus hoc quidem eft tam elaboratu difficile, quam raritate Scriptorum pene infolens.

Quapropter apud æquos rerum æftimatores id facile fum confecuturus, ut juvenilia conamina mea boni confulant, cum tanto labori perficiendo & penitus abfolvendo, pauciffimi, qui noftræ æt ris funt, anni minime fufficiant, cui ne cana quidem innumerorum experientia vix fuffecerit. Nos Symbolam in commune primi conferentes, læta jamdum fpe iftos fructus præcipimus, quos felix fine dubio pofteritas aliquando perceptura erit.

§. I I.

INSECTA, ut numero & multitudine ceteros terræ incolas vincunt, ita, fi originem refpicias, antiquitate hominibus non cedunt. Cognitio autem eorum, quando cum notitiâ reliquarum rerum naturalium contenditur, longe eft recentior, cum minima hæc animalcula fero admodum fui nobis curam infinuaverint. Res ipfas noffe, quemadmodum alias femper, primus habetur fapientiæ gradus. Inter veteres ARISTOTELES & PLINIUS pauca admodum, ceteri fere nihil de Infectis refolverunt & ad pofteritatis memoriam tranfmiferunt. Poft æram renafcentium litterarum, hæc diutiffime fcientia fepulta jacuit & faftidita. CONRADUS GESNERUS, feculi fui fagaciffimus ille ceteroquin naturæ explorator, qui primam velut facem rerum naturalium attulit doctrinæ, ad minores quafvis partes fuam extendere induftriam non valuit. Cujus difcipulus JOH. BAUHINUS (*de Balneo Bollonenfi*) totum fe Botanices culturæ confecrans, intra hujus plerumque ftudii pomœria, non fecus ac COLUMNA, femper verfatus fuit.

MOUFFETUM idcirco Anglum inter primos numeramus, qui horas fuas labori, quem tunc temporis infructuofum judicabant, impendebat.

ALDROVANDUS, compilator omnino indefeffus, fcriptorumque multitudine infignis, ad hanc Scientiam illuftrandam fuas quidem contulit vires & induftriam, ita tamen, ut corrafis qualitercunque antiquitatis obfervationibus plurimum acquiefceret.

JONSTONUS in fcriniis aliorum compilandis æque impiger, experimentorum ipfe expers fuit, manfitque adeo inculta & nulla plane loco habita Infectorum theoria, ad medium ufque feculi fuperioris, cum aliquot *Pictorum*, qui exprimendis pulcherrimarum plantarum iconibus delectabantur, inter colligendum herbas, parva hujufmodi animalcula floribus infidentia animadverterent. Hi vero, ad conciliandam picturis fuis eo majorem venuftatem, naturam imitati, eximiis illas præftantiffimarum Papilionum imaginibus exornarunt, in quibus accurate pingendis cum effent occupati, nova quædam in dies & præcipua obfervare cœperunt, donec pleno ad hoc ftudium colendum ardore pertraherentur : quorum in numero funt ROBERT, HOEFNAGEL, GOEDART, MERIANA, SCHVARTZIUS, ALBINUS, ROESEL, & ceteri.

Tandem, inventis *Microfcopiis*, rerum naturalium periti, propiorem ad naturæ arcana nacti aditum, quæ prifco mundo fecreta & plane incognita fuerant, in apricum produxerunt, nec, antequam minima etiam quævis incredibili folertiâ perluftraverant, deftiterunt. Quo factum eft, ut rectâ quafi viâ clariffimi homines ad fcientiam amplexandam, quæ hucufque plus curiofitatis, quam utilitatis habere vifa erat, perducerentur, in quibus funt LEWENHOEK, BONANNUS, VALISNERIUS, HOEK, JOBLOT, NEDHAM, cet.

Nemo tamen horum omnium SWAMMERDAMII diligentiam æquare potuit, quippe qui non tam de externâ Infectorum facie, quam de internâ inprimis ftructurâ, ferro anatomico accurate detegendâ, follicitus fuit. Cui immenfo fere labori cum totum fe dediffet, crevit cum inauditâ cognititione admiratio tanti viri, cujus perfpicaciam omnes venerabantur. Ad finem fuperioris & initium hujus feculi, celeberrima ingenia cum reliquas hiftoriæ naturalis partes, tum hanc præcipue illuftrandam fibi fumpferunt.

LISTER, Gentis & ætatis fuæ decus, *Araneis* in Angliâ contemplandis maxime invigilavit, quarum defcriptiones adeo dilucidas edidit, ut fine exemplo ad id ufque tempus elegantiffimæ judicarentur.

RAJUS , quem inexhauſtæ induſtriæ & operæ virûm merito dixeris , poſtquam hiſtoriam omnium plantarum eo tempore cognitarum corraſiſſet, reliquum vitæ inſectis deſcribendis dicavit , quorum etiam recenſiones longe locupletiſſimas nobis reliquit.

FRISCHIUS , metamorphorſin, naturam & œconomiam ſingulæ pene in Boruſſia Inſectorum ſpeciei obſervavit , obſervationesque luculentas poſtmodum in lucem emiſit. At fatendum , adhuc deſideratum fuiſſe ingenium , cui hæc ſcientia noſtra omnem propemodum ſplendorem ſuum , omneque pretium deberet , cum oriretur Gentis Gallicæ gloria , maximus ille naturæ Scrutator.

REAUMUR , quem tanto negotio tantum fata deſtinaſſe credere fas eſt. Hic Inſectorum in vitâ univerſâ , ab incunabulis ad agonem ; indivulſus comes , natalitia eorum expoſuit & nuptias , mores & veſtitum , domicilia & œconomiam , Anatomiam juxta inſtituit , & juſta velut funebria perſolvit , ut , ſic ſe gerendo , novum in antiquo orbem recluſiſſe cenſendus. Poſthac igitur nemo facile , niſi artium ingenuarum plane hoſtis , hanc notitiam magis curioſam dicet , quam utilem , quin imo mentis humanæ reflexione apprime dignam pronunciabit.

Sed mei ipſius immemor jure viderer & ab officio grati animi prorſus alienus , ſi hoc loco ſine juſtâ laude eum præterirem , cujus in hanc hiſtoriæ naturalis partem ſumma ſunt merita , quique me , ſtudii hujus cauſa , commendante D. Præſide per plures jam annos fovet , alit , beneficiis ornat. Entomologorum maximum nunc loquor , generoſiſſimum CAROLUM DE GEER noſtratem , cujus utrum virtutem magis , an eruditionem in hoc litterarum genere inuſitatam mirari deceat , dubium eſt. Is enim in magnâ rerum omnium affluentiâ & fortunæ velut gremio conſtitutus , voluptatibus faceſſere juſſis , quod tempus alii , ſeculi vitio , venationibus , confabulationibus , luſibus , aliiſque vanarum mentium illecebris , inconſiderate inſumunt , id , animum a ceteris negotiis prudenter avocans , honeſtis & liberali homine dignis , hujuſmodi recreationibus impendit. Equidem ab adulationis crimine quam longiſſime abſum , cum apicem fere Scientiæ hujus eum tetigiſſe contendo. Optimis microſcopiis inſecta ſingula perluſtravit cum Lewenhœkio ; acutiſſimo ferro fubjecit & diffecuit cum Swammerdamio : vitam , originem , familias , inftituta, mores , fedes , fponfalia, mutationes crebrâ & continuâ animadverfione perfpexit cum Reaumurio : in claffes & ordines , vigilantiffimi ducis inftar digeffit : cujus rei prima documenta manifeftiffima civitas litterata nuper vidit in primo tomo , *Mémoire pour fervir à l'hiftoire des infectes*. Stockh. 1752. *quart*. Reliqua avidiffime exfpectamus.

Quæ Celeberrimus PRÆSES in fingulis naturæ regnis illuf-trandis præftiterit , notiora funt , quam ut longâ hac comme-moratione indigeant. Merita ejus ingentia vel enumerare folum invidia non careret , quapropter aliis , qui facundia , non autem affectu vincere me poffunt laudes ejus percelebrandas relinquo. Ille vero , qua eft diligentia & perfpicacia , poftquam in ceteris naturæ provinciis omnia rite inftituiffet & ordinaffet , omnium primus Anno 1735 , & deinde 1740 , in fyftemate Naturæ *Genera* infectorum formavit familiafque eorum ; hinc inde quafi dif-perfas , in ordinem digeffit. Ut vero hanc cognitionem difci-pulis fuis , quibus fe totum devovit , eo faciliorem redderet , in FAUNA SUECICA maximam partem infectorum Suecicorum , in genera fua cum differentiis & fpecierum defcriptionibus dif-tributorum , fideliter recenfuit. Pinacem etiam feu Synonymiam Specierum diu defideratam , ibidem fiftit. Conftitutam vero hanc a fe methodum in Academicæ Pubis inftitutione preffe fecutus, fatis fibi præmii eveniffe opinatus eft , poftquam in unico Sueciæ regno , plures hujus fcientiæ amatores & procos brevi numerare poteft , quam in univerfo alias orbe deprehendi certum eft : Et id quidem non tam jucunditati ipfius ftudii , quam exquifitiffimæ Viri Ampliffimi fedulitati & fidei adfcribendum effe , omnibus conftat ; cum difciplinæ alias , utiliffimæ etiam , dum animo manuque ignava tractantur , facile marcefcant , pretiumque fuum amittant.

Hifce jam progreffibus ad id faftigii , quod obtinet , evecta eft cognitio infectorum Europæorum ; ftupet vero mens , cogi-tatione fe ad terræ partes longius diffitas convertens , collec-tiones , quas PETIVER , SLOANE , CATESBY , EHRET , MERIANA , VINCENT , Auctor Mufei Petropolitani , &c. e regionibus non Europeis ferventibufque Indiis fibi miffas adepti funt , contemplando.

Dubius enim hæreo, utrum copiam, an magnitudinem, nitoremne & infolitam ftructuram adventatis coloniæ hujus magis admirari conveniat. *LOVISA* noftra *ULRICA* Suecorum, Gothorum Vandalorumque Regina vere Magna & Augufta, quem admodum prima propemodum eft Principum, quæ inde a tempore Sabeæ Imperatricis & Salomonis, mirabilia Supremi Monarchæ & Creatoris debito venerationis honore oculis ufurpat, fic ea fibi indulfit oblectamenta, quæ homines fceptro natos raro admodum afficiunt, vano quippe fplendore & illecebris mundi ut plurimum effafcinatos, ut comparandis cognofcendifque *Infectis, Conchiliis, Corallis, Cryftallis, &c.* divinum animum pafcant & refocillent. Hinc ingentibus impenfis multaque follicitudine Mufeum Drottningholmenfe inftituit, in quo exoticum orbem cum indigena vel junctum vel certantem mirâ voluptate perfpicies. Eft vero hæc collectio ex illarum genere quæ fimilem nullibi locorum neque habet, neque forte unquam habitura eft. Quod fi fenfu omni non careas, attonitus plane hic ante thronum curiofiffimæ Reginæ, habitu genuino ac fplendidiffimo cultos, regia in domo hofpites Infectorum Indicorum contueberis delegatos. Anxii igitur illud tempus præftolamur, quo hiftoria celebratæ hujus propaginis lucem publicam videbit, oculos in fe animofque naturæ peritorum avidiffimos converfura. Si autem temerarii mores & prava haut raro vivendi exempla latiffime ferpunt & ex aulis Regum ad cafas civium dimanant, certiffimam jure fpem concipimus, fore ut tantis aufpiciis felix, fcientia noftra, illa gloriæ, divinæ promotrix communifque boni procuratrix, tam fixam apud nos fedem confequatur, quam fero eadem feptentrionem noftrum vifitavit.

§. I I I.

Poftquam recentiore fic ævo ad cognitionem Infectorum Europeorum fpecialem perventum eft; heic minime nobis fubfiftendum effe, per fe patet: ingenuus quifque de fructu & emolumentis ex ftudio hocce percipiendis maxime eft follicitus. Nam quemadmodum nihil fruftra a Conditore illorum factum effe poteft, ita mirabilem confiderare fas eft formam pariter ac ftructuram, vitam & mores, præcipuafque mutationes quibus larva in pupam, hæc iterum in volatile convertitur, unde fumma

Summi Auctoris gloria oppido elucefcit. Efficit præterea accuratior ejufmodi obfervatio, ut perfpicere clariffime queamus, quâ ratione contemptiffimâ hæc alias animalcula mundum velut in æquilibro fuo contineant, qui fida ipforum opera deftitutus ftatim vel corrumperetur, vel infelix fenfum excidium effet paffurus.

Attendendum ergo quam diligentiffime eft, quâ folertiâ orbem noftrum mundum præftent purgatumque fordes auferendo, cadavera abfumendo, aëremque tali modo & terram purificando. Attendendum, quantæ Pifcium, Amphibiorum, Avium, & Quadrupedum multitudini alimentum præbeant, quæ fine iis vel graviter admodum vel etiam ne vix quidem vitam fuftentarent. Attendendum, qualem generi humano ufum fedulo exhibeant, aliis fericum, aliis mel, aliis ceram, aliis chermen, aliis coccinellam, aliis coccum, aliis alia copiofe proferentibus. Attendendum denique, quam facili omnipotens Numen negotio vaftos & immanes eorum exercitus fibi comparaverit, qui, juffu ipfius, impiorum hominum fcelera & lafciviam vindicaturi, integras haut raro regiones & imperia, nemine refiftente, crudeliter funt depopulati : modo enim Grylly & Locuftæ nafcentem agrorum viriditatem, modo pratorum gramina Larvæ devorarunt ; modo hordeum Mufcæ, fecale Phalænæ, radices gramineas Tipulæ confumpferunt. Alia Infecta pomis, alia oleribus, alia foliis arborum vim inferre confueverunt. Segetum Mordellæ in agris, Curculiones frumenti in granariis, Dermeftes alimentorum in cellariis, veftium Tineæ funt populatrices, &, ut nihil ad calamitatem aut inferendam aut augendam deeffe videretur, Equos, Boves, Pecora & alia Animantium genera adgreditur fæpenumero atque difperdit vagabunda horum colluvies.

Plura huic fpectantia adferre vetat quidem propofiti ratio pagellarumque anguftia ; ex iis tamen, quæ allata funt, colligi facillime poteft, opinione longe majorem Infectorum in hoc univerfo vim effe atque efficientiam. Graviffima fæpe Œconomia noftra patitur damna, & id quidem merito, fi a pœnis, juftiffimo impietatis vindici DEO, datis ; fed damna etiam multoties alias patitur per vecordiam noftram ac fegnitiem, dum fcilicet opera Conditoris contemplari negligimus & fapientiffimas ejus inftitutiones rimari, ut & detrimenta, quæ interdum ex regularum, fyftematis mundani perfectiones intendentium, collifione

proficifcuntur,

proficifcuntur, quoad poterimus, averrucare. Quod fi enim homulus' impubes vel ignavus a pediculis periret, in ipfum utique interitus fui culpa redundare cenfenda eft, qui ab ejuf-modi fe fordibus purgare non ftudet. Peculiare itaque cuilibet Infecto pernofcamus, oportet, fi quid in his egregii præftare cupimus.

§. I V.

Quemadmodum ad certos fines reliqua animantia, fic etiam Infecta deftinata funt, & quidem, ut æquilibrium quafi quoddam inter res plurimas fervent. Quibufdam enim hæ plantæ, aliis aliæ veluti fortito cefferunt habitandæ & vefcendæ. Sunt fingulis animalibus fua adfignata infecta, quibus domicilium & victum ex naturæ lege debent. Sunt Infecta, quæ non nifi putridis delectantur; funt, quæ cædibus in diverfa genera fæviunt, immo vero quæ, cum ejufdem fint generis, fibi tamen invicem non parcunt, fed affiduis bellis ac cladibus laceffunt deftruunt-que.

Equidem, cum intra arctos hofce paucarum pagellarum can-cellos me tenere debeam, fatis habebo indicaffe, quæ Infecta Suecanas noftras incolant plantas, earumque radicibus, caulibus, foliis, floribus vel fructibus victitent. Ex infectis his phytivoris, multa effe polyphaga fateor, quibus variæ plantæ nutrimentum fuppeditent, fed quæ hoc tempore fæpius miffa facimus; in fimul tamen dubio caret, phytivororum plurima certam quandam planta-rum fpeciem amplecti & horum quædam hanc, alia illam plantæ partem fectari. Neque vero non paucis datum eft, ad ejufdem ge-neris adfinitates evagari, & aliena forte genera, ejufdem tamen ingenii illa & naturæ vegetabilia.

Itaque ut ad fcopum veniam, in recenfendis plantis, quæ cui-que familiæ ex vafta Infectorum gente attributæ funt, *Floram Sue-cicam*, tanquam obruffam, fequar. Neque vero diffimulandum eft, multa effe vegetabilia, in quibus nullos deprehenderim incolas; tantum vero abeft, ut hæc Infectis vacua pronunciem, ut potius eadem aliis obfervanda & examinanda commendem. Ad ampliffi-mam enim hanc rem tranfigendam plurium in obfervando induftria concurrat neceffe eft, eademque pluribus in locis opera collocanda. Opus vero aliquando ordiendum eft, fi ad faftigium id tandem per-ductum iri feperare fas erit. Ad infecta vero quod attinet, *Faunam*

Z

Suecicam, tanquam indicem fecutus fum, quo eo facilius eorum genera & differentiæ cum fynonymis & defcriptionibus cuivis inno‑tefcant.

§. V.

Ufum ex hac meâ confideratione fpero aliqualem in publicum redundaturum, utpote :

(*a*) Hinc facilis reddetur Enthomologis ratio inveftigandi quamcumque Infectorum fpeciem, cum relatum hic legant, ubi‑nam locorum quærenda fit.

(*b*) Quando his Infectum quoddam obtingit, cujus naturam & metamorphofin indagare ftudent, fic facile id apto & accommodato alimento nutrire poterunt, abfque quo oleum, quod aiunt, & operam perderent.

(*c*) In commodum etiam Botanicorum cedet. Reminifcor, quid ante haut ita multos abhinc annos contigerit : Ex feminibus a Virginiá alatis plantæ provenerant, quarum una, cum flores nondum explicuiffet, dignofci non poterat ; fed cum larvæ *Ten‑thredinis* Fn. 935, & *Curculionis* Fn. 460, cœpifcent rodere folia ejus, haut fallaci augurio indicavit Nob. D. PRÆSES hanc *Scrophulariæ* fpeciem futuram, id quod eventus confirmavit ; Flos enim erumpens prodidit *Scrophulariam marilandicam*. *Hort. Upf.* *p.* 177. *n.* 4.

(*d*) Poterunt Medici, id quod haut ita pridem opinatus eft DERHAMUS, ab infectis vires plantarum dijudicare, quando‑quidem infecta phytivora ut plurimum eas eligunt, quæ earumdem fint virium. Sic *Caffida* Fn. 377, Lycopum fectatur ac Mentham ; fic *Papilio caudatus* Fn. 791, Umbellatas, quæ fibi invicem maxime adfines ; fic *Papilio Aurora*, Fn. 801, Thlafpi campeftre, Cardami‑nem pratenfem ex Tetradynamiftis.

(*e*) Hortulani & Olitores difcent a plantis, quarum culturam fufcipiunt, arcere Infecta infeftantia e. gr. Radices Lactucæ, Folia Brafcicæ, Turiones Afparagi, Flores & Fructus arborum.

(*f*) Œconomis, qui graminibus, fegetibus, vel aliis plantis operam impendunt colendis, apprime eft fcitu neceffarium, quæ Infecta plantæ cuilibet noceant : e. g. radicibus Humuli, germi‑nibus Nicotianæ, feminibus Hordei, caulibus Secalis, feminibus in fpicis Triticeis, radicibus & cotyledonibus Segetum. Et, cum

omnes fere plantæ ufibus domefticis inferviant , quid fingulæ pa-
tiuntur fovendo hos infeftos hofpites , fedula indagine opus eft.

(*g*) Œconomis e re eft, lucrum ex Infectiis aucupantibus, noffe,
quibus herbis alenda fint; fi Bombyces voluerint, eligenda *Morus* ;
fi Coccinellam tinctoriam , *Cactus* ; fi Coccum Polonicam , *Scleranthus* vel *Pilofella* ; fi Chermis tinctoriæ diverfas Species , *Betula,
Carpinus* ; Quod fi Apium potior cura & alvearium ,

> *Hæc circum Caffiæ virides & olentia late*
> *Serpilla , & graviter fpirantis copia Thymbræ*
> *Floreat , irriguumque bibant Violaria fontem.*

(*h*) Qui Œconomiæ Divinæ fcrutinium inftituunt, hinc edo-
centur illas plantas , quas ab animalium devaftationibus immunes
fiftere confultum duxit Naturæ AUCTOR , five quod terram
præparare debent , five umbram præbere , ac tegminis inftar effe
fepifve aliis vegetabilibus , ne inquam , hæ ceterum effent inutiles magnæ hujus Reipublicæ cives , fed producerent ea , quæ
Avibus & aliis animalibus fuftentandis inferviant , fua etiam
quævis Infecta alere debere. Et hæc forte caufa , quare arbores
plura , quam herbæ , Infecta ferant. *Rumex* , qui a paucis, &
Urtica , quæ a nullis fere Quadrupedibus expetitur , majorem
Infectorum numerum capiunt, quam folent reliquæ.

Ultimo tandem cernere iidem poffunt, qua prudentia mundum
Sapientiffimus ille CREATOR conftruxerit , ut quamprimum
herba aliqua , viribus & multitudine fuperior , ceteras fuffocare
inceperit , Infectorum mox contra eamdem agmina , æquilibrii
cujufdam quafi fervandi, ergo , congregentur ; nam naturali
quodam ftimulo ad ea loca inquirenda impelluntur, magnoque
ibidem multiplicari folent proventu , ubi alimentorum fibi copia
proftat , facilique comparatur labore.

DIANDRIA.

LIGUSTRUM vulgare. *Fl. Succ.* 4.
    Meloe *Catharis*.
    Sphinx nobilis. *Fn.* 809.
    Phalæna alis luteo variis dentatis. *Roef. phal.* 3 , *p.* 41 ,
    t. 10.
SYRINGA vulgaris. *It. Scan.* 186.
    Phalæna *Sphinx* nobilis. *Fn.* 809.

Phalæna   *De Geer* 1 , *t.* 27 , *f.* 8 , 11 , 12 , 14.
Phalæna   *De Geer* 1 , *t.* 27 , *f.* 9.
Phalæna   *Reaum. I* , *t.* 15 , *f.* 7 — 9.
Phalæna   *Reaum. II* , *t.* 17 , *f.* 5 — 10.

VERONICA fpicata. *Fl. Suec.* 7.

Papilio *Comes Fn.* 783.

— — — Chamædrys. *Fl. Suec.* 12.

Larva   *It. W-Goth.* 107.

LYCOPUS europæus. *Fl. Suec.* 27.

Caffida *viridis. Fn.* 377.

SALVIA pratentis. *Fl. Suec.* 28.

     confer. Mer. I. 3. *Gæd. XVII. LXIII.*

TRIANDRIA.

IRIS Pfeudiris. *Fl. Suec.* 33.

Phalæna   *Mer.* 1 , *t.* 3 *& III, t.* 20.

Tipula paluftris. *Fn.* 1151.

PHALARIS canarienfis. *H. Upf.* 19.

Coccus *Phalaridis. Fn.* 721.

GRAMINA varia.

Papilio *Satyrus. Fn.* 785.

Papilio *Coridon. Fn.* 786.

Phalæna *Leopardus. Fn.* 926 , non Alopecurus.

Phalæna *Calamitofa. Fn.* 826 , non Alopecurus.

Phalæna *Vulpecula. Fn.* 837.

Phalæna *Panthera.*

Phalena *Mefomela.*

Tipula   *It. Scan.* 357.

   confer. Gæd. XII. 31. *Mer. I.* 32. *II.* 4 , 16 , 24. *III.* 33 ;
     34. *Raj.* 293 ; 393 , 343 , 363 , 373.

FESTUCA natans.

Phalæna *fluitans. Wilk.* 1 , *f. A.* 11.

SECALE cereale. *H. Upf.* 22.

Phalæna *feticornis fpirilinguis nafuta ; alis albo nigroque
reticulatis ; capite albo ; oculis nigris.* Linn. *Act. Stockh.*
1746 , *p.* 47 ; & 1750 , *p.* 180 , *n.* 2.

Phalæna *fecalina. Act. Stockh.* 1752 , *p.* 62 — 66.

Thrips. *Fn.* 728. *Act. Stockh.* 1750 , *p.* 181 , *n.* 7.

     It. Scan. 224.

Mordellæ. *Fn.* 539 & 542. *Aȼt. Stockh.* 1750 , *p* 181 , *n.* 8.

Curculio *fanguineus. Fn.* 474. *Aȼt. Stockh.* 1750, *p.* 186, *n.* 1.

Acarus *farinæ. Fn.* 1185.

HORDEUM hexaftichum. *H. Upf.* 22 , *n.* 1.

    Phalæna   *Reaum. II. t.* 39 , *f.* 9 , 10 , 18 , 19.

    Chryfomela *cærulea , thoracæ rubro. Reaum. III. t.* 17 , *f.* 14 , 15.

    Mufca *nigra ; halteribus plantifque pedum pofticorum abdomineque fubtus virefcente pallido. Linn. Aȼt. Stockh.* 1750 , *p.* 182 , *n.* 9.

TETRANDRIA.

DIPSACUS fullonum. *H. Upf.* 25 , *n.* 1.

    Phalæna *dipfaci.*   *Raj.* 341 , 360.

SCABIOSA arvenfis. *Fl. Suec.* 110.

    Papilio *ferotinus.*   *Raj.* 120.

— — — Succifa. *Fl. Suec.* 112.

    Phalæna   *Raj.* 361.

GALIUM verum. *Fl. Suec.* 116.

    Sphinx vittata. *Fn.* 1356. *De Geer. I. t.* 8 , *f.* 9 , 11.

    Sphinx   *Reaum. I. t.* 12 , *f.* 1 , 2 , 5 , 6.

GALIUM Aparine. *Fl. Suec.* 120.

    Phalæna   *Raj.* 281.

PLANTAGO major. *Fl. Suec.* 123.

    Papilio *Comes. Fn.* 783.

    Phalæna   *Raj.* 199 , 300 , 359.

      confer. Mer. I. 36. *II.* 20. *Raj.* 199 , 300 , 359.

ALCHEMILLA vulgaris. *Fl. Suec.* 135.

    Phalæna *Urfus. Fn.* 820. *De Geer. I. t.* 12 , *f.* 8 , 9.

    Phalæna *peȼtinic. fpiril. De Geer. I. t.* 22 , *f.* 16.

POTAMOGETON natans. *Fl. Suec.* 130.

    Phalæna potamogetonis. *Fn.* 853.

    Aphis *plantarum aquaticarum. Fn.* 711.

PENTANDRIA.

BORRAGO officinalis. *H. Upf.* 34 , *n.* 1.

    Phalæna Gamma. *Fn.* 873.

      confer. Jung. 116 , 117. *Mer. II.* 32.

CYNOGLOSSUM officinale. *Fl. Suec.* 154.
    confer. Jung. 151.
PULMONARIA officinalis. *Fl. Suec.* 156.
    Mordella. *Fn.* 542.
PRIMULA veris. *Fl. Suec.*
    Phalæna togata. *Fn.* 870.
CONVOLVULUS arvensis. *Fl. Suec.* 173.
    Phalæna *geometra.*   *Reaum. I. t.* 1 , *f.* 9 , 10.
    Phalæna *alis ramosis.*   *Reaum. I. t.* 20 , *f.* 12 — 15.
      confer. Mer. II. 25 , 45.
NICOTIANA Tabacum. *H. Upf.* 45.
    confer. Gœd. XXXII.
HYOSCYAMUS niger. *Fl. Suec.* 184.
    Mordella.   *Fn.* 540.
    Cimex *ruber.*   *Fn.* 665.
    Chryfomela *hyofcyami*   *Fn.* 540.
    Mufca   *Fn.* 1058.
    Mufca   *Reaum. III. t.* 2 , *f.* 13 — 17.
VERBASCUM Thapfus. *Fl. Suec.* 186.
    Phalæna *alba.*   *Roef.* 1 , *phal.* 2 , *p.* 141 , *t.* 23.
    Phalæna *criftata.*   *Fn.* 887.
    Phalæna   *Reaum. I. t.* 43 , *f.* 3 , 4 , 9 , 10 , 11.
    Phalæna   *Reaum. I. t.* 49 , *f.* 11 — 15.
    Curculio *Scrophulariæ.*   *Fn.* 460
      confer. Raj. 168 , 352. *Frifch. VI.* 9.
LONICERA Caprifclium. *Fl. Suec.* 191.
    Cantharis *Officinarum.*   *It. Scan.* 186.
      Xylofteum. *Fl. Suec.* 192.
    Phalæna *geometra. Roef. app.* 17. *t.* 3.
    Sphinx nobilis. *Fn.* 809.
    Phalæna *Fn* 868.
    Phalæna *feticornis fpirilinguis , alis retufis grifeis cruce*
      fuccatiore.
    Phalæna *feticornis fpirilinguis fufca : dorfo vitta alba :*
      alarum apicibus acuminatis recurvatis. Linn.
    Tenthredo   *Reaum. V. t.* 13. *f.* 1 — 11.
    Mufca *fubcatana.*   *Reaum. III. t.* 1 , *f.* 13 , 14.
    Chryfomela *viridis , elytris grifeis , thorace pone tridentato.*
      Linn.

EVONYMUS europæus.
> confer. *Mer. III.* 22. *Raj.* 287. *Frifch. III.* 13.

RHAMNUS Frangula. *Fl. Suec.* 194.
Phalæna *caftralis. Fn.* 891.
Papilio *Canicularis. Fn.* 795. *De Geer. I. t.* 15, *f.* 8, 9.
Papilio *Argus oculatus. Fn.* 803. *De Geer. I. t.* 4, *f.* 14, 15.
Phalænæ *larva* *De Geer. I. t.* 32, *f.* 10, 11.

RIBES Groffularia. *Fl. Suec.* 195.
Papilio *C duplex. Fn.* 775.
Phalæna *antennulata. Fn.* 829. *De Geer. I. t.* 15, *f.* 15.
Phalæna *Wau.* *Fn.* 845.
Phalæna *groffularia.* *Fn.* 849.
Phalæna *Roef.* 1, *phal.* 2, *p.* 283, *t.* 55.
Phalæna *Roef. app.* 287, *t.* 50.
Tenthredo *Reaum. V. t.* 10, *f.* 8.
Aphis *Ribis. Fn.* 704.
> conf. *Gæd. XXXI. Mer. I.* 29. R⬛ 178, 179, 311, 372, 373.

> rubra. *Fl. Suec.* 197.
Papilio *C duplex. Fn.* 775.
Phalæna *W littera. Fn.* 845.
Phalæna *groffularia. Fn.* 849.
Aphis *Ribis. Fn.* 704.
Acarus. *Fn.* 1201.
> conf. *Jung.* 82. *Gæd. XXIX. XXXV. Mer. I.* 37. *Raj.* 179. 372.

CHENOPODIUM rubrum. *Fl. Suec.* 210.
Phalæna *lubricipeda. Fn.* 823.
Phalæna *Reaum. III. t.* 2, *f.* ⬛, 8.
Phalæna lignum putridum mentiens. *Roef.* 1, *phal.* 2, *p.* 145, *t.* 14.

ULMUS campeftris. *Fl. Suec.* 219.
Papilio *Polychloros. Fn.* 773.
Papilio *C duplex. Fn.* 775.
Phalæna *Onager. Fn.* 821.
Phalæna *lubricipeda. Fn.* 823. *De Geer. I. t.* 11, *f.* 7, 8.
Phalæna *ophtalmoidea. Fn.* 835.
Phalæna *fexicornis.* *De Geer. I. t.* 17, *f.* 22.

Phalæna　　　　　　　*Reaum. I. t.* 35 , *f.* 1 , 7 , 8.
Phalæna　　　　　　　*Reaum. III. t.* 10 , *f.* 9 — 15.
Tenthredo　　　　　　*Reaum. V. t.* 10 , *f.* 15 — 17.
Aphis *Ulmi. Fn.* 705. *It. Scan.* 203.
Coccus　　　　　　　*Reaum. IV.* 7. *f.* 1 — 10.
Chermes *Ulmi Fn.* 694. intra Folia revoluta.
Chermes *Ulmi.*　*It. Scan. p.* 130. intra gallam.
Cicada *Ulmi. Fn.* 644.
Cimex *Ulmi. Fn.* 680.

　　　confer. Gæd. XXVI , XXXIX , LVII , LXXVII,
　　　Raj. 282 , 295 , 297, 299, 305 , 306 , 307 , 310 ,
　　　313 , 314 , 370.

SELINUM paluftre. *Fl. Suec.* 227.
　　Papilio *caudatus. Fn.* 791.
HERACLEUM Sphondylium. *Fl. Suec.* 231.
　　Phalæna *umbellaria. Fn.* 916.
　　Mufca *alis albis , fafciis repandis , oculis viridibus.* **Linn.**
LIGUSTICUM Leviſticum. *H. Upf.* 62 , *n.* 1.
　　Curculio *liguftici. Syft. Nat.* 154. *n.* 2.
ANGELICA Archangelica. *Fl. Suec.* 233.
　　Papilio *caudatus. Fn.* 791.
SIUM latifolium. *Fl. Suec.* 235.
　　Curculio *paraplecticus. Fn.* 445. *It. Scan.* 184.
PHELLANDRIUM aquaticum. *Fl. Suec.* 238.
　　Curculio *paraplecticus. Fn.* 445. *It. Scan.* 184.
　　Chyfomela *phellandrii. Fn.* 438.
　　Leptura *aquatica. Fn.* 509 , *It. Scan.* 184.
PASTINACA fativa. *H. Upf.* 60.
　　Aphis *paftinacæ. Fn.* 706.
ANETHUM graveolens. *H. Upf.* 66. *n.* 1. & 2.
　　Papilio *caudatus. Fn.* 791.
CHÆROPHYLLUM fylveftre. *Fl. Suec.* 243.
　　Phalæna *umbellaria. Fn. Suec.* 916.
　　Phalæna　　　　　　*De Geer. I. t.* 29 , *f.* 15 , 16.
　　　confer. *Mcr.* 1 , 16.
PIMPINELLA faxifraga. *Fl. Suec.* 246.
　　Papilio *caudatus. Fn.* 791.
SAMBUCUS nigra. *Fl. Suec.* 250.

Phalæna *feticornis.*   *De Geer. L t.* **17** , *f.* **22.**
Tenthredo   *Reaum. V. t.* 10 , *f.* 12.
Aphis *Sambuci Fn.* 707,
Cantharis *Officinarum.*   *It. Scan.* 186.
     confer.. Gœd. LXVIII. 34 , *Mer. II. Raj. cantabr.* 148.
ALSINE media. *Fl. Suec.* 369.
     confer. Raj. 308 , 335 , 356. *Frifch. V.* 27 , *X,* 15.

HEXANDRIA.

ASPARAGUS officinalis. *Fl. Suec.* 272.
     Chryfomela *Afparagi. Fn.* 430.
     Tipula *ruffa. Fn.* 1147.
CONVALLARIA majalis *Fl. Suec.* 273.
     Chryfomela *merdigera Fn.* 425.
RUMEX aquaticus. *Fl. Suec.* 292.
     Curculio *lapathi.*
     Curculio *Rumicis Fn.* 454.
       acutus *Fl. Suec.* 293.
     Phalæna   *Raj.* 286,
     Aphis *Rumicis Fn.* 708.
     Curculio *Rumicis Fn.* 454.
     Tenthredo.
       Acetofa *Fn. Suec.* 295.
     Phalæna togata *Fn.* 870.
     Aphis *Rumicis Fn.* 708.
     Meloe *Fn.* 596. *It. Scan.* 23.

HEPTANDRIA.

ÆSCULUS Hippocaftanum. *H. Upf.* 192.
     Phalæna   *Reaum. I. t.* 34 , *f.* 7 , 8 , 11.
     Phalæna *geometra*   *Reaum. II. t.* 31. *f.* 1 — 6.

OCTANDRIA.

TROPÆOLUM majus. *H. Upf.* 93.
     Papilio *raparia Fn.* 798.
     Phalæna *omicron-ypfilon. Fn.* 859.
EPILOBIUM anguftifolium. *Fl.* 304. & paluftre. *Fl.* 307.
     Sphinx *Porcellus Fn.* 811. *De Geer. I. t.* 9 , 8 , 9.
       confer. Raj. 358.

ERICA vulgaris. *Fl. Suec.* 309.

   confer. Mer. III. 32. *Raj.* 364.

VACCINIUM Vitis idæa. *Fl. Suec.* 315.

  Phalæna *feticornis elinguis cinerea : fafcia trunfverfa faturatione. Linn.*

POLYGONUM viviparum. *Fl. Suec.* 321.   *

  Phalæna *geometra. Reaum. I. t.* 1 , 5 , *f.* 10 — 12.

POLYGONUM aviculare. *Fl. Suec.* 322.

  Phalæna *Lubricipeda. Fn.* 823.

  Cryfomela *polygoni. Fn.* 440.

POLYGONUM Perficaria.

  Phalæna. *Roef. I. p.* 183 , *t.* 32. 177. *t.* 31.

HELXINE Fagopyrum. *Fl. Suec.* 324.

  Cryfomela *hexines.*

DECANDRIA.

RUTA graveolens. *H. Upf.* 102.

  Papilio *caudatus. Fn.* 791.

ARBUTUS Uva urfi. *Fl. Suec.* 339.

  Phalæna *feticornis fpirilinguis nafuta : fafciis argenteis variis. Linn.*

DIANTHUS Cariophyllus. *H. Upf.* 104. *n.* 1.

  Phalæna geometra. *Roef.* 1 , *phal.* 3 , *p.* 41 , *t.* II.

   confer. XXXVII. Mer. III. 26. *Raj.* 313.

SCLERANTHUS perennis. *Fl. Suec.* 349.

  Coccus *polonicus. Fn.* 720.

LYCHNIS dioica. *Fl. Suec.* 361.

  Aphis *Cucubali. Fn.* 719.

CERASTIUM vifcofum. *Fl. Suec.* 379.

  Chermes *ceraftii. Fn.* 695.

SEDUM Telephium. *Fl. Suec.* 386.

  Papilio *alpicola. Fn.* 806. *De Geer. I. t.* 18 , *f.* 12 , 13.

DODECANDRIA

EUPHORBIA heliofcopia.   *Fl. Suec.* 436.

  Phalæna   *Frifch. X.* 8.

  Sphinx vittata.

   confer. Jung. 109. *Merian. III.* 22.

I C O S A N D R I A.

CACTUS opuntia. *H. Upf.* 121 , *n.* 10.

    Coccus *Coccinella offic. Reaum. IV. t.* 7 , *f.* 11 — 19.

PRUNUS Cerafus. *H. Upf.* 125 , *n.* 1.

    Papilio *Polychloros. Fn.* 773.

    Phalæna *cæruleocephala* , *n.* 836.

    Phalæna *hortorum. Fn.* 846.

    Phalæna *caftralis. Fn.* 89.

    Phalæna   *Reaum. III. t.* 7 , *f.* 14 , 15.

    Phalæna *nafuta obtufa grifea maculis aliquot fufcis. Roef.* 1.
        phal. 4 , *p.* 7. *t.* 2.

    Phalæna   *Roef.* 1 , *phal.* 2. *p.* 281. *t.* 54.

    Phalæna   *p.* 409 , *t.* 36.

    Tenthredo   *Reaum. V* , *t.* 12 , *f.* 1 , 6.

    Scarabæus   *Fn.* 351 , *It. Scan.* 321.

    Curculio *cerafi. Fn.* 465 , *It. Scan.* 355.

    Mufca. *Fn.* 1061. in nucleis.

        confer. Gæd. XX , XXII , LXI. 12 , *Jung.* 112 ,
            Mer. I. 9 , 23 , *III* , 31 , *Raj.* 214 , *Frifch. III.*
            12. *VI.* 3.

PRUNUS Padus. *Fl. Suec.* 396.

    Papilio *hiemalis. Fn.* 796. *De Geer. I. t.* 14 , *f.* 19 , 20.

    Phalæna *caftralis. Fn.* 891.

    Phalæna *nafuta. Fn.* 913.

    Phalæna *antennulata. Fn.* 829.

    Cryfomela *Padi. Fn.* 435.

    Tenthredo.   *Fn.* 944.

    Aphis *antennis longis , aliis magnis.*

PRUNUS domeftica. *H. Upf.* 124 , *n.* 1.

    Tenthredo.   *Reaum. V* , *t.* 12 , *f.* 13 — 16.

    Aphis *Pruni.*   *Reaum. III. t.* 23. *f.* 9 , 10.

        confer. Jung. 114 , 137 , *Gæd. XXII , LXIX* , 20 ,
            Mer. I , 13 , 47 , *Raj.* 160 , 309 , 355 , 371 , 372 ,
            373. *Frifch. V* , 14 , *VII* , 2 , 21 , *X* , 3.

        armeniaca. *H. Upf.* 124 , *n.* 2.

    Phalæna *lubricipeda. Fn.* 823. *De Geer. I* , *t.* 11 , *f.* 7 , 8.

    Phalæna *pudibunda. Fn.* 828.

    Phalæna littera ᵩ *Fn.* 879.

confer. Gæd. S. Mer. III, 53. *Raj.* 160 , 285 , 294,
353. *Frifch. II*, 2 , *III*, 12.

Spinofa. *Fl. Suec.* 397.

Papilio *hiemalis. Fn.* 795. *De Geer. I. t.* 14, *f.* 19, 20,

Phalæna *annularia. Fn.* 824.

Phalæna *geometra. Roef. app.* 21. *t.* 4.

Phalæna *antiquata. Fn.* 827.

Phalæna *ophialmoidea. Fn.* 835.

Phalæna *cæruleocephala. Fn.* 836.

Phalæna *groffularia. Fn.* 849.

Phalæna *prunaftri. Fn.* 866.

Phalæna alterna. *Fn.* 867 , 862.

Phalæna *littera* ⅃. *Fn.* 879.

Phalæna *caftralis. Fn.* 891.

Phalæna *autumnalis Fn.* 921.

confer. Mer. I, 33 , *II* , 35 , *III*, 6, *Raj.* 196, 214,
315 , 345 , 353 , 370 , 303.

PHILADELPHUS coronarius.

Phalæna *geometra viridis. Roef.* 1 , *phal.* 3 , *p.* 45 , *t.* 13.

CRATÆGUS Oxyacantha. *Fl. Suec.* 399.,

Papilio *hiemalis , Fn.* 796.

Phalæna *cæruleocephala. Fn.* 836.

Phalæna *dumetorum. Fn.* 882.

Phalæna   *De Geer. I. t.* 11 , *f.* 20 , 21.

Phalæna   *Reaum. I, t.* 35 , *f.* 1 , 7 , 8.

Phalæna *Vinula min.*   *Reaum. II , t.* 23 , *f.* 3 — 6.

confer. Raj. 157 , 163 , 289 , 312 , 315 , 330 , 343 ,
349 , 352 , 370 , 379.

SORBUS aucuparia. *Fl. Suec.* 400.

Phalæna *cæruleocephala. Fn.* 836.

Chryfomela *bimaculata. Fn.* 409.

PYRUS Pyrafter. *Fl. Suec.* 401.

Papilio *Polychloros. Fn.* 773.

Phalæna *lubricipeda. Fn.* 823. *De Geer. I, t.* 11 , *f.* 7 , 8,

Phalæna *pudibunda. Fn.* 828, *De Geer. I , t.* 16 , *f.* 11 , 12

Phalæna *cæruleocephala. Fn.* 846.

Phalæna *hortorum Fn.* 836.

Phalæna *autumnalis. Fn.* 921.

Phalæna. *De Geer. I , t.* 25 *, f.* 15 , 16.

Phalæna *mirabilis.* *Reaum. II , t.* 23 *, f.* 10.

Tenthredo *Pyri.* *Reaum. V , t.* 12 *, f.* 1 — 6.

Cynips. *Reaum. II , t.* 38 *, f.* 11 — 14. fruĉtus.

Aphis *Pyri.* *Reaum. II , t.* 24 *, f.* 1 , 2 , 3.

Chermes *grifea , abdomine brevi : ftriis , tranfverfe albis.*
 Linn.

Curculio *Pyri. Fn.* 465. *It. Scan.* 355.

Phalæna *geometra fufca alis fub fafcia fulva. Roef.* 1 *, phal.* 3 *,*
 p. 33 , *t.* 9.

Mufca. *Fn.* 1085.

  confer. Jung. 98 , *Mer. II ,* 21 , *Gœd. XIII , XXII ,*
   XLV , 43 , *Frifch. VII ,* 10 , *X ,* 3 , *T. Raj.* 142.
    48 , 163 , 150 , 291 , 343 , 360 , 66 , 68.

  Malus. *Fl. Suec.* 402.

Phalæna *annularia. Fn.* 824.

Phalæna *antennulata. Fn.* 824.

Phalæna *cæruleocephala. Fn.* 836.

Phalæna *hortorum. Fn.* 846.

Phalæna *littera* ⅄. *Fn.* 879.

Phalæna *caftralis. Fn.* 891.

Phalæna *autumnalis. Fn.* 921.

Phalæna *nafuta alis cinereis , macula marginali & bafeos*
 fufca. Roef. 1 *, phal.* 4 *, p.* 22 *, t.* 11.

Phalæna *geometra cinerea , fafciis fufcis , parva. Roef.* 1 *,*
 phal. 3 *, p.* 31 *, t.* 8.

Phalæna *Roef.* 1 *, phal.* 2 *, p.* 301 *, t.* 60.

Phalæna *peĉticornis. Aĉt. Stockh.*1749*, p.* 130*,t.* 4 *,f.* 8 *,* 9.

Phalæna *peĉtinic. elingu. De Geer I. t.* 11 *, f.* 20 *,* 21.

Phalæna *fubcutanea.* *De Geer. I. t.* 30 *, f.* 10 — 12.

Phalæna *Reaum. II , t.* 16 *, f.* 11 & 17 *, f.* 1 — 4.

Phalæna *Reaum. II , t.* 40 *, f.* 9 *,* 10. intra fruĉtum.

Phalæna *Reaum. III , t.* 4 *, f.* 11 — 15.

Phalæna *larva grifea , &c.* *It. Scan.* 32.

Aphis *Mali.* *Reaum. III , t.* 24 *, f.* 5.

Scarabæus *Melolontha. Fn.* 345. *It. Scan.* 321.

Scarabæus *horticola. Fn.* 351. *It. Scan.* 321.

  confer. Gœd. 12 , *Mer. I ,* 18 , *Raj.* 180, 186, 196,
   198 , 220 , 276 , 278 , 287 , 288 , 289 ,

292 , 293 , 294 , 297 , 299 , 300 , 302 , 306 , 307 ,
312 , 313 , 332 , 342 , 343 , 345 , 354 , 357 , 361 ,
362 , 368 , 370 , 371.

SPIRÆA falicifolia. *H. Upf.* 131 , *n.* 1.

    Sphinx nobilis , *n.* 809.

Phalæna *ophtalmoidea*. *Mer. t.* 87 , *Gœd.* 3. *p.* 25 , *t.* 9.

    Filipendula. *Fl. Suec.* 404.

Phalæna *Leopardus. Fn.* 814.

    Ulmaria. *Fl. Suec.* 405.

Phalæna   in paniculis.

ROSA canina. *Fl. Suec.* 406.

    Phalæna *rasuta. Fn.* 896.

    Phalæna *fubcutanea*   *De Geer. I , t.* 30 , *f.* 20.

    Phalæna *jubcutanea*   *Reaum. III , t.* 2 , *f.* 1 — 6.

    Phalæna *feticornis*   *De Geer. I , t.* 17 , *f.* 22.

    Phalæna *feticornis*   *De Geer. I , t.* 34 , *f.* 4 , 5.

    Phalæna *pectin. fpiril.*   *De Geer. I , t.* 25 , *f.* 6.

    Phalæna *pectinic. Act. Stockh.* 1749 , *p.* 130 , *t.* 4. *f.* 8 , 9.

    Phalæna *pectinicornis elinguis : alis cinereis , fafciis quin-*
        que. dimidiatis. Alb. *t.* 91 , *f. c. d.*

    Tenthredo *Rofæ. Fn.* 937 , 929.

    Cynips *crinita. Fn.* 937.

    Cynips *Bedeguar. Fn.* 939. rarior.

    Aphis *Rofæ. Fn.* 710.

    Cicada *flava. Fn.* 645.

      confer Jung. 100 , 102 , 105 , 110. *Gœd.* LXIII ,
        XXVIII , 3 , 7 , 17 , 43 , 18 , 1. *Mer.* 1 , 19 ,
        24 , 28 , *XIII* , 42 , 43 , 44 , 45. *Raj.* 147 , 192 ,
        285 , 307 , 357 , 358 , 361 , 363 , 367 , 368 , 354.

RUBUS idæus. *Fl. Suec.* 408.

    Phalæna *antiquata. Fn.* 827.

    Phalæna *antennulata. Fn.* 829.

    Phalæna *ophtalmoidea. Fn.* 835.

    Phalæna *feticornis.*   *Reaum. I. t.* 7. *f.* 1 — 2.

    Cynips   *Reaum. III. t.* 36 , *f.* 1 — 5.

    Coccinella *nigra. Fn.* 408.

      confer. Gœd. VII , 27 , *Mer.* III. 21 , *Raj.* 147 ,
        159 , 183 , 307 , 314 , 346.

    cæfius. *Fl. Suec.* 410.

Papilio *Argus cæcutiens.* *Fn.* 806.

    Saxatilis. *Fl. Suec.* 411.

    Phalæna *antennulata.* *Fn.* 829. *De Geer. I. t.* 15. *f.* 15.

FRAGARIA vefca. *Fl. Suec.* 414

    Phalæna *antennulata.* *Fn.* 829. *De Geer.*

       confer. Raj. 307 , 333.

POTENTILLA fruticofa. *Fl. Suec.* 416.

    Coccus *tinctorius.* *Fn.* 720.

P O L Y A N D R I A.

NYMPHÆA lutea. *Fl. Suec.* 426. Alba. *Fl. Suec.* 427.

    Phalæna *potamogetonis.* *Fn.* 853.

    Aphis *plantar. aquaticar.* *Fn.* 711.

    Cryfomela *Nymphææ.* *Fn.* 444.

    Leptura *aquatica.* *Fn.* 509 , 510.

TILIA europea. *Fl. Suec.* 432.

    Phalæna *littera ♈.* *Fn.* 879.

Phalæna *geometra*	*Reau . II. t.* 28 , *f ,* 1 , 5 , 6.
Phalæna *geometra*	*Roef. app.* 21 , *t.* 4.
Phalæna	*Roef. app.* 239 , *t.* 40.
Cynips *foliorum*	*Reaum. III. t.* 38 , *f.* 4 , 5 , 6.
Aphis *Tiliæ*	*Fn.* 712.
Coccus	*Reaum. IV , t.* 3 , *f.* 1 — 3.

    Gryllus *enfifer.* *Fn.* 622.

    Acarus *Tiliæ.* *Fn.* 1212.

      confer. Jung. 108. *Mouff.* 183 , *Mer. II,* 24, *Frifch. I,*
        3 , *VII,* 2 , *XI,* 4 , *XIII,* 5 , 6.

CISTUS Helianthemum. *Fl. Suec.* 433.

    Phalæna *meticulofa.* *Fn.* 815.

STRATIOTES Aloides. *Fl. Suec.* 445.

    Phalæna *Stratiotis.*   *De Geer. I , t.* 37 , *f.* 16 , 18.

    Coccus *aquaticus.* *Fn.* 725.

DELPHINIUM Confolida. *Fl. Suec.* 440.

    Phalæna *pudibunda.* *Roef.* 1 , *phal.* 2 , *p.* 275 , *t.* 52.

      confer. Mer. I , 40 , *III,* 11 , *Frifch ,* *XI ,* 9.

RANUNCULUS acris. *Fl. Suec.* 466.

    Mufca *fubcutanea. Reaum. III , t.* 1 , 6 , 7 , 8 , 11 , 12.

      confer. Mouff. 184 , *Mer. I,* 4 , 15 , *III,* 29.

      arvenfis. *Fl. Suec.* 470.

    Chryfomela *marginata.* *Fn.* 437.

DIDYNAMIA.

THYMUS Serpyllum. *Fl. Suec.* 477.
   Phalæna *geometra*   *Frisch. X*, 17.
   Culex *lanigerus*   \   *It. Scan.* 164.
   Musca *alba villosa*   *It. Scan.* 164.
MENTHA arvensis. *Fl. Suec.* 481.
   Phalæna *orichalcea. Fn.* 875.
   Cassida *viridis. Fn.* 377.
      confer. Gæd. 28 , *Mer. I* , 39 , *Raj.* 352.
MELISSA officinalis. *H. Upf.* 163 , *n.* 1.
   Cassida *viridis. Fn.* 377.
   Cassida *cinerea. Fn.* 478.
GLECHOMA Hederacea terrestris. *Fl. Suec.* 483.
   Phalæna *Libatrix. Fn.* 833.
   Cynips *strumæ Glechomæ. Fn.* 949 , *It. W-goth.* 107.
      confer. Gæd. LX , LVIII , Mer. I , 13.
STACHYS palustris.
   Phalæna   *Roef.* 1 *phal.* 2 , *p.* 174, *t.* 29.
GALEOPSIS Ladanum. *Fl. Suec.* 492.
   Phalæna *W. littera. Fn.* 845.
ANTIRRHINUM Linnaria. *Fl. Suec.* 501.
   Phalæna   *Reaum. I. t.* 37. *f.* 4 , 6 , 7.
SCROPHULARIA nodosa. *Fl. Suec.* 520.
   Phalæna   *Reaum. I , t.* 43 , *f.* 3 , 4 , 9 — 11.
   Tenthredo *Scrophulariæ. Fn.* 935.
   Curculio *Scrophulariæ. Fn.* 460.
   Curculio *Scrophulariæ. Fn.* 461 , ratior.
   Coccinella *villosa. Fn.* 412.
      confer. Jung. Raj. 168 , 352.

TETRADYNAMIA.

THLASPI campestre. *Fl. Suec.* 531.
   Papilio *Aurora. Fn.* 801.
     Bursa pastoris. *Fn.* 532.
   Phalæna *togata. Fn.* 870.
COCHLEARIA Armoraciæ. *Fl. Suec.* 540.
   Papilio *Brassicaria. Fn.* 799.
   Cryfomela *Armoraciæ. S. Nat.* 153 , *n.* 7.

CHEIRANTHUS

CHEIRANTHUS Cheiri. *H. Upf.* 187.
    Phalæna *meticulofa. Fn.* 815.
        confer. Mer. I, 12 , II , 15.
BRASSICA oleracea. *Fl. Suec.* 546.
    Papilio *raparia. Fn.* 797.
    Papilio *raparia. Fn.* 798.
    Papilio *brafficaria. Fn.* 799.
Phalæna   *Fn.* 890.
    Phalæna   *Reaum.* I , *t.* 41 , *f.* 1 , 3 , *De Geer.*
        t. 5 , *f.* 17 , 18.
    Phalæna   *Reaum.* I , *t.* 42 , *f.* 1 — 4.
    Phalæna   *Reaum.* II , *t.* 25 , *f.* 1 — 17.
    Phalæna   *Reaum.* II , *p.* 10 , *t.* 3 , *f.* 15.
    Aphis *Braffica. Frifch.* II , *p.* 10 , *t.* 3 , *f.* 15.
    Cryfomela *Braffica. Fn.* 540.
        confer. Gæd. XXVIII , Raj. 281 , 348 , 349 , 353,
        Frifch. IV , 2.
ERYSIMUM Alliaria.
    Curculio *Alliariæ. Fn.* 468.
CARDAMINE pratenfis. *Fl. Suec.* 559.
    Papilio *Aurora. Fn.* 801.
DENTARIA bulbifera. *Fl. Suec.* 565.
    Mordella.   *Fn.* 542.

MONADELPHIA.

GERANIUM fylvaticum. *Fl. Suec.* 572.
    Phalæna *pectinic. elinguis.*   *De Geer.* I , *t.* 13,
    f. 4 — 6. *confer. Mouff.* 189. *Raj.* 147.
MALVA fylveftris. *Fl. Suec.* 581.
    Papilio *linea nigra. Fn.* 703.
        confer. Mer. I , 48 , III , 3 , 7.
        Alcea. *Fl. Suec.* 582.
    Acarus *Alceæ. Fn.* 1196.

DIADELPHIA.

PISUM arvenfe. *H. Upf.* 215.
    Phalæna exfoleta.   *Frifch. V* , 11.
    Phalæna *in Legumine.*
        confer. Raj. 160 , 315.

VICIA Cracca. *Fl. Suec.* 605.

    Aphis *nigro plumbea Linn.*

        Faba. *H. Upf.* 218.

            confer. Raj. 63 , 356 , 362.

LOTUS corniculata. *Fl. Suec.* 609.

    Thrips.   *Fn.* 726.

TRIFOLIUM pratenfe. *Fl. Suec.* 615.

    Phalæna *antennulata. Fn.* 829.

        confer. Gæd. D. Mer. III , 33 , *Raj.* 187 , 345.

MEDICAGO Falcata. *Fl. Suec.* 620.

    Phalæna   *Reaum. I. t.* 40 , *f.* 11 — 13.

ASTRAGALUS glycyphyllus. *Fl. Suec.* 591.

    Phalæna   *Reaum. III , t.* 11 , *f.* I.

POLYADELPHIA.

CITRUS. *H. Upf.* 236 , *n.* 1.

    Phalæna *feticornis ; alis patentibus cinereis : media extremitate poftica fufco nebulofis , fafcia fufca.*

    Coccus *Hefperidum. Fn.* 722.

SYNGENESIA.

LACTUCA fativa. *H. Upf.* 242.

    Phalæna   *Roef. I , phal.* 2 , *p.* 241 , *t.* 42,

    Phalæna togata. *Fn.* 870.

    Phalæna gamma. *aureum. Fn.* 873.

    Phalæna *oleracea. Fn.* 877.

        confer. Gæd. XVII , 21 , *Mer. I* , 43 , *II* , 43,

LEONTODON Taraxacum. *Fl. Suec.* 627.

    Phalæna *antennulata. Fn.* 829.

HYPOCHŒRIS maculata. *Fl. Suec.* 631.

    Chryfomela *aurata.*   *It. Scan. p.* 210,

HIERACIUM Pilofella. *Fl. Suec.* 633.

    Phalæna *annularia. Fn.* 825.

    Coccus *tinctorius. Fn.* 720.

        murorum. *Fl. Suec.* 637.

    Cynips *Hieracii. Fn.* 95.

SONCHUS arvenfis. *Fl. Suec.* 642.

    Phalæna   *Roef.* 1. *phal.* 2. *p.* 90 , *t.* 34,

        61 , *t.* 27 , 153 , *t.* 25 , 273 , *t.* 51.

Aphis *Sonchi.*   *Reaum. III*, *t.* 22, *f.* 3, 4, 5.

Musca *subcutanea.*   *Reaum. III*, *t.* 1. *f.* 1, 2.

     confer. Mer. II, 9.

ARCTIUM Lappa. *Fl. Suec.* 651.

     Phalæna *Gamma. Fn.* 873.

     Phalæna *seticornis spirilinguis, alis incumbentibus, superioribus cinereo-griseis, puncto atro; inferioribus atris; omnibus margine postico interiore barbatis. Act. Stockh.* 1752, *p.* 66 — 76.

       confer. Jung. 130. *Mer. II* : 13.

CARDUUS lanceolatus. *Fl. Suec.* 654.

     Papilio *Bella Donna. Fn.* 778.

     Musca *in gallis. Fn.* 1063.

     Cimex   *Fn.* 660.

       nutans. *Fl. Suec.* 655.

     Phalæna *setic. spiril. Fn.* 878.

     Aphis *Cardui. Fn.* 714.

       crispus. *Fl. suec.* 658.

     Tipula *ultima. Fn.* 1152.

     Musca *cinerea Fn.* 1058.

     Musca   *Fn.* 1064.

CYNARA Scolymus. *H. Ups.* 251.

     Cassida *viridis. Fn.* 377.

       confer. Gæd. 50.

SERRATULA tinctoria. *Fl. Suec.* 660.

     Aphis *Serratulæ. Fn.* 713.

       arvensis. *Fl. Suec.* 662.

     Aphis *Cardui. Fn.* 714.

EUPATORIUM cannabinum. *Fl. Suec.* 665.

     Phalæna *follicularis.*   *Reaum. III. t.* 10, *f.* 1 — 6.

TANACETUM vulgare. *Fl. Suec.* 666.

     Aphis *Tanaceti rufa.*

     Crysomela *Tanaceti. Fn.* 413.

ARTEMISIA vulgaris. *Fl. Suec.* 667.

     Aphis *Arthemisiæ. Fn.* 715.

       Abrotanum. *H. Ups.* 257, *n.* 2.

     Phalæna *Gamma. Fn.* 873.

       confer. Gæd. 2, 24, *Mer. II*, 28, *Frisch. V*, 15.

ARTEMISIA Abfinthium.

    Phalæna *cinerea cucullata.* Roef. 1, *phal.* 2, *p.* 203, *t.* 61.

SOLIDAGO Virga aurea.

    Papilio butyracea.

SENECIO Jacobæa. *Fl. Suec.* 688.

    Phalæna *Jacobæa. Fl.* 869.

        confer. Gæd. 18, *Raj.* 169, 293.

        vulgaris. *Fl. Suec.* 690.

    Phalæna *Jacobæa. Fn.* 869.

    Phalæna *Noctua. Fn.* 870.

        confer. Gæd. IX, *Mouff.* 189, *Raj.* 160, 169.

ANTHEMIS arvenfis.

    Phalæna *larva aculeata.* Ræf. *app.* 289, *t.* 51.

ERIGERON acre. *Fl. Suec.* 691.

    Phalæna   *Fn.* 869.

INULA Helenium. *Fl. Suec.* 695.

    Phalæna   *Reaum.* II, *t.* 39, *f.* 5, 6.

CENTAUREA Jacea. *Fl. Suec.* 709.

    Phalæna *uxor nuda.*   *Reaum.* II, *t.* 31, *f.* 7, 8.

    Aphis *Centaureæ. Fn.* 716.

CALENDULA officinalis. *Fl. Suec.* 712.

        confer. Gæd. 32, *Raj.* 310.

VIOLA tricolor. *Fl. Suec.* 721.

    Papilio *Rex. Fn.* 780.

        confer. Gæd. XXX.

IMPATIENS noli tangere. *Fl. Suec.* 712.

    Sphinx *Porcellus. Fn.* 811.

MONOECIA.

LEMNA polyrhiza.

    Phalæna   *Fn.* 851.

    Phalæna   *Fn.* 852.

URTICA urens. *Fl. Suec.* 773.

    Papilio *Ammiralis. Fn.* 777. *De Geer.* I, *t.* 22, *f.* 5.

    Phalæna *Onager. Fn.* 821.

    Chermes *Urticæ Fn.* 701.

    Curculio   *Fl.* 459.

    Cimex   *Fl.* 653.

        dioica. *Fl.* 774.

Papilio *Urticaria. Fn.* 774.

Papilio *C duplex. Fn.* 775. *De Geer. I , t.* 20 *, f.* 9 *,* 10.

Papilio *Oculus Pavonis. Fn.* 776.

Papilio *Bella Donna. Fn.* 778.

Phalæna *meticulofa. Fn.* 815.

Phalæna *lubricipeda. Fn.* 823 *De Geer. I , t.* 11 *, f.* 7 *,* 8.

Phalæna *magna flavo-varia. Roef.* 1. *phàl.* 4 *, p.* 9 *, t.* 3.

Phalæna *hortorum. Fn.* 846. *De Geer. I , t.* 28 *, f.* 18 *,* 19.

Phalæna *umbra. Fn.* 855.

Phalæna   *De Geer. I , t.* 28 *, f.* 9 *,* 10.

Phalæna *Reaum. I , t.* 37 *, f.* 1 *,* 3. *De Geer. I , t.* 6 *, f.* 20 *,*
    21.

Afilus   *Fn.* 1039.

Mufca   *Fn.* 1060.

    confer. Gæd. 1 *, XXI,* 39 *, Mer. I,* 26 *, II,* 38 *,* 47.
    Raj. 118 *,* 189 *,* 214 *,* 348 *,* 351 *,* 352. *Frifch. III.*
    2 *, IV,* 4 *, VI,* 2 *; X,* 2.

BUXUS.   *H. Upf.* 283.

    Chermes   *Reaum. III , t.* 29 *, f.* 1 — 16.

MORUS.   *H. Upf.* 283 *, n.* 2.

    Phalæna *Bombyx. Fn.* 832.

BETULA Alnus. *Fl. Suec.* 775.

    Phalæna *Coffus. Fn.* 812.   in ligno.

    Phalæna *Vinula. Fn.* 819. *De Geer. I , l.* 23 *, f.* 12.

    Phalæna *alni. Fn.* 834. *De Geer. I , t.* 10 *, f.* 13 *,* 14.

    Phalæna *falcata. De Geer. I , t.* 24 *, f.* 7.

    Phalæna *pectin. fpiril. De Geer. I , t.* 25 *, f.* 6.

    Phalæna *fetic. De Geer. I , t.* 9 *, f.* 21.

    Phalæna *fetic. De Geer. I , t.* 11 *, f.* 28.

    Phalæna *fubcutanea. De Geer. I , t.* 31 *, f.* 11 *,* 12.

    Phalæna *geometra. It. fcan.* 470.

    Tenthredo *antenn. clavatis. Fn.* 923.

    Tenthredo *Reaum. V , t.* 11 *, f.* 1 *,* 2.

    Tenthredo *Reaum. V , t.* 12 *, f.* 17 *,* 18.

    Chermes *Alni. Fn.* 698.

    Coccinella *rubra. Fn.* 838.

    Chryfomela *Alni. Fn.* 416.

    Curculio *æneus. Fn.* 420.

Curculio *Alni. Fn.* 473.

Curculio *inauratus. S. Nat.* 154, *n.* 6.

    confer. Gæd. E. H. J. K. T. Mer. II, 30, *Raj.* 281,
    286, 292, 311.

BETULA alba. *Fl. Suec.* 776.

Papilio Morio. *Fn.* 772.

Papilio *betulinus. Fn.* 792.

Phalæna *ocellata. Fn.* 835.

Phalæna *terribilis. Fn.* 834. *De Geer. I, t.* 10 *f.* 13, 14.

Phalæna *setic. spiril.*   *De Geer. I, t.* 10, *f.* 7, 8.

Phalæna *setic.*   *De Geer. I, t.* 9, *f.* 22.

Phalæna *setic.*   *De Geer. I, t.* 18, *f.* 4, 5.

Phalæna   *De Geer. I, t.* 28, *f.* 22.

Phalæna   *De Geer. I, t.* 28, *f.* 29, 30.

Phalæna *Dryocampus. Alb. t.* 18, *f.* 25. *Mer. I,* 10,
    f. 4, *Gæd. I,* 7.

Tenthredo *luteus. Fn.* 923.

Aphis *Betulæ. Fn.* 717.

Coccus *Betulæ. Fn.* 723.

Chermes *Betula. Fn.* 697.

Chryfomela *Betulæ. Fn.* 416.

Curculio *Betulæ. Fn.* 456.

Aranea *cruce alba. Fn.* 1214.

QUERCUS Robur. *Fl. Suec.* 784.

Papilio *Betulæ. Fn.* 792.

Papilio *hexapus ; aliis secundariis angulo acuto : subtus
    cinereis linea alba, punctis duobus fulvis. Alb. t.* 52,
    Raj. 130, *n.* 9.

Phalæna *Vinula. Fn.* 819.

Phalæna *lubricipeda. Fn.* 823.

Phalæna *virefcens. Fn.* 857.

Phalæna *littera* ↓. *Fn.* 879.

Phalæna *complanata. Fn.* 918.

Phalæna *pectinic. eling.*   *De Geer. I, t.* 11, *f.* 20, 21.

Phalæna *exuſta*   *De Geer. I, t.* 13, *f.* 18, 19.

Phalæna *seticorn.*   *De Geer. I, t.* 17, *f.* 22.

Phalæna   *De Geer. I, t.* 27, *f.* 8, 11, 12, 14.

Phalæna   *Reaum. I, t.* 6, *f.* 2, 10.

Phalæna *nasuta obtusa , alis superius viridibus , infer. cinereis*   Roes. 1 , phal, 4 , p. 5 , t. 1.

Phalæna *rubro albo maculata*. Roes. 1 phal. 2 , p. 311 ,
t. 63.

Phalæna *larva viridi , lineis 3 flavis*. Roes. 1. phal. 2 , p. 270 ,
t. 50.

Phalæna   *Reaum. I , t.* 15 , *f.* 1 , 2 , 45.
Phalæna *rubicunda*   *Reaum. I. t.* 32 , *f.* 1 , 2 , 6 , 7.
Phalæna *corticosa*   *Reaum. I , t.* 38. , *f.* 1 , 8 , 9.
Phalæna *viridis*   *Reaum. I , t.* 39 , *f.* 10 , 13 , 14.
Phalæna   *Reaum. I , t.* 44 , *f.* 5 — 10.
Phalæna *processionaria* *Reaum. II , t.* 10 & 11.
Phalæna *contortuplicata* *Reaum. II , t.* 19 , *f.* 9 — 14.
Phalæna *Vinula*   *Reaum. II , t.* 22 , *f.* 4 , 5.
Phalæna *geometræ*   *Reaum. II , t.* 29 , *f.* 1 — 4.
Phalæna *subcutanea*   *Reaum. III , t.* 3 , *f.* 1 — 5.
Phalæna *subcutanea*   *Reaum. III. t.* 3. *f.* 7 , 8.
Phalæna *subcutanea*   *Reaum. III , t.* 3 , *f.* 9 , 12.
Phalæna *cucullata*   *Reaum. III , t.* 7 , *f.* 1 — 6.
Phalæna *spiril. cucull.* *Reaum. III , t.* 16 , *f.* 1 — 5.
Phalæna *cucullata*   *Reaum. III , t.* 16 , *f.* 6 — 12.
Phalæna *nasuta*   *Reaum. III , t.* 16 , *f.* 13 — 16.
Tenthredo   *Reaum. IV , t.* 15 , *f.* 13.
Tenthredo   *Reaum. V. t.* 12 , *f.* 7 — 12.

Cynips *Quercus Fn.* 947.

Cynips *Quercus. Fn.* 948.

Cynips *granularia*   *Reaum. III , t.* 35 , *f.* 3. *t.* 37.
f. 10 , 11.

Cynips *radicis*   *Reaum. III , t.* 44 , *f.* 6 — 10.

Cynips *nigra pedibus albidis , femoribus fuscis*.

Scarabæus *Melolontha. Fn.* 345. *It. Scan.* 321.

Chrysomela *viridi-cærulea , elytris testaceis*.

Curculio *querci*.

Cantharis   *It. W. Goth. p.* 153 , *t.* 2. in ligno.
confer. *Mouff.* 183. *Mer. I* , 50 , *Raj.* 145 , 178 , 180 ,
185 , 276 , 277 , 279 , 280 , 282 , 285 , 286 , 288 ,
289 , 290 , 291 , 292 , 295 , 296 , 297 , 298 , 299 ,
300 , 302 , 306 , 308 , 311 , 312 , 314 , 363 , 367 ,

369, 370, 371, 373, 375. *Frifch. I*, 3.
FAGUS Caftanea. *H. Upf.* 287.

Phalænea pudibunda. *Fn.* 828. *De Geer. I*, *t.* 16, *f.* 11, 12.
Phalæna   *Reaum. I*, *t.* 34, *f.* 7, 8, 11,
Tenthredo. *Fn.* 946.

   fylvatica. *Fl. Suec.* 785.
Phalæna *nafuta*   *It. Scan.* 112.
Phalæna *geometræ*   *It. Scan.* 112.
Chermes *Fagi*   *It. Scan.* 65.
Chermes *Fagi*   *It. Scan.* 112.
Curculio *Fagi* Fn. 469. *It. Scan.* 111.
Acarus *Fagi.*   *It. Scan.* 166.

CARPINUS Betulus *Fl. Suec.* 786.

Phalæna autumnalis. *Fn.* 921.
Phalæna   *Reaum. II*, *t.* 20, *f.* 5, 6.
Phalæna *cucullata*   *Reaum. III*, *t.* 10, *f.* 7, 8.
Coccus *carpini*   *It. Scan.* 47.

   confer. Raj. 193, 283, 305, 310, 369, 372.

CORYLUS Avellana. *Fl. Suec.* 787.

Phalæna marginata. *Fn.* 860.
Phalæna *Roef.* app. 7, 2, 1, 12.
Phalæna *larva fafcicularis. Roef.* 1, *pha!.* 2, *p.* 294, *t.* 58.
Coccus   *Reaum. IV. t.* 3, *f.* 4 — 10.
Chryfomela *thorace nitido caput. occultante.*
Chryfomela *corylina.*
Curculio *viridi-nitens ; fubtus nigro cærulefcens ; thorace*
   bicorni.
Curculio *nucum.*
Attelabus *coryli. Fn.* 476.
   confer. Mouff. 188. *Raj.* 302, 310, 371. *Frifch. XI*, 6.

PINUS fylveftris. *Fl. Succ.* 788.

Phalæna *fylvatica. Fn.* 844.
Phalæna *catenata. Fn.* 897.
Phalæna *fetic.*   *De Geer. I*, *t.* 22, 23, in ramulis.
Phalæna *fetic.*   *De Geer. I*, *t.* 22, *f.* 26.
Phalæna *teftacea.*   *Roef.* 1, *phal.* 2, 297, *t.* 59.
Phalæna *refinofarum.* *De Ger. I*, *t.* 33, *f.* 12, 13.
Phalæna   *Reaum. II*, *t.* 7 & 8.

·Phalæna *feticornis fpirilinguis nafuta , cinereo fufcoque
   nebulofa. Frifch. *X* , *t.* 9.

Tenthredo *pennacea.*

Tenthredo *erythrocephala.*

Aphis *Pini.* Fn. 718.

Curculio *Pini.* Fn. 446.

Curculio *feptentrionalis.* Fn. 447.

Dermeftes *præmorfus.* Fn. 366.   in truncis.

Cimex *pinetorum.* Fn. 674.

Acarus *ruber.* Fn. 1191.

PINUS Abies. *Fl. Süec.* 789.

Phalæna *ftrobilina.* Fn. 914.

Chermes *abietis.* Fn. 700.

Cimex *abietinus.* Fn. 672.

D I O E C I A.

SALICES variæ. *Fl. Suec.* 792 , 795 , 805 , 811 , 812 , 813.

Papilio *Morio.* Fn. 772. *De Geer.* I , *t.* 21 , *f.* 8 , 9.

Papilio *Polycloros.* Fn. 773.

Sphinx *nobilis* , Fn. 809.

Sphinx *divaricata.* Fn. 810.   *De Geer.* I , *t.* 8 , *f.* 5.

Phalæna *Coffus.* Fn. 812.   in ligno.

Phalæna *Vinula.* Fn. 819.   *De Geer.* I. *t.* 23 , *f.* 12.

Phalæna *caprea.* Fn. 822. *De Geer.* I , *t.* 11 , *f.* 13 , 14.
   confer. It. Scan. 307.

Phalæna *antiquata.* Fn. 827. *De Geer.* I , *t.* 17 , *f.* 13 , 15.

Phalæna *nafuta variegata.* Roef. 1 , *phal.* 4 , p. 20 , *t.* 9.

Phalæna *ocellata.* Fn. 835. *De Geer. t.* 19 , *f.* 7 , 8.

Phalæna *groffularia*   Fn. 849.

Phalæna *virefcens*   Fn. 895.

Phalæna *nafuta aurata*   Fn. 902.

Phalæna *pectinic. fpiril.*   *De Geer.* I , *t.* 4 , *f.* 7.

Phalæna *Zicʒac*   *De Geer.* I , *t.* 6 , *f.* 7 , 10.

Phalæna *pectinic. eling.*   *De Geer.* I , *t.* 11 , *f.* 10 , 21.

Phalæna *exufta*   *De Geer.* I , *t.* 13 , *f.* 18 , 19.

Phalæna *ilicifolia*   *De Geer.* I , *t.* 14 , *f.* 7 , 8 , 9.

Phalæna *pectinic. eling.*   *De Geer.* I , *t.* 22 , *f.* 9.

Phalæna *fetic.*   *De Geer.* I , *t.* 9 , *f.* 22.

Phalæna   *De Geer. I, t. 29, f. 22.*

Phalæna   *Reaum. II, t. 18, f. 6, 7.*

Phalæna *ſcticornis Roeſ.* 1. *app.* 67, *t.* 11, *larva viridi albo reticulata.*

Phalæna *rubro nigroque varia Roeſ. app.* 267, *t.* 47.

Phalæna   *Roeſ. app.* 256, *t.* 43.

Tenthredo *ant. clavat. Fn.* 923.

Tenthredo *flava Fn.* 927.

Tenthredo *ſalicina Fn.* 933.

Cynips *roſæ ſalicis Fn.* 941.

Cynipes *gallarum Salicum Fn.* 940, 942, 943, 945.

Aphis *fuſca, albo maculata, caudis rubris. Reaum. III, t.* 22, *f.* 1, 2.

Chermes *Salicis Fn.* 701.

Chryſomela *caprea Fn.* 424.

    vitellina Fn. 426.

Chryſomela *pallida. Fn.* 423.

    viminalis Fn. 429.

    collaris Fn. 417.

    retuſa Fn. 418.

    hagſtroemiana Fn. 436, 1354.

Curculio *nebuloſus. Fn.* 448.

    bipunctatus Fn. 470.

    ſalicis

Cerambyx *pharmacopæus Fn.* 478.

Cicada *cornuta Fn.* 641.

Muſca aurata   *Reaum. II, t.* 18, *f,* 9 — 14.

Aſilus *ſalicis Fn.* 1040.

Acarus *croceus. Fn.* 1204.

    confer. Gæd. 33, 35, 38, *B. O. N. L. C. XVI, LXIV, XXIV, XXXIII, LXV, Mer. I,* 27, 30, *II,* 37, *III,* 36, 37, 38, 39, 41, *Raj.* 118. 148, 184, 187, 233, 281, 308, 331, 333, 373. *Friſch. I,* 4, *III,* 12, 8, *VI,* 3, 8, *VII,* 1, *XII,* 7, 12, *Blancard.* 8, *A—D. Jung.* 129.

Coccus *ſalicis minutiſſimus.*

HUMULUS Lupulus. *Fl. Suec.* 818.

    Papilio *C duplex. Fl.* 775.

Papilio *Oculus pavonis* Fn. 776.

Phalæna *nasuta testacea. Larva viridi contorquendo nectens.*
    Roes. I, phal. 4, *p.* 14, *t.* 6.

Phalæna *setic. spiril* Fn. 876.

Phalæna *Humularia* Fn. 917. *De Geer. I, t.* 27, *f.* 5,
    6, *conf. Raj.* 119, 155, 193, 349, 356, 357, 358,
    359, 368, 371.

POPULUS tremula. *Fl. Suec.* 819.
    Sphinx nobilis. *Fn.* 809.
    Sphinx *divaricata* Fn. 810. *De Geer. I, t.* 8, *f.* 5.
    Phalæna *Vinula* Fn. 819.   *De Geer. I, t.* 23, *f.* 12.
    Phalæna   *Reaum. I, t.* 35, *f.* 1, 7, 8.
    Tenthredo *Populnea* Fn. 934.
    Aphis *livida, punctis lateralibus quinque niveis.*
    Coccinella *lineata* Fn. 389.
    Chrysomela *salicina* Fn. 426.
    Chrysomela *Populi* Fn. 428.
    Curculio *inauratus, abdomine virescente ; antennis nigris.*
    Cantharis *officinarum*   *It. Scan. p.* 186.
        alba *Fl. Suec.* 820.
    Sphinx *Roes. app.* 187, *t.* 30.
    Phalæna *geometra Roes.* 1 *phal.* 3. *p.* 14, *t.* 3.
    Phalæna *caprea* Fn. 822. *De Geer.* 1, *t.* 11, *f.* 13, 14,
        nigra *Fl. suec.* 821.
    Phalæna *Vinula* Fn. 819.
    Phalæna *caprea* Fn. 822. *De Geer. I, t.* 11, *f.* 13, 14,
    Aphis *Populi nigræ. Fn.* 1355.

MERCURIALIS perennis. *Fl. Suec.* 823.
    Phalæna *meticulosa* Fn. 815.

JUNIPERUS communis. *Fl. Suec.* 824.
    Tenthredo *plumacea.*
    Thrips *Juniperi* Fn. 728.
    Ichneumon *Triglochidis* Fn. 987.
    Tipula *Triglochidis* Fn. 1150.

P O L Y G A M I A.

ATRIPLEX *littoralis. Fl. Suec.* 828.
    Aphis *Atriplicis viridis, oculis atris.*
        confer. Mer. III, 16, *Frisch. III,* 11, *IV,* 17, *V,*
        11, *VII,* 21.

ACER platanoides   *Fl. Suec.* 303.
     Phalæna *exusta*   *De Geer.* I , t. 13 , f. 18 , 19.
     Phalæna   *Reaum.* I , t. 34 , f. 7 , 811.
     Phalæna *geometræ*   *Reaum.* 2 , t. 31 , f. 16.
     Aphis *Aceris*   *Fl. Suec.* 709.
     Chermes *Aceris*   *Fl. Suec.* 696.
FRAXINUS excelfior   *Fl. Suec.* 830.
     Sphinx *nobilis*   *Fn.* 809.
     Phalæna *geometræ*   *Reaum.* II, t. 29, f. 6 , 7 , 11–13.
     Chermes *Fraxini*   *Fn.* 703.
     Cantharis *Officinar.*   *It. Scan. p.* 186.
       confer. *Jung.* 124   *Raj.* 169 , 280 , 291.
FICUS Carica. *H. Upf.* 305.
     Chermes   *Reaum.* III , t. 29 , f. 17 — 24.
     Cynips *Ficus. Haffelq. vid. Amæn. acad.* I , p. 41.
     Cynips *Cycomori fufca , aculeo longitudine corporis. Haffelq.*
       confer. *Mer.* III , 10.

CRYPTOGAMIA.

PTERIS aquilina. *Fl. Suec.* 843.
     conf. *Gæd.* I , 56, *Reaum.* I. t. 8 , f. 25 ; 26 , II,
     t. 14 , f. 12.

COROLLARIA.

Ex dictis concludimus altiffimas ARBORES , quæ fuâ ftructurâ a vi & devaftatione Quadrupedum immunes funt , plurimis Infectis alimentum & hofpitium præbere , uti *Ulmus , Cerafus , Padus , Prunus , Pyrus , Tilia , Alnus Betula , Quercus , Carpinus , Corylus , Fagus , Pinus , Salix , Populus , Fraxinus.*

Idem etiam dictum efto de plantis & fruticibus SPINOSIS , quæ arcent ora Quadrupedum uti *Groffularia , Rofa , Prunus fpinofa , Rubus , Carduus , Urtica ,* &c.

Idem quoque obfervandum de Plantarum fpeciebus numero COPIOSISSIMIS , uti *Gramina.*

Nec non de plantis quas *Pan Suecicus* intactas relinquit , uti *Rumex , Urtica , Nymphæa , Potamogeton , Scrophularia , Hyofcyamus.*

     Sic Natura nihil fruftra.

TABLE ALPHABÉTIQUE
DES NOMS FRANÇOIS
DES PLANTES;

Avec les numéros correspondans aux noms latins.

B b

Fin de la table.

De l'Imprimerie de STOUPE, rue de la Harpe, n°. 188.

I

Traité général de l'irrigation, contenant
diverses méthodes d'arroser les prés et les
jardins, la manière de conduire les prairies
pour les récoltes de foin; les moyens d'augmenter
les revenus en faisant usage de l'eau
d'une manière utile à l'agriculture, au commerce
et même au besoin de luxe avec huit
planches représentant diverses machines
pour élever et conduire l'eau —
traduit de l'anglais de William Tatham
un vol. in 8° prix 5 f. chez Guillaume
libraire rue du faux N° 8 et ...

Le Normand